"十四五"职业教育国家规划教材

高职高专机电类专业系列教材
高职高专项目式课程改革教材

"十二五"江苏省高等学校重点教材
（教材编号：2015－1－046）

三菱PLC、触摸屏和变频器
应用技术项目教程

第2版

主　编　曹　菁
副主编　李　斌
参　编　程亦斌

U0379764

机 械 工 业 出 版 社

全书共分6个项目,包括22个任务。主要以三菱 FX_{3U} 系列 PLC 机型为重点,从硬件到软件,从基本逻辑指令、步进顺控指令到功能指令分别进行了介绍,并介绍了常用低压电器和常用控制电路的设计和安装,PLC与三菱 F940GOT 型触摸屏和 FR–520、FR–540 变频器的综合应用等。

本书以项目构建教学体系,以具体任务为教学主线,以实训场所为教学平台,将理论教学与技能操作训练有机结合,建议 4 节课连上,采用"任务驱动"法完成课程的理论实践一体化教学,通过使教、学、练紧密结合,突出了学生操作技能、设计能力和创新能力的培养和提高。

本书可作为高职高专院校机电类、电气类、数控类等相关专业的教材,选用学校可根据实际需要,灵活选择不同的项目任务进行教学。本书也可供有关工程技术人员参考和使用。

为方便教学,本书备有免费电子课件、习题参考答案、模拟试卷及答案、动画资源、工程实录等,凡选用本书作为授课教材的教师,均可来电索取,咨询电话:010-88379375 或登录 www.cmpedu.com 下载教学资源。

图书在版编目(CIP)数据

三菱 PLC、触摸屏和变频器应用技术项目教程/曹菁主编 . —2 版 . —北京:机械工业出版社,2017.11(2024.7 重印)

高职高专机电类专业系列教材 高职高专项目式课程改革教材 "十二五"江苏省高等学校重点教材

ISBN 978-7-111-58072-0

Ⅰ. ①三… Ⅱ. ①曹… Ⅲ. ①PLC 技术-高等职业教育-教材②触摸屏-高等职业教育-教材③变频器-高等职业教育-教材 Ⅳ. ①TM571.61②TP334.1③TN773

中国版本图书馆 CIP 数据核字(2017)第 233261 号

机械工业出版社(北京市百万庄大街 22 号 邮政编码 100037)
策划编辑:于 宁 责任编辑:于 宁
责任校对:刘秀芝 封面设计:陈 沛
责任印制:郜 敏
三河市国英印务有限公司印刷
2024 年 7 月第 2 版第 11 次印刷
184mm×260mm · 17.75 印张 · 434 千字
标准书号:ISBN 978-7-111-58072-0
定价:42.00 元

电话服务 网络服务
客服电话:010-88361066 机 工 官 网:www.cmpbook.com
　　　　　010-88379833 机 工 官 博:weibo.com/cmp1952
　　　　　010-68326294 金 书 网:www.golden-book.com
封底无防伪标均为盗版 机工教育服务网:www.cmpedu.com

关于"十四五"职业教育
国家规划教材的出版说明

为贯彻落实《中共中央关于认真学习宣传贯彻党的二十大精神的决定》《习近平新时代中国特色社会主义思想进课程教材指南》《职业院校教材管理办法》等文件精神，机械工业出版社与教材编写团队一道，认真执行思政内容进教材、进课堂、进头脑要求，尊重教育规律，遵循学科特点，对教材内容进行了更新，着力落实以下要求：

1.提升教材铸魂育人功能，培育、践行社会主义核心价值观，教育引导学生树立共产主义远大理想和中国特色社会主义共同理想，坚定"四个自信"，厚植爱国主义情怀，把爱国情、强国志、报国行自觉融入建设社会主义现代化强国、实现中华民族伟大复兴的奋斗之中。同时，弘扬中华优秀传统文化，深入开展宪法法治教育。

2.注重科学思维方法训练和科学伦理教育，培养学生探索未知、追求真理、勇攀科学高峰的责任感和使命感；强化学生工程伦理教育，培养学生精益求精的大国工匠精神，激发学生科技报国的家国情怀和使命担当。加快构建中国特色哲学社会科学学科体系、学术体系、话语体系。帮助学生了解相关专业和行业领域的国家战略、法律法规和相关政策，引导学生深入社会实践、关注现实问题，培育学生经世济民、诚信服务、德法兼修的职业素养。

3.教育引导学生深刻理解并自觉实践各行业的职业精神、职业规范，增强职业责任感，培养遵纪守法、爱岗敬业、无私奉献、诚实守信、公道办事、开拓创新的职业品格和行为习惯。

在此基础上，及时更新教材知识内容，体现产业发展的新技术、新工艺、新规范、新标准。加强教材数字化建设，丰富配套资源，形成可听、可视、可练、可互动的融媒体教材。

教材建设需要各方的共同努力，也欢迎相关教材使用院校的师生及时反馈意见和建议，我们将认真组织力量进行研究，在后续重印及再版时吸纳改进，不断推动高质量教材出版。

机械工业出版社

前　言

可编程序控制器（PLC）是以微处理器为核心的通用工业自动化装置，它将传统的继电器控制技术与计算机技术、通信技术融为一体，具有结构简单、功能完善、性能稳定、可靠性高、灵活通用、易于编程、使用方便、性价比高等优点。因此，近年来在工业自动控制、机电一体化、改造传统产业等方面得到了广泛的应用，并被誉为现代工业生产自动化的三大支柱之一。随着集成电路的发展和网络时代的到来，PLC 将会获得更大的发展空间。

本书立足高职高专教育人才培养目标，在编写过程中，突出高职高专为生产一线培养技术型管理人才的教学特点，以加强实践能力的培养为原则，精心组织有关内容，力求简明扼要、突出重点，主动适应社会发展需要，使其更具有针对性、实用性和可读性。

本书的主要特点是：

1. 在教材结构的组织方面，以项目构建教学体系，以具体项目任务为教学主线，通过设计不同的任务，巧妙地将知识点和技能训练融于各个任务其中。教学内容以"必需"与"够用"为度，将知识点做了较为精密的整合，由浅入深、循序渐进，强调实用性、可操作性和可选择性。

2. 本书将理论教学与技能操作训练有机结合，以实验与实训场所作为教学平台，采用"任务驱动"法完成课程的理论实践一体化教学，通过使教、学、练紧密结合，突出了学生操作技能、设计能力和创新能力的培养和提高，真正符合职业教育的特色。

3. 本书将电气控制基础、PLC、变频器和触摸屏等内容编在一起，体现了知识的系统性和完整性。

4. 贯彻落实党的二十大精神，加强教材建设，推进教育数字化，编者在动态修订时，在教材中配套了相关数字化教学资源。

全书共分 6 个项目，包括 22 个任务。主要以三菱 FX_{3U} 系列 PLC 机型为重点，从硬件到软件，从基本逻辑指令、步进顺控指令到功能指令分别进行了介绍，并介绍了常用低压电器和常用控制电路的设计和安装，PLC、三菱 F940GOT 型触摸屏和 FR－520、FR－540 变频器的综合应用等。本书教学内容注重实用、联系实际、深入浅出、循序渐进，便于理论实践一体化教学。学生通过这些项目的学习可以实现零距离上岗。

本书内容已制作成用于多媒体教学的 PowerPoint 课件，并将免费提供给采用本书作为教材的高职高专院校使用。

本书由曹菁任主编、李斌任副主编。曹菁编写了项目二中的任务 2.3、项目三、项目四、项目五及附录，李斌编写了项目一和项目二中的任务 2.1、任务 2.2，程亦斌编写了项目六。全书由曹菁统稿。本书在编写过程中，得到了洪雪锋、金卫国、喻永康、吴轶群、汤煊琳、吴秋琴、陆敏智等老师的大力帮助，在此表示衷心的感谢。

因编者水平和时间有限，书中还有很多不足之处，恳请有关专家、广大读者及同行批评指正，以便改进。同时，对本书所引用的参考文献的作者深表感谢。

编　者

二维码清单

名称	二维码	名称	二维码
1.1 常用低压电器的识别与拆装		3.2-1 PLC 实现三相异步电动机星形-三角形减压起动控制——任务描述和分析	
1.2 三相异步电动机正反转控制电路的设计和安装		3.2-2 PLC 实现三相异步电动机星形-三角形减压起动控制——相关知识点	
1.3 三相异步电动机起动控制电路的设计和安装		3.2-3 PLC 实现三相异步电动机星形-三角形减压起动控制——任务实施	
1.4 三相异步电动机制动控制电路的设计和安装		3.3-1 彩灯循环点亮的 PLC 控制——任务描述和分析	
2.1 PLC 概述及 FX3U 系列 PLC 的认识		3.3-2 彩灯循环点亮的 PLC 控制——相关知识点	
2.3 PLC 的接线		3.3-3 彩灯循环点亮的 PLC 控制——任务实施	
3.1-1 PLC 实现三相异步电动机起停控制——任务描述和分析		3.4-1 多种液体自动混合装置的 PLC 控制——相关知识点	
3.1-2 PLC 实现三相异步电动机起停控制——相关知识点		3.4-2 多种液体自动混合装置的 PLC 控制——任务实施	
3.1-3 PLC 实现三相异步电动机起停控制——任务实施		3.5 工作台自动往返的 PLC 控制-任务实施	

（续）

名称	二维码	名称	二维码
4.1-1 运料小车自动往返控制——任务描述和分析		5.1-3 数据传送指令和比较指令的用法	
4.1-2 运料小车自动往返控制——状态转移图法、步进指令与单流程步进图编程方法		5.2-1 步进电动机控制原理及硬件设计	
4.1-3 运料小车自动往返控制——编程及调试		5.2-2 步进电动机的PLC的编程及调试	
4.2-1 传送带大、小工件分拣控制系统——任务描述和分析		5.3-1 舞台装饰彩灯的控制要求及硬件设计	
4.2-2 传送带大、小工件分拣控制系统——选择性分支、汇合状态转移图与步进梯图的转换及指令编程方法		5.3-2 舞台装饰彩灯的软件设计中的技术要点	
4.3-1 公路交通信号灯控制——任务描述和分析		5.3-3 舞台装饰彩灯的PLC的编程及调试	
4.3-2 公路交通信号灯控制——并行分支、汇合状态图与步进梯图的转换及编程方法		5.4-1 搬运机械手控制要求及硬件设计	
5.1-1 自动送料车的控制要求及硬件设计		5.4-2 搬运机械手的软件程序设计	
5.1-2 PLC中的功能指令用法		5.4-3 搬运机械手的PLC的编程及调试	

目　录

项目一 三相异步电动机的传统控制

本项目主要介绍常用低压电器设备的基本知识、工作原理、基本结构、主要性能指标和选用原则；几种常见的基本电气控制电路和三相异步电动机的控制电路；结合当前电气控制技术的发展，介绍固态继电器、软起动器等现代低压电器元器件及其应用。

 知识目标

1) 熟悉常用低压电器的结构、工作原理、型号规格、使用方法及其在控制电路中的作用。
2) 熟悉常用电气控制电路的控制特点和应用。
3) 熟悉三相异步电动机起动、制动和正反转运行控制电路的工作原理。
4) 了解现代低压控制电器及其应用和发展。

 技能目标

1) 能根据项目要求，选配合适型号的低压电器。
2) 能根据项目要求，熟练画出控制电路原理图并进行装配。
3) 掌握常用电气控制电路的调试和维修方法。
4) 能熟练地看懂接触器、继电器控制电路图。

任务1.1 常用低压电器的识别与拆装

一、任务描述

熔断器、按钮、交流接触器、热继电器等常用低压电器的识别、拆装。

二、任务分析

主要介绍常用低压电器的结构、型号、参数、工作原理和选用，为以后进行电气控制电路的设计和阅读做好准备。

三、技术要点

低压电器通常是指在交流额定电压1200V及以下、直流额定电压1500V及以下的电路中起通断、保护、控制或调节作用的电器产品。

低压电器的种类很多，分类方法也多。按用途分，可分为低压配电电器和低压控制电器两大类。低压配电电器是指正常或事故状态下接通和断开用电设备和供电电网所用的电器；低压控制电器是指电动机完成生产机械要求的起动、调速、反转和停止所用的电器。

按操作方式分，可分为手动切换电器和自动切换电器。手动切换电器主要是用手直接操作来进行切换；自动切换电器是依靠本身参数的变化或外来信号的作用，自动完成接通或分断等动作。

这里主要介绍熔断器、低压开关、主令电器、接触器和继电器等在电力拖动自动控制系统中常用的低压电器。

1. 低压配电电器

配电电器是主要用于电能输送和分配的电器。常用的低压配电电器包括开关电器和保护电器等，如熔断器、刀开关、组合开关和低压断路器等。

（1）熔断器　熔断器是在控制系统中主要用作短路和过载保护的电器，使用时串联在被保护的电路中，当电路发生短路故障，通过熔断器的电流达到或超过某一规定值时，以其自身产生的热量使熔体熔断，从而自动分断电路，起到保护作用。

1）熔断器的结构。熔断器主要由熔体（或称熔丝）和安装熔体的熔管（或称熔座）两部分组成。熔体由铅、锡、锌、银、铜及其合金制成，常做成丝状、片状或栅状；熔管是装熔体的外壳，由陶瓷、绝缘钢纸等制成，在熔体熔断时兼有灭弧作用。熔断器的图形符号和文字符号如图1-1所示。

图1-1　熔断器的图形
符号和文字符号

2）熔断器的种类与型号。熔断器按结构形式分为半封闭瓷插式、无填料封闭管式、有填料封闭管式、螺旋式、自复式熔断器等。其中有填料封闭管式熔断器又分为刀形触头熔断器、螺栓连接熔断器和圆筒形帽熔断器。

熔断器型号说明如下：

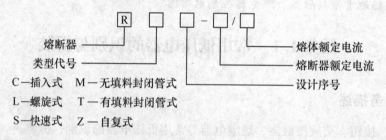

常用熔断器型号有RL1、RT0、RT15、RT16（NT）、RT18等，如图1-2所示。可根据使用场合酌情选择。

3）熔断器的主要技术参数如下。

① 额定电压：指能保证熔断器长期正常工作的电压。若熔断器的实际工作电压高于其额定电压，熔体熔断就可能发生电弧不能熄灭的危险。

② 额定电流：指保证熔断器在长期工作时，各部件温升不超过极限允许温升所能承载的电流值。它与熔体的额定电流是两个不同的概念，熔体的额定电流是指在规定工作条件下，长时间通过熔体而熔体不熔断的最大电流值。通常，一个额定电流等级的熔断器可以配用若干个额定电流等级的熔体，但熔体的额定电流不能大于熔断器的额定电流值。

③ 分断能力：指熔断器在规定的使用条件下，能可靠分断的最大短路电流值。通常用极限分断电流值来表示。

a) RL1系列螺旋式熔断器　　　　　　　　b) RT0系列有填料封闭管式熔断器

c) RT15型螺栓连接熔断器　　d) RT16(NT)刀形触头熔断器　　e) RT18圆筒形帽熔断器

图1-2　常用熔断器

④ 时间-电流特性：又称保护特性或安秒特性，表示熔断器的熔断时间与流过熔体电流的关系。一般熔断器的时间-电流特性如图1-3所示。熔断器的熔断时间随着电流的增大而减少。

4）熔断器的选用。熔断器和熔体只有经过正确的选择，才能起到应有的保护作用。选择基本原则如下：

① 根据使用场合确定熔断器的类型。例如，对于功率较小的照明电路或电动机的保护，宜采用 RC1A 系列插入式熔断器或 RM10 系列无填料密闭管式熔断器；对于短路电流较大的电路或有易燃气体的场合，宜采用具有高分断能力的 RL 系列螺旋式熔断器或 RT（包括低压高分断能力熔断器 NT）系列有填料封闭管式熔断器；对于保护硅整流器件及晶闸管的场合，应采用快速熔断器（RLS 或 RS 系列）。

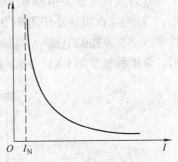

图1-3　熔断器的时间-电流特性

② 熔断器的额定电压必须等于或高于电路的额定电压。额定电流必须等于或大于所装熔体的额定电流。

③ 熔体额定电流的选择应根据实际使用情况按以下原则进行计算：

对于照明、电热设备等电流较平稳、无冲击电流的负载短路保护，熔体的额定电流应等于或稍大于负载的额定电流。

对一台不经常起动且起动时间不长的电动机的短路保护，熔体的额定电流 I_{RN} 应为 $1.5 \sim 2.5$ 倍电动机额定电流 I_N。即

$$I_{\mathrm{RN}} = (1.5 \sim 2.5)I_{\mathrm{N}}$$

对于频繁起动或起动时间较长的电动机，其系数应增加到 $3 \sim 3.5$，即

$$I_{\mathrm{RN}} = (3 \sim 3.5)I_{\mathrm{N}}$$

对多台电动机的短路保护，熔体的额定电流应为其中最大容量电动机的额定电流 I_{Nmax} 的 $1.5 \sim 2.5$ 倍，再加上其余电动机额定电流的总和 $\sum I_{\mathrm{N}}$，即

$$I_{\mathrm{RN}} = (1.5 \sim 2.5)I_{\mathrm{Nmax}} + \sum I_{\mathrm{N}}$$

④ 熔断器的分断能力应大于电路中可能出现的最大短路电流。

5）熔断器的安装与使用方法如下：

① 安装熔断器除保证足够的电气距离外，还应保证足够的间距，以保证能够方便地拆卸、更换熔体。

② 安装前，应检查熔断器的型号、额定电压、额定电流和额定分断能力等参数是否符合规定要求。

③ 安装熔体必须保证接触良好，不能有机械损伤。

④ 安装引线要有足够的截面积，而且必须拧紧接线螺钉，避免接触不良。

⑤ 插入式熔断器应竖直安装，螺旋式熔断器的电源线应接在瓷底座的下接线座上，负载线接在螺纹壳的上接线座上，这样在更换熔管时，旋出螺帽后螺纹壳上不带电，保证了操作者的安全。

⑥ 更换熔体或熔管时，必须切断电源，尤其不允许带负荷操作，以免发生电弧灼伤。

（2）刀开关　刀开关的种类很多，最常用的是由刀开关和熔断器组合而成的负荷开关。负荷开关分开启式（HK 系列）和封闭式（HH 系列）两种。

开启式负荷开关俗称闸刀开关，适用于额定工作电压为 380V（三相）或 220V（单相）、额定工作电流小于等于 100A、频率为 50Hz 的交流电路中，在照明、电热设备和较小功率电动机等控制电路中，供手动不频繁地接通和分断电源电路，并起短路和过载保护作用。常用的型号为 HK1、HK2 系列。其型号含义说明如下。

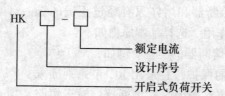

HK 系列刀开关的外形、结构与图形符号和文字符号如图 1-4 所示。

封闭式负荷开关俗称铁壳开关，适用于额定工作电压 380V、额定工作电流小于等于 400A、频率 50Hz 的交流电路中，可用来手动不频繁地接通和分断有负载的电路，并有过载和短路保护作用。其常用型号为 HH3、HH4 系列，如图 1-5 所示。

选用刀开关时应首先根据刀开关的用途和安装位置选择合适的型号和操作方式，然后根据控制对象的类型和大小，计算出相应负载电流大小，选择相应级额定电流的刀开关。

刀开关的额定电压应等于或大于电路额定电压，其额定电流应等于（在开启和通风良好的场合）或稍大于（在封闭的开关柜内或散热条件较差的工作场合，一般选 1.15 倍）电路工作电流。在开关柜内使用还应考虑操作方式，如杠杆操作机构、旋转式操作机构等。当用刀开关控制电动机时，其额定电流要大于电动机额定电流的 3 倍。

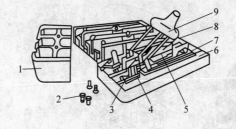

a) HK2系列开启式负荷开关外形　　　b) 开启式负荷开关的结构　　　c) 图形符号和文字符号

图1-4　开启式负荷开关外形、结构与图形符号和文字符号

1—胶盖　2—胶盖固定螺钉　3—进线座　4—静触头　5—熔体
6—瓷底　7—出线座　8—动触头　9—瓷柄

刀开关在安装时必须垂直安装，使闭合操作时的手柄操作方向应从下向上合，不允许平装或倒装，以防误合闸；电源进线应接在静触头一边的进线座，负载接在动触头一边的出线座；在分闸和合闸操作时，应动作迅速，使电弧尽快熄灭。

（3）组合开关　组合开关可用作转换开关，也可用作隔离开关，

图1-5　HH3、HH4系列封闭式负荷开关

它体积小、触头对数多、接线方式灵活、操作方便，常用于交流50Hz、380V及以下及直流220V及以下的电气控制电路中，供手动不频繁地接通和断开电路、换接电源和负载，以及5kW以下小功率异步电动机的起停和运转。

组合开关有单极、双极和三极之分，由若干个动触头及静触头分别装在数层绝缘件内组成，动触头随手柄旋转而变更其通断位置。常用的组合开关有HZ10系列，组合开关型号含义说明如下。

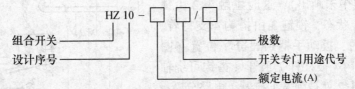

HZ10系列组合开关的外形、结构和符号如图1-6所示。

（4）低压断路器

1）低压断路器的用途和分类。低压断路器又称自动空气断路器，主要用于保护交、直流低压电网内用电设备和电路，使之免受过电流、短路、欠电压等不正常情况的危害，同时也可用于不频繁起动的电动机操作或转换电路，是低压配电系统中的主要配电电器器件。电压适用范围为交流电压1200V、直流电压1500V及以下。

低压断路器有多种分类方法，按极数可分为单极、双极、三极和四极；按灭弧介质可分为空气式和真空式，目前应用最广泛的是空气断路器；按动作速度可分为快速型和一

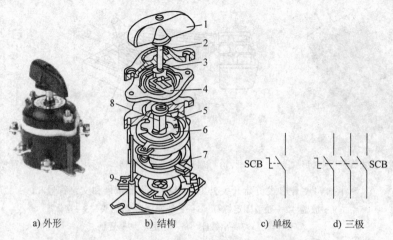

a) 外形   b) 结构   c) 单极   d) 三极

图 1-6　HZ10 系列组合开关的外形、结构和符号

1—手柄　2—转轴　3—扭簧　4—凸轮　5—绝缘垫板

6—动触头　7—静触头　8—绝缘杆　9—接线柱

般型；按结构型式分有塑料型外壳式和万能式（也叫框架式）。低压断路器型号及含义说明如下。

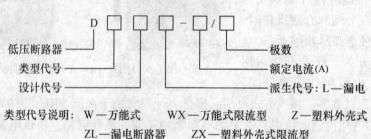

类型代号说明：W—万能式　　WX—万能式限流型　　Z—塑料外壳式

ZL—漏电断路器　　ZX—塑料外壳式限流型

2）低压断路器的工作原理。图 1-7 是低压断路器的工作原理，图中主触头 2 有 3 对，串联在被保护的三相主电路中，手动扳动手柄到"合"位置（图中未画出），这时主触头 2 由锁键 3 保持在闭合状态，锁键 3 由搭钩 4 支持着。要使开关分断时，扳动手柄到"分"位置（图中未画出），搭钩 4 被杠杆 7 顶开（搭钩可绕轴 5 转动），主触头 2 就被弹簧 1 拉开，电路分断。

低压断路器的自动分断，是由过电流脱扣器 6、欠电压脱扣器 11 和双金属片 12（热脱扣器）使搭钩 4 被杠杆 7 顶开而完成的。过电流脱扣器 6 的线圈和主电路串联，当电路工作正常时，所产生的电磁吸力不能将衔铁 8 吸合，只有当电路发生短路或产生很大的过电流时，其电磁吸力才能将衔铁 8 吸合，撞击杠杆 7，顶开搭钩 4，使触头 2 断开，从而将电路分断。

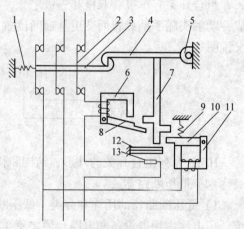

图 1-7　低压断路器的工作原理

1、9—弹簧　2—触头　3—锁键　4—搭钩

5—轴　6—过电流脱扣器　7—杠杆

8、10—衔铁　11—欠电压脱扣器

12—双金属片　13—电阻丝

欠电压脱扣器 11 的线圈并联在主电路上，电路电压正常时，欠电压脱扣器产生的电磁吸力能够克服弹簧 9 的拉力而将衔铁 10 吸合；如果电路电压降到某一值以下，电磁吸力将小于弹簧 9 的拉力，衔铁 10 被弹簧 9 拉开，衔铁撞击杠杆 7 使搭钩顶开，则主触头 2 分断电路。

当电路发生过载时，过载电流通过热脱扣器的发热元件而使双金属片 12 受热弯曲，于是杠杆 7 顶开搭钩，使触头断开，从而起到过载保护的作用。低压断路器最大的好处是脱扣器可以重复使用，不需要更换。

低压断路器的外形、图形符号和文字符号如图 1-8 中所示。

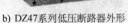
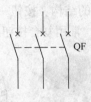

a) DZ20系列低压断路器外形　　b) DZ47系列低压断路器外形　　c) 图形符号和文字符号

图 1-8　低压断路器的外形、图形符号和文字符号

3）低压断路器的的主要技术参数如下。

① 额定电压（U_N）：额定电压分额定工作电压、额定绝缘电压和额定脉冲耐压。额定工作电压是指与通断能力以及使用类别相关的电压值，对于多相电路是指相间的电压值；额定绝缘电压是低压断路器的最大额定工作电压；额定脉冲耐压是指工作时所能承受的系统中所发生的开关动作过电压值。

② 额定电流（I_N）：额定电流就是持续电流，也就是脱扣器能长期通过的电流。对于带有可调式脱扣器的低压断路器，额定电流指可长期通过的最大工作电流。

③ 额定短路分断能力（I_m）：低压断路器的额定分断能力是指在规定的条件（电压、频率、功率因数及规定的试验程序等）下，能够分断的最大短路电流值。

4）低压断路器的选用。低压断路器的一般选用原则为：

① 低压断路器的额定电压和额定电流应不小于电路的正常工作电压和负载电流。

② 热脱扣器的整定电流应等于所控制负载的额定电流。

③ 电磁脱扣器的瞬时脱扣整定电流应大于负载正常工作时可能出现的峰值电流；用于控制电动机的低压断路器，其瞬时脱扣整定电流应按 $I_Z \geqslant KI_{st}$。式中，K 为安全系数，可取 1.5～1.7；I_{st} 为电动机的起动电流。

④ 欠电压脱扣器的额定电压应等于电路的额定电压。

⑤ 低压断路器的极限通断能力应不小于电路最大短路电流。

5）低压断路器的安装与使用方法如下。

① 低压断路器应垂直安装，固定后，应安装平整，不应有附加机械应力。

② 电源进线应接在低压断路器的上母线上，而接往负载的出线则应接在下母线上。

③ 为防止发生飞弧，安装时应考虑到低压断路器的飞弧距离，并注意到在灭弧室上方接近飞弧距离处不跨接母线。如果是塑壳式产品，进线端的裸母线宜包上 200mm 长的绝缘物，有时还要求在进线端的各相间装隔弧板。设有接地螺钉的产品，均应可靠接地。

2. 低压控制电器

（1）主令电器　主令电器是用作接通或断开控制电路，以发出指令或用作程序控制的开关电器。常用的主令电器有按钮、位置开关、万能转换开关和主令控制器等。

1）按钮。按钮是一种用人力操作，并具有储能复位功能的开关电器。按钮的触头允许通过的电流较小，一般不超过 5A，因此一般情况下它不直接控制主电路的通断，而是在电气控制电路中发出指令或信号去控制接触器、继电器等电器，再由它们控制主电路的通断、功能转换或电气联锁。

① 按钮的结构：按钮一般由按钮帽、复位弹簧、常闭触头、常开触头、接线柱及外壳等部分构成，常用复合按钮的外形、结构与图形符号和文字符号如图 1-9 所示。

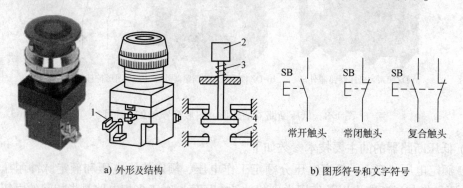

a) 外形及结构　　　　　　　　　　b) 图形符号和文字符号

图 1-9　按钮的外形、结构与图形符号和文字符号
1—接线柱　2—按钮帽　3—复位弹簧　4—常闭触头　5—常开触头

② 按钮的型号：按钮的型号说明如下：

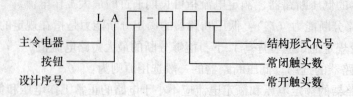

结构形式代号说明：　K—开启式　H—保护式　S—防水式　F—防腐式
　　　　　　　　　　J—紧急式　X—旋钮式　Y—钥匙式　D—带灯按钮

按钮的使用场合非常广泛，规格品种很多，目前生产的按钮产品有 LA10、LA18、LA19、LA25、LAY3、LAY4 系列等，其中 LA25 是通用型按钮的更新换代产品。在选用时可根据使用场合的情况选择不同类型产品，LA18、LA19 系列按钮的外形如图 1-10 所示。

为了便于操作人员识别，避免发生误操作，生产中用不同的按钮帽颜色和符号标志来区别按钮的功能及作用，按钮帽颜色的含义见表 1-1。

图 1-10 LA18、LA19 系列按钮的外形

表 1-1 按钮帽颜色的含义

颜色	含 义	说 明	应 用 示 例
红	停止，紧急	停止；危险或紧急情况操作	一般停机；急停
黄	异常	异常情况时操作	干预、制止异常情况
绿	安全	安全情况或为正常情况准备时操作	起动/接通
蓝	强制性的	要求强制动作情况下的操作	复位功能
白			起动/接通（优先）停止/断开
灰	未赋予特定含义	除急停以外的一般功能的起动	起动/接通 停止/断开
黑			起动/接通 停止/断开（优先）

③ 按钮选择的基本原则：根据使用场合和具体用途选择按钮的种类，如嵌装在操作面板上的按钮可选用开启式。根据工作状态指示和工作情况要求，选择按钮或指示灯的颜色，如起动按钮可选用绿色、白色或黑色。

根据控制电路的需要选择按钮的数量，如单联钮、双联钮和三联钮等。

2）位置开关。位置开关主要用于将机械位移转变为电信号，用来控制生产机械的动作。它包括行程开关、微动开关和接近开关等。

① 行程开关：行程开关是一种按工作机械的行程，发出命令的开关。其作用原理与按钮相同，区别在于它不是靠手指的按压动作，而是利用生产机械运动部件的碰压使其触头动作，从而将机械信号转换为电信号，图 1-11a 为直动式行程开关的外形及结构原理。通常，行程开关用于机床、自动生产线和其他生产机械的限位及流程控制。

行程开关的使用场合非常广泛，规格品种很多，但各系列的基本结构大体相同，都是由触头系统、操作机构和外壳组成。各系列中根据结构形式不同又可分为直动式、单轮旋转式和双轮旋转式，如图 1-11 所示。根据触头动作方式可分为蠕动型和瞬动型两种，蠕动型行程开关适用于撞块移动速度大于 0.007m/s 的场合，否则应选用瞬动型行程开关，如 LX19 型。

目前机床中常用的行程开关有 LX19 和 JLXK1 等系列，引进产品有 3SE3 等系列。

行程开关的图形符号和文字符号如图 1-12 所示。

② 微动开关：微动开关是行程非常小的瞬时动作开关，其特点是操作力小和操作行程

a) 直动式行程开关的外形及结构原理　　b) 单轮旋转式行程开关的外形　　c) 双轮旋转式行程开关的外形

图 1-11　行程开关的外形及结构原理

1—顶杆　2—弹簧　3—常闭触头　4—触头弹簧　5—常开触头

短，用于机械、纺织、轻工、电子仪器等各种
机械设备和家用电器中作限位保护和联锁等。

微动开关随着生产发展的需要，向体积更
小和操作行程更短的方向发展，控制电流却有
增大的趋势；在结构上有向全封闭型发展的趋
势，以避免空气中尘埃进入触头之间影响触头
的可靠导电。

a) 常开触头　　b) 常闭触头　　c) 复合触头

图 1-12　行程开关的图形符号和文字符号

目前使用的微动开关有 LXW2－11 型、LXWS5－11 系列、JW 系列、LX31 系列等，如
图 1-13 所示。

图 1-13　常用微动开关的外形

③ 接近开关：接近开关即无触头行程开关，内部为电子电路，按工作原理分为高频震
荡型、电容型和永磁型 3 种。接近开关在使用时对外连接 3 根线，其中红、绿两根线外接直
流电源（通常为24V），另一根黄线为输出线。供电后，输出线与绿线之间为高电平输出；
当有金属物靠近该开关的检测头时，输出线与绿线之间翻成低电平，可利用该信号驱动一个
继电器或直接将该信号输入到 PLC 等控制电路。接近开关的外形及其图形符号和文字符号
如图 1-14 所示。

3）万能转换开关。万能转换开关是由多组相同结构的触头组件叠装而成的多回路控制
电器，主要用于电气控制电路的转换、电气测量仪表的转换和小容量电动机的控制（包括
电动机的起动、换向和变速）。由于它能控制多个回路，适应复杂电路的要求，故称为万能
转换开关。

常用的万能转换开关产品有 LW8、LW6、LW5、LW2 等系列。万能转换开关主要由操作机
构、面板、手柄、触头座等组成，触头座最多可以装 10 层，每层均能安装 3 对触头。操作手
柄有多档停留位置（最多 12 个档位），底座中间凸轮随手柄转动，由于每层凸轮设计的形状不

a) JM/JG/JR系列接近开关外形   b) 图形符号和文字符号

图 1-14　JM/JG/JR 系列接近开关外形及接近开关图形符号和文字符号

同，所以用不同的手柄档位，可控制各对触头进行一预定规律的接通或分段。图 1-15a 为 LW2、LW6 和 LW8 系列万能转换开关的外形；图 1-15b 为 LW6 系列万能转换开关其中一层的结构示意图；图 1-15c 为万能转换开关的图形符号和文字符号。表达万能转换开关中的触头在各档位的通段状态有两种方法，一种是列出表格，另一种是借助于图 1-15c 那样的图形符号。使用图形表示时，虚线表示操作档位，有几个档位就画几根虚线；实线与成对的端子表示触头，使用多少对触头就可以画多少对。在虚实线交叉的下方只要标黑点就表示实线对应的触头在虚线对应的档位是接通的，不标黑点就意味着该触头在该档位被分断。

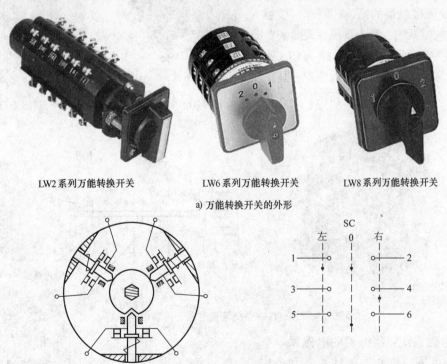

LW2 系列万能转换开关　　LW6 系列万能转换开关　　LW8 系列万能转换开关

a) 万能转换开关的外形

b) LW6系列万能转换开关其中一层的结构示意图　　c) 万能转换开关的图形符号和文字符号

图 1-15　万能转换开关外形、结构示意图及其图形符号和文字符号

万能转换开关的特性参数有：额定电压、额定电流、手柄形式、触头座数、触头对数、触头座排列形成、定位特征代号、手柄定位角度等。

4）主令控制器。主令控制器（亦称主令开关）是一种按照预定程序来转换控制电路接线的主令电器，主要用于电力拖动系统中，按照预定的程序分合触头，向控制系统发出指令，通过接触器控制电动机的运行，同时也可实现控制电路的联锁作用。

主令控制器由触头系统、操作机构、转轴、齿轮减速机构、凸轮、外壳等部件组成。由于主令控制器的控制对象是二次电路，所以其触头工作电流不大。

主令控制器按凸轮的结构形式可分为凸轮调整式和凸轮非调整式主令控制器两种，凸轮非调整式主令控制器是指其触头系统的分合顺序只能按指定的触头分合表动作；凸轮调整式主令控制器是指其触头系统的分合顺序可随时按控制要求进行编制及调整，调整时不必更换凸轮片。

目前国内常用的主令控制器中，LK1、LK17 和 LK18 系列属非调整式主令控制器，LK4系列为调整式主令控制器。此外，LS7 型十字型主令开关也属于主令控制器，它主要用于机床控制电路，以控制多台接触器、继电器线圈。图 1-16 为 LK17 和 LK18 系列主令控制器外形，主令控制器的电路符号与万能转换开关相同。

（2）接触器　接触器是一种能频繁地接通和断开远距离用电设备主电路及其他大功率用电电路的自动控制电器。它分交流和直流两类，控制对象主要是电动机、电热设备、电焊机及电容器组等。

1）交流接触器的结构、原理。接触器主要由电磁系统、触头系统、灭弧装置及辅助部件等部分组成。图 1-17 为 CJ－20系列交流接触器的外形和结构原理，其图形符号和文字符号如图 1-18 所示。

a) LK17系列主令控制器外形　b) LK18系列主令控制器外形

图 1-16　LK17 和 LK18 系列主令控制器外形

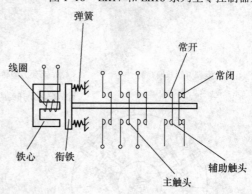

图 1-17　CJ－20 系列交流接触器外形和结构原理

① 电磁系统：接触器的电磁系统主要由线圈、铁心（静铁心）和衔铁（动铁心）3 部分组成。其作用是利用电磁线圈的通电或断电，使衔铁和铁心吸合或释放，从而带

a) 辅助常开触头　　b) 辅助常闭触头　　c) 主触头　　d) 线圈

图 1-18　接触器图形符号和文字符号

动动触头与静触头闭合或分断，实现接通或断开电路的目的。

② 触头系统：触头系统包括主触头和辅助触头，主触头用于控制电流较大的主电路，

一般由 3 对接触面较大的常开触头组成；辅助触头用于控制电流较小的控制电路，一般由两对常开和两对常闭触头组成。触头的常开和常闭，是指电磁系统没有通电动作时触头的状态，因此常闭触头和常开触头有时又分别被称为动断触头和动合触头。工作时常开和常闭触头是联动的，当线圈通电时，常闭触头先断开，常开触头随后闭合，而线圈断电时，常开触头先恢复断开，随后常闭触头恢复闭合，也就是说两种触头在改变工作状态时，先后有个时间差，尽管这个时间很短，但在分析电路控制过程时应特别注意。

触头的结构形式有桥式和指形两种，触头的接触形式有点接触式、线接触式和面接触式 3 种，如图 1-19 所示。

③ 灭弧装置：灭弧装置的主要作用是切断动、静触头之间产生的电弧，以防发生电弧短路或起火等安全事故，以及保护触头不被烧坏。

当接触器在断开大电流或高电压电路时，在动、静触头之间会产生很强的电弧，并且实践证明，触头开合

a)点接触桥式触头　　b)指形线接触触头　　c)面接触桥式触头

图 1-19　触头的结构形式

过程中的电压越高、电流越大、弧区温度越高，则电弧越强，影响越大，一方面会灼伤触头，减少触头的寿命，另一方面会使电路切断时间延长，甚至造成电弧短路或引起火灾事故。交流接触器常用的灭弧方法有双断口电动力灭弧、纵缝灭弧和栅片灭弧；直流接触器因直流电弧不存在自然过零点熄灭特性，因此只能靠拉长电弧和冷却电弧来灭弧，一般采取磁吹式灭弧装置来灭弧。

④ 辅助部件：辅助部件包括反作用弹簧、缓冲弹簧、触头压力弹簧、传动机械及底座、接线柱等。

2）接触器的主要技术参数如下。

① 额定电压：接触器铭牌上的额定电压是指主触头上的额定电压。通常用的电压等级为：

直流接触器：110V，220V，440V，660V 等档次。

交流接触器：127V，220V，380V，500V 等档次。

如某负载是 380V 的三相感应电动机，则应选 380V 的交流接触器。

② 额定电流：接触器铭牌上的额定电流是指主触头的额定电流。通常用的电流等级为：

直流接触器：25A，40A，60A，100A，250A，400A，600A。

交流接触器：5A，10A，20A，40A，63(60)A，100A，150A，250A，400A，630(600)A。

③ 线圈的额定电压。通常用的电压等级为

直流线圈：24V，48V，220V，440V。

交流线圈：36V，127V，220V，380V。

④ 动作值：指接触器的吸合电压与释放电压。通常规定接触器在额定电压85%以上时，应可靠吸合，释放电压不高于额定电压的70%。

⑤ 接通与分断能力：指接触器的主触头在规定的条件下能可靠地接通和分断的电流值，而不应该发生熔焊、飞弧和过分磨损等。

⑥ 额定操作频率：额定操作频率指每小时接通次数。交流接触器最高为 600 次/h；直流接触器可高达 1200 次/h。

3）接触器的型号说明。如 CJ20 – 250，该型号的意义为 CJ20 系列接触器，额定电流为 250A，主触头为 3 极；CZ0 – 100/20 表示 CZ0 系列直流接触器，额定电流为 100A，双极常开主触头。

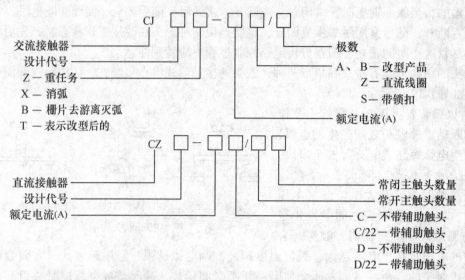

4）接触器的选用。为保证满足控制要求，提高系统性价比，选用接触器时一般按以下原则进行：

① 根据控制对象所用电源类型选择接触器类型，一般交流负载用交流接触器，直流负载用直流接触器。当直流负载容量较小时，也可选用交流接触器，但交流接触器的额定电流应适当选大一些。

② 所选接触器主触头的额定电压应大于或等于控制电路的额定电压。

③ 应根据控制对象类型和使用场合，合理选择接触器主触头的额定电流。控制电阻性负载时，主触头的额定电流应等于负载的额定电流；控制电动机时，主触头的额定电流应大于电动机的额定电流；当接触器使用在频繁起动、制动及正反转的场合时，应将主触头的额定电流降低一个等级使用。

④ 选择接触器线圈的电压：当控制电路简单、使用电器较少时，应根据电源等级选用 380V 或 220V 的电压；当电路复杂，从人身和设备安全角度考虑，可选择 36V 或 110V 电压的线圈，此时应增加相应变压器设备。

⑤ 根据控制电路的要求，合理选择接触器的触头数量及类型。

5）接触器的安装与使用。接触器一般应安装在垂直面上，倾斜度不得超过 5°，若有散热孔，则应将有孔的一面放在垂直方向上，以利散热。安装和接线时，注意不要将零件失落或掉入接触器内部，安装孔的螺钉应装有弹簧垫圈和平垫圈，并拧紧螺钉以防振动松脱。

（3）继电器 继电器是一类根据输入信号（电量或非电量）的变化，接通或断开小电流控制电路的电器，广泛运用于自动控制和保护电力拖动装置。一般情况下，继电器不直接控制电流较大的主电路，而是通过接触器或其他电器对主电路进行控制，与接触器相比，继电器具有触头分断能力小、结构简单、体积小、重量轻、反应灵敏、动作准确及工作可靠等优点。

一般来说，继电器主要由测量环节、中间机构和执行机构 3 部分组成。继电器通过测量环节输入外部信号（如电压、电流等电量或温度、压力、速度等非电量）并传递给中间机构，将它与设定值（即整定值）进行比较，当达到整定值时（过量或欠量），中间机构就使执行机构产生输出动作，从而闭合或分断电路，达到控制电路的目的。

继电器的分类方法有多种，按输入信号的性质可分为电压继电器、电流继电器、时间继电器、速度继电器和压力继电器等；按工作原理可分为电磁式继电器、电动式继电器、感应式继电器、晶体管式继电器和热继电器；按输出方式可分为有触头式和无触头式。常用的继电器有电压继电器、电流继电器、时间继电器、速度继电器、压力继电器、热继电器和温度继电器等。下面将介绍常用的几种。

1）电压继电器。电压继电器可以对所接电路上的电压高低做出动作反应，分为过电压继电器、欠电压继电器和零电压继电器。过电压继电器在额定电压下不吸合，当线圈电压达到额定电压的 105% ~120% 及以上时动作；欠电压继电器在额定电压下吸合，当线圈电压降低到额定电压的 40% ~70% 时释放；零电压继电器在额定电压下也吸合，当线圈电压达到额定电压的 5% ~25% 时释放。它们常分别用来构成过电压、欠电压和零电压保护。

电压继电器的外形、图形符号和文字符号如图 1-20 所示。

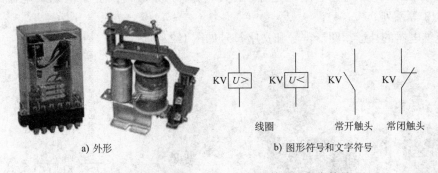

a) 外形　　　　　　　　b) 图形符号和文字符号

图 1-20　电压继电器的外形、图形符号和文字符号

2）中间继电器。中间继电器实质是一种电压继电器，其结构及工作原理与接触器相同，但中间继电器的触头对数多，且没有主辅之分。因此，中间继电器主要用来对外部开关量的接通能力和触头数量进行放大，其种类有：①JZ 系列，该系列中间继电器适用于在交流电压 500V（频率 50Hz 或 60Hz）、直流电压 220V 以下的控制电路中控制各种电磁线圈；②DZ 系列，该系列中间继电器主要用于各种继电保护电路中，用以增加主保护继电器的触头数量或容量，该系列中间继电器的线圈只用在直流操作的继电保护电路中。

中间继电器的选用主要依据被控制电路的电压等级、所需触头的数量、种类和容量等要求来进行。

中间继电器的外形、图形符号和文字符号如图 1-21 所示。

3）电流继电器。电流继电器的线圈被做成阻抗小、导线粗、匝数少的电流线圈，串接在被测量的电路中（或通过电流互感器接入），用于检测电路中的电流的变化，通过与电流设定值的比较自动判断工作电流是否越限。电流继电器分过电流继电器和欠电流继电器两类。

过电流继电器在电路额定电流下正常工作时电磁吸力不足于克服弹簧阻力，衔铁不动作，当电流超过整定值时电磁机构工作，整定范围为额定电流的 1.1 ~1.4 倍；欠电流继电器在电路额定电流下正常工作时处在吸合状态，当电流降低到额定电流的 10% ~20% 时，继电器释放。

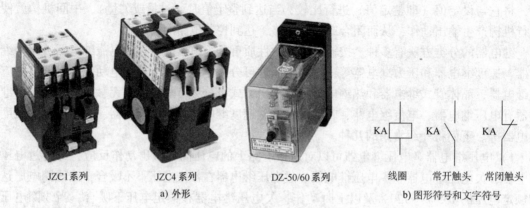

a) 外形 b) 图形符号和文字符号

图 1-21　中间继电器的外形、图形符号和文字符号

常用的交、直流过电流继电器有 JL14、JL15、JL18 等系列，其中 JL18 正在逐渐取代 JL14 和 JL15 系列；交流过电流继电器有 JT14、JT17 等系列；直流电磁式电流继电器有 JT13、JT18 等系列。

电流继电器的外形、图形符号和文字符号如图 1-22 所示。

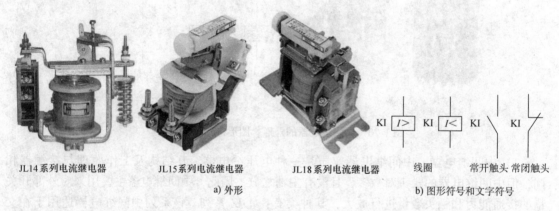

a) 外形 b) 图形符号和文字符号

图 1-22　电流继电器的外形、图形符号和文字符号

4）时间继电器。时间继电器是一种利用电磁原理或机械动作原理实现触头延时接通或断开的自动控制电器。它广泛用于需要按时间顺序进行控制的电气控制电路中。其种类很多，常用的有电磁式、空气阻尼式和电子式等。

① 空气阻尼式时间继电器：空气阻尼式时间继电器是利用空气阻尼原理获得延时的，它由电磁机构、延时机构和触头 3 部分组成，有通电延时型和断电延时型两种，两者结构相同，区别在于电磁机构安装的方向不同。常用的空气阻尼式时间继电器有 JS7 系列，其外形及其工作原理结构如图 1-23 所示。

空气阻尼式时间继电器的工作原理如下：线圈通电后，衔铁与静铁心吸合，带动推板使上侧微动开关立即动作；同时，活塞杆在塔形弹簧的作用下，带动活塞及橡皮膜向上移动，因此使橡皮膜下方气室空气稀薄，活塞杆不能迅速上移。当室外空气经由进气孔进入气室后，活塞杆才逐渐上移，移至最上端时，杠杆撞击下侧微动开关，使其触头动作输出信号。从电磁铁线圈通电时刻起至下侧微动开关动作时为止的这段时间即为时间

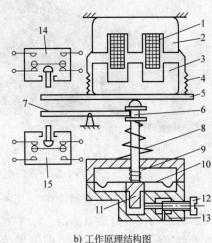

a) 外形　　　　　　　　　　　b) 工作原理结构图

图 1-23　JS7 系列空气阻尼式时间继电器外形及工作原理结构

1—线圈　2—静铁心　3—衔铁　4—复位弹簧　5—推板　6—活塞杆　7—杠杆　8—塔形弹簧
9—弱弹簧　10—橡皮膜　11—活塞　12—调节螺钉　13—进气孔　14、15—微动开关

继电器的延时时间。通过调节螺钉调节进气孔气隙的大小就可以调节延时时间，进气越快，延时越短。

当电磁铁线圈断电后，衔铁在复位弹簧的作用下立即将活塞推向最下端，气室内空气通过橡皮膜、弱弹簧和活塞的局部所形成的单向阀迅速经上气室缝隙排掉，使得两微动开关同时迅速复位。

上述分析为通电延时型时间继电器的工作原理，若将其电磁机构翻转 180°安装，即可得到断电延时型时间继电器。

由于空气阻尼式时间继电器具有结构简单、易构成通电延时和断时延时型、调整简便、价格较低等优点，因此广泛应用于电动机控制电路中。但空气阻尼式时间继电器延时精度较低，因而只能使用在对延时要求不高的场合。当要求的延时精度较高，控制电路相互协调且需要无触头输出等场合，则应该采用电子式时间继电器。目前全国统一设计的空气阻尼式时间继电器有 JS23 系列，用于取代 JS7、JS16 系列。

② 电子式时间继电器：电子式时间继电器按其结构可分为晶体管式时间继电器和数字式时间继电器。多用于电力传动、自动顺序控制及各种过程控制系统中，并以其延时范围宽、精度高、体积小、工作可靠的优势逐步取代传统的电磁式、空气阻尼式等时间继电器。常用电子式时间继电器的外形如图 1-24 所示。

晶体管式时间继电器最基本的有延时吸合和延时释放两种，它们大多是利用电容充放电原理来达到延时目的。具有代表性的有 JS20 系列时间继电器，JS20 所采用的电路分为两类，一类是单结晶体管电路，另一类是场效应晶体管电路，并且有断电延时、通电延时和带瞬动触头延时 3 种形式。晶体管式时间继电器具有电路简单、延时调节方便、性能稳定、延时误差小、触头容量较大等优点，缺点是由于受延时原理的限制，不容易做成长延时，且延时精度易受电压、温度的影响，精度较低，延时过程也不能显示，因而影响了它的使用。

随着半导体技术、特别是集成电路技术的进一步发展，采用新延时原理的时间继电

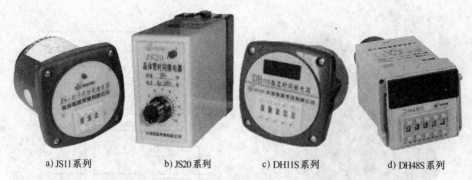

a) JS11 系列　　b) JS20 系列　　c) DH11S 系列　　d) DH48S 系列

图 1-24　常用电子式时间继电器的外形

器——数字式时间继电器便应运而生，其各种性能指标得到大幅度地提高。目前最先进的数字式时间继电器内部装有微处理器。

国内外数字式时间继电器按其时基发生器构成的原理不同，可分为电源分频式、*RC* 振荡式和石英分频式 3 种类型。它们的优点是延时精度高、延时范围广、延时过程可数字显示和延时方法灵活，但电路复杂、价格较高。

目前市场上的数字式时间继电器型号很多，有 DH48S、DH14S、DH11S、JSS1、JS14S、JS14P 系列，以及从日本富士公司引进生产的 ST 系列等。其中，JS14S 系列与 JS14、JS14P、JS20 系列时间继电器兼容，取代方便；DH48S 系列数字式时间继电器采用引进技术及工艺制造，可替代进口产品，其延时范围为 0.01s ~ 99h99min，可任意预置，且具有精度高、体积小、功耗小、性能可靠的优点。

时间继电器的图形符号和文字符号如图 1-25 所示。

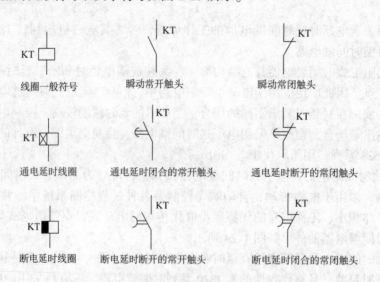

图 1-25　时间继电器的图形符号和文字符号

5）速度继电器。速度继电器是反映转速和转向的继电器，主要用作笼型异步电动机的反接制动控制，所以也称反接制动继电器。它主要由转子、定子和触头 3 部分组成，转子是一个圆柱形永久磁铁；定子是一个笼形空心圆环，由硅钢片叠成，并装有笼型绕组。图 1-26 为速度继电器外形及其结构原理，速度继电器的图形符号和文字符号如图 1-27 所示。

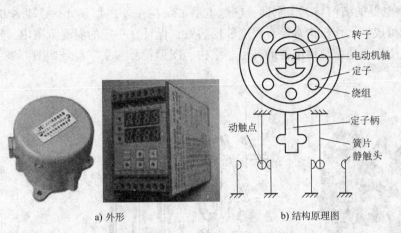

a) 外形　　　　　　　　　　　b) 结构原理图

图 1-26　速度继电器外形及其结构原理

　　速度继电器工作原理：速度继电器转子的轴与被控电动机的轴相连接，而定子空套在转子上。当电动机转动时，速度继电器的转子随之转动，定子内的短路导体便切割磁场，产生感应电动势，从而产生电流。此电流与旋转的转子磁场作用产生转矩，于是定子开始转动，当转到一定角度时，装在定子轴上的摆锤推动簧片动作，使常闭触头分断，常开

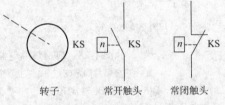

转子　　　常开触头　　　常闭触头

图 1-27　速度继电器的图形符号和文字符号

触头闭合。当电动机转速低于某一值时，定子产生的转矩减小，触头在弹簧作用下复位。

　　6）热继电器。热继电器是利用流过继电器的电流所产生的热效应而反时限动作的继电器。所谓反时限动作，是指热继电器动作时间随电流的增大而减小的性能。热继电器主要用于电动机的过载、断相、电流不平衡运行的保护及其他电气设备发热状态的控制。

　　① 热继电器的分类与型号：热继电器的形式有多种，其中双金属片式应用最多，按极数多少可分为单极、两极和三极热继电器 3 种，其中三极热继电器又包括带断相保护装置和不带断相保护装置两种；按复位方式分，有自动复位式和手动复位式。目前常用的有国产的 JRS1、JR20 等系列，以及国外的 T 系列和 3UA 等系列产品。

　　常用的 JRS1 系列和 JR20 系列热继电器的型号及含义说明如下。

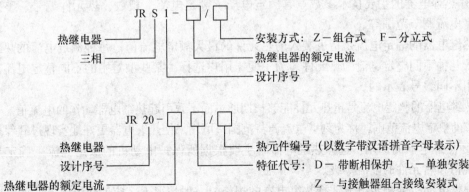

② 热继电器的结构与工作原理：热继电器的结构主要由加热元件、动作机构和复位机构3大部分组成。动作机构常设有温度补偿装置，保证在一定的温度范围内，热继电器的动作特性基本不变。典型热继电器的外形、结构、图形符号和文字符号如图1-28所示。

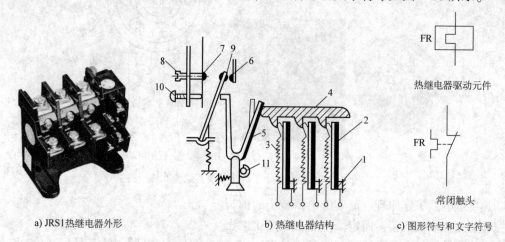

a) JRS1热继电器外形　　　　　　　　b) 热继电器结构　　　　c) 图形符号和文字符号

图1-28　典型热继电器的外形、结构、图形符号和文字符号

1—双金属片固定支点　2—主双金属片　3—加热元件　4—导板　5—补偿双金属片
6、9—热继电器常闭触头　7—常开静触头　8—复位螺钉　10—按钮　11—调节旋钮

在图1-28中，1为双金属片固定支点，主双金属片2与加热元件3串接在接触器负载（电动机电源端）的主电路中，当电动机过载时，主双金属片受热弯曲推动导板4，并通过补偿双金属片5与推杆将触头9和6（即串接在接触器线圈电路的热继电器常闭触头）分开，以切断电路保护电动机。调节旋钮11是一个偏心轮，改变它的半径即可改变补偿双金属片5与导板4的接触距离，因而达到调节整定动作电流值的目的。此外，调节复位螺钉8可以改变常开静触头7的位置，使热继电器能动作在自动复位或手动复位两种状态。调成手动复位时，在排除故障后要按下按钮10才能使动触头9恢复与静触头6相接触的位置。

热继电器的常闭触头常串接入控制电路，常开触头可接入信号电路。

当三相电动机的一相接线松开或一相熔丝熔断时，会造成电动机的缺相运行，这是三相异步电动机烧坏的主要原因之一。断相后，若外加负载不变，绕组中的电流就会增大，将使电动机烧毁。如果需要断相保护可选用带断相保护的热继电器。

③ 热继电器的主要技术参数：有额定电压、额定电流、相数、热元件编号、整定电流及刻度电流调节范围等。

热继电器的额定电流是指可装入的热元件的最大额定电流值。每种额定电流的热继电器可装入几种不同整定电流的热元件。为了便于用户选择，某些型号中的不同整定电流的热元件是用不同编号表示的。

热继电器的整定电流是指热元件能够长期通过而不致引起热继电器动作的电流值。能够手动调节的整定电流范围，称为刻度电流调节范围，可用来使热继电器更好地实现过载保护。

④ 热继电器的选用：选择热继电器时主要根据所保护电动机的额定电流来确定热继电器的规格和热元件的电流等级。

根据电动机的额定电流选择热继电器的规格。一般情况下，应使热继电器的额定电流稍大于电动机的额定电流。

根据需要的整定电流值选择热元件的编号和电流等级。一般情况下，热继电器的整定值为电动机额定电流的 0.95 ~ 1.05 倍；但如果电动机拖动的负载是冲击性负载或起动时间较长及拖动的设备不允许停电的场合，热继电器的整定值可取电动机额定电流的 1.1 ~ 1.5 倍；如果电动机的过载能力较差，热继电器的整定值可取电动机额定电流的 0.6 ~ 0.8 倍。同时整定电流应留有一定的上下限调整范围。

根据电动机定子绕组的连接方式选择热继电器的结构形式。即丫形联结的电动机选用普通三相结构的热继电器；△联结的电动机应选用三相带断相保护装置的热继电器。

对于频繁正反转和频繁起动和制动工作的电动机，不宜采用热继电器来保护。

⑤ 热继电器的使用与维护：察看热继电器热元件的额定电流值或调整旋钮的刻度值是否与电动机的额定电流值相当。如不相当，则要更换热元件，重新进行调整试验，或转动调整旋钮的刻度使之符合要求。

察看动作机构是否正确可靠，再看按钮是否灵活。可用手拨 4 ~ 5 次进行观察。热继电器在出厂时，其触头一般为手动复位，若需自动复位，只要将复位螺钉按顺时针方向转动，并稍微拧紧即可；如需调回手动复位，则需按逆时针旋转并拧紧。拧紧的目的是防止振动时复位螺钉松动。

在使用过程中，应定期通电校验。此外，在设备发生事故而引起巨大短路电流后，应检查热元件和双金属片有无显著变形。若已变形，则需通电试验。因双金属片变形或其他原因致使动作不准确时，只能调整其可调部件，绝不能弯曲双金属片。

在察看热元件是否良好时，只可打开盖子从旁观察，不得将热元件卸下。

热继电器在使用中需定期用布擦净尘埃和污垢，双金属片要保持原有光泽，如果上面有锈迹，可用布蘸汽油轻轻擦除，但不得用砂纸磨光。

四、任务实施

1. 常用低压电器的识别

1) 在教师的指导下，仔细观察各种不同类型、规格的低压电器的外形和结构特点。

2) 由指导教师从所给的低压电器中任选 5 种，用胶布盖住型号和编号，由学生根据实物写出其名称、型号、结构形式、作用、工作原理及安装使用注意事项等。

2. 交流接触器等低压电器的拆装

(1) 交流接触器的拆卸

1) 卸下灭弧罩紧固螺钉，取下灭弧罩。

2) 拉紧主触头定位弹簧夹，取下主触头及主触头压力弹簧片，拆卸主触头时必须将其侧转 45°后取下。

3) 松开辅助常开静触头的线桩螺钉，取下常开静触头。

4) 松开接触器底部的盖板螺钉，取下盖板，在松开盖板螺钉时，要用手按住螺钉并慢慢放松。

5) 取下静铁心缓冲绝缘纸片及静铁心。

6) 取下静铁心支架及缓冲弹簧。

7) 拔出线圈接线端的弹簧夹片，取下线圈。

8) 取下反作用弹簧。

9）取下衔铁和支架。

10）从支架上取下动铁心定位销，然后取下动铁心及缓冲绝缘纸片。

（2）交流接触器的检修

1）检查灭弧罩有无破裂或烧损，清除灭弧罩内的金属飞溅物和颗粒。

2）检查触头的磨损程度，磨损严重时应更换触头。若不需更换，则清除触头表面上烧毛的颗粒。

3）清除铁心端面的油垢，检查铁心有无变形及端面接触是否平整。

4）检查触头压力弹簧及反作用弹簧是否变形或弹力不足，如有需要则更换弹簧。

5）检查电磁线圈是否有短路、断路及发热变色现象。

（3）交流接触器的装配　按拆卸的逆顺序进行装配。

（4）交流接触器触头压力的调整　触头压力的测量与调整一般用纸条凭经验判断，将一张厚约0.1mm，比触头稍宽的纸条夹在触头间，使触头处于闭合位置，用手拉动纸条，若触头压力合适，稍用力纸条即可拉出。若纸条很容易被拉出，则说明触头压力不够；若纸条被拉断，则说明触头压力太大。可调整触头弹簧或更换弹簧，直至符合要求。

五、知识链接

随着微电子、电力电子技术和计算机技术的发展，现代自动化控制设备中新型的强弱电结合的电子器件应用越来越广泛，下面介绍几种常用的新型低压电器设备及其应用。

1. 固态继电器

固态继电器（SSR）是一种采用固体半导体元件组装而成的新型无触头继电器，它能够实现强、弱电的良好隔离，其输出信号又能够直接驱动强电电路的执行元件，与有触头的继电器相比具有开关频率高、使用寿命长、工作可靠等突出特点。它不仅在许多自动化控制装置中代替了常规机电式继电器，而且广泛应用于数字程控装置、微电动机控制、调温装置、数据处理系统及计算机终端接口电路，尤其适用于动作频繁、防爆耐潮和耐腐蚀等特殊场合。

固态继电器是四端器件，有两个输入端，两个输出端，中间采用光敏器件，以实现输入与输出之间的电气隔离。常见固态继电器外形如图1-29所示。

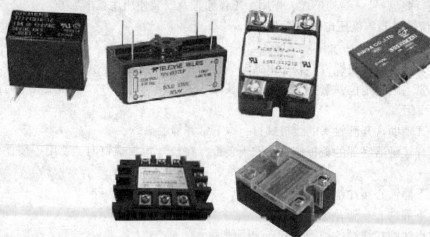

图1-29　常见固态继电器外形图

固态继电器有多种产品，以负载电源类型可分直流型固态继电器（DC-SSR）和交流型固态继电器（AC-SSR）。直流型以功率晶体管作为开关元件；交流型以晶闸管作为开关元件。以输入、输出之间的隔离形式可分为光耦合隔离和磁隔离型。以控制触发的信号可分为过零型和非过零型、有源触发型和无源触发型。

固态继电器至少包括输入电路、驱动电路和输出电路3个部分。图1-30是应用得较多的交流过零型固态继电器的内部电路原理图。

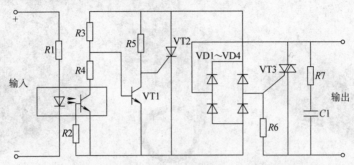

图1-30 交流过零型固态继电器的内部电路原理图

当无输入信号时，光耦合器中的光敏晶体管截止，晶体管VT1饱和导通，晶闸管VT2截止，VT1经桥式整流电路引入的电流很小，不足以使双向晶闸管VT3导通。

当有信号输入时，光耦合器中的光敏晶体管导通，当交流负载电源电压接近零点时，电压值较低，经过VD1~VD4整流，R3和R4上分压不足以使晶体管VT1导通，而整流电压却经过R5为晶闸管VT2提供了触发电流，故VT2导通。这种状态相当于短路，电流很大，只要达到双向晶闸管VT3的导通值，VT3便导通，从而接通负载电源。VT3一旦导通，不管输入信号存在与否，VT3仍保持导通状态，负载上仍有电流流过，只有当电流过零才能恢复关断。电阻R7和电容C1组成浪涌抑制器。

固态继电器的常用产品有DJ型系列，欧姆龙公司的G3NA、G3PA（-VD）、G3F/G3FD、G3H/G3HD和G3J—S等系列固态继电器。表1-2为DJ型系列固态继电器的主要技术指标。

表1-2 DJ型系列固态继电器的主要技术指标

额定电压	额定电流	输出高电压	输出低电压	门限值 R_{IR}
AC 220V（50±5）Hz	1A、3A、5A、10A	≥95%电源电压	≤5%电源电压	0.5~10kΩ
环境温度	开启时间	关闭时间	绝缘电阻	击穿电压
-10~40℃	≤1ms	≤10ms	≥100MΩ	≥AC 2500V

固态继电器可以广泛用于计算机外围接口装置、恒温器和电阻炉控制、交流电动机控制、中间继电器和电磁阀控制、复印机和全自动洗衣机控制、信号灯交通灯和闪烁器控制、照明和舞台灯光控制、数控机械遥控系统、自动消防和保安系统、大功率晶闸管触发和工业自动化装置等。

固态继电器的使用注意事项如下：

1）固态继电器选择时应根据负载类型（阻性、感性）来确定，并且要采用有效的过压吸收保护。

2）过电流保护应采用专门保护半导体器件的熔断器或动作时间小于 10ms 的自动开关。

2. 温度继电器

在温度自动控制或报警装置中，常采用带电触头的汞温度计或热敏电阻、热电偶等制成的各种形式的温度继电器，如图 1-31 所示。

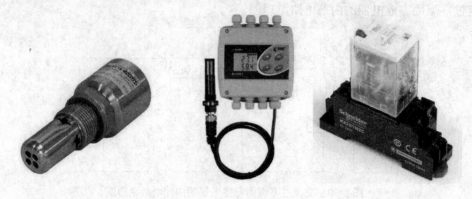

图 1-31　温度继电器外形

图 1-32 为用热敏电阻作为感温元件的温度继电器原理。晶体管 VT1、VT2 组成射极耦合双稳态电路。晶体管 VT3 之前串联接入稳压管 VS，可提高反相器开始工作的输入电压值，使整个电路的开关特性更加良好。适当调整电位器 RP2 的电阻，可减小双稳态电路的回差。RT 采用负温度系数的热敏电阻器，当温度超过极限值时，使 A 点电位上升到 $2\sim4V$，双稳态电路翻转。

工作原理： 当温度在极限值以下时，RT 呈现很大的电阻值，使 A 点电位在 2V 以下，则 VT1 截止、VT2 导通，VT2 的集电极电位约 2V，远低于 VS 的 $5\sim6.5V$ 的稳定电压值，VT3 截止，继电器 KA 不吸合。当温度上升到超过极限值时，RT 阻值减小，使 A 点电位上升到 $2\sim4V$，VT1 立即导通，迫使 VT2 截止，VT2 集电极电位上升，VS 导通，VT3 导

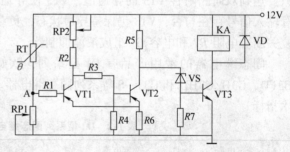

图 1-32　温度继电器原理

通，KA 吸合。该温度继电器可利用 KA 的常开或常闭触头对加热设备进行温度控制，对电动机能实现过热保护等，可通过调整电位器 RP1 的阻值来实现对不同温度的控制。

3. 光敏继电器

光敏继电器是利用光敏元件把光信号转换成电信号的光敏器材，广泛用于计数、测量和控制等方面。光敏继电器分亮通和暗通两种电路，亮通是指光敏元件受到光照射时，继电器吸合，暗通是指光敏元件无光照射时，继电器吸合。图 1-33 为光敏继电器外形。

图 1-34 为 JG—D 型光敏继电器电路原理。此电路属亮通电路，适合于自动控制系统中，指示工件是否存在或所在位置。继电器 KA 的动作电流 $>1.9mA$，释放电流 $<1.5mA$，发光头 EL 与接收头 VT1 的最大距离可达 50m。

工作原理：220V 交流电经变压器 T 减压、二极管 VD1整流、电容器 C 滤波后作为继电器的直流电源。在 T 的二次侧另一组 6V 交流电源直接向发光头 EL 供电。晶体管 VT2、VT3 组成射级耦合双稳态触发器。在光线没有照射到接收头光敏晶体管 VT1 时，VT2 基极处于低电位而导通，VT3 截

a) RY12W–K   b) NY16W–K   c) COSMO 光电继电器

图 1-33 光敏继电器外形

止，继电器 KA 不吸合；当光照射到 VT1 上时，VT2 基极变为高电位而截止，VT3 就导通，KA 吸合，能准确地反应被测物是否到位。

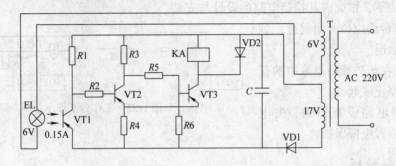

图 1-34 JG－D 型光敏继电器电路原理

必须注意的是，在安装、使用光敏继电器时，应避免振动及阳光、灯光等其他光线的干扰。

六、思考与练习

1. 熔断器在电路中的作用是什么？它有哪些主要组成部件？电动机控制电路常用的熔断器有哪几种？各有什么特点？

2. 刀开关的主要用途是什么？常用的刀开关有哪几种？各有什么特点？

3. 刀开关为什么不适合频繁操作电动机的起动和停止？

4. 断路器有哪些主要功能？它有哪些脱扣器，各起什么作用？

5. 什么是主令电器，它有哪些类型？

6. 交流接触器的主要用途和工作原理是什么？交流接触器的结构可分为哪几大部分？

7. 按工作原理，继电器可分为哪几类？

8. 热继电器可否用于电动机的短路保护？为什么？熔断器与热继电器用于保护交流三相异步电动机时，能不能互相取代？为什么？

9. 画出下列电气元件的图形符号，并标出对应的文字符号。

熔断器；刀开关；断路器；组合开关；复合按钮；复合位置开关；交流接触器；电压继电器；中间继电器；电流继电器；通电延时型时间继电器；断电延时型时间继电器；热继电器。

任务 1.2 三相异步电动机正反转控制电路的设计和安装

许多生产机械往往要求运动部件能正、反两个方向运动，如机床工作台的前进与后退、起重机的上升与下降等，可以采用机械控制、电气控制或机械电气混合控制的方法来实现，当采用电气控制方法实现时，则要求电动机能实现正反转控制。

实现三相交流异步电动机的正反转运行需改变通入电动机定子绕组的三相电源相序，即把三相电源中的任意两相对调接线时，电动机就可以反转。因此，电动机正反转控制电路的实质是两个方向相反的单向运行电路。

一、任务描述

某机床工作台需自动往返运行，由三相异步电动机拖动，其工作示意图如图 1-35 所示，其控制要求如下，试完成其控制电路的设计与安装。

1) 工作台由原位开始前进，到终端后自动后退。

2) 要求在前进或后退途中的任意位置都能停止或起动。

3) 控制电路设有短路、失电压、过载和位置极限保护。

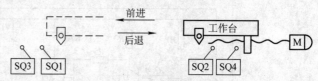

图 1-35　工作台工作示意图

二、任务分析

工作台的往返运行是通过行程开关控制电动机的正反转实现的，因此要实现控制要求，需完成以下几个控制单元的设计：

1) 三相交流异步电动机的自动正反转运行控制。

2) 行程控制。

3) 短路、过载等各种保护控制。

三、技术要点

1. 电气控制系统图的类型

电气控制系统是由电气元器件按照一定要求连接而成的，电气控制系统图是用图形的方式来表示电气控制系统中的电气元件及连接关系，图中采用不同的图形符号表示各种电气元件，采用不同的文字符号表示各电气元件的名称、序号或电路的功能、状况和特征，采用不同的线号或接点号来表示导线与连接等。电气控制系统图表达了生产机械电气控制系统的结构、原理等设计意图，是电气系统安装、调试、使用和维修的重要资料。

电气控制系统图一般有 3 种：电气控制原理图、电气设备布置图和电气设备接线图。

(1) 电气控制原理图　电气控制原理图是根据生产机械运动形式对电气控制系统的要求，采用国家统一规定的电气图形符号和文字符号连接而成一种简图。它充分表达电气设备和电器的用途和工作原理，而不考虑其实际位置，如图 1-36 所示。

(2) 电气设备布置图　电气设备布置图表示各种电气设备在机床机械设备和电气控制

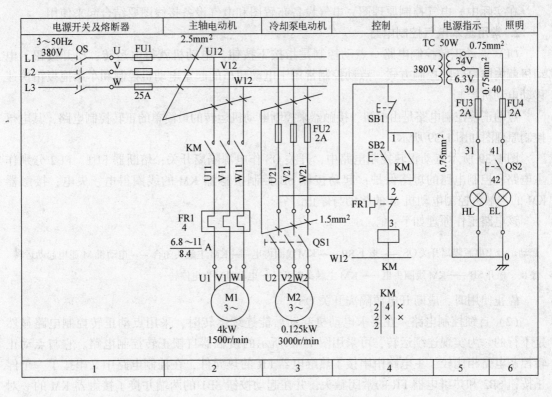

图 1-36 某车床电气控制原理图

柜中的实际安装位置，各电气元件的安装位置是由机床的结构和工作要求决定的，如电动机要和被拖动的机械部件在一起，行程开关应放在要取得信号的地方，操作元件要放在操作方便的地方，一般电气元件应放在控制柜内，如图 1-37 所示。

（3）电气设备接线图 电气设备接线图表示各电气设备之间实际接线情况，绘制接线图时应把各电气元件的各个部分（如触头与线圈）画在一起，文字符号、元件连接顺序、电路号码编制都必须与电气原理图一致，电气设备布置图和接线图是用于安装接线、检查维修和施工的，如图 1-38 所示。

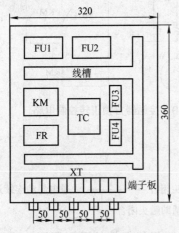

图 1-37 某车床电气设备布置图

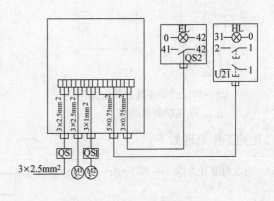

图 1-38 某车床电气设备接线图

在实际中，电气控制原理图、电气设备布置图和电气设备接线图要结合起来使用。

2. 常用基本电气控制电路

（1）点动正转控制电路 点动控制是指按下按钮，电动机就得电运转；松开按钮，电动机就失电停转的控制方式。点动控制常用于电动葫芦的起重电动机控制和车床拖板箱快速移动电动机控制。

点动正转控制电路是由按钮、接触器来控制电动机运转的最简单的正转控制电路，其电气控制原理图如图1-39所示。

图1-39所示点动正转控制电路中，开关QS作电源隔离开关；熔断器FU1、FU2分别作主电路、控制电路的短路保护；起动按钮SB控制接触器KM的线圈得电、失电；接触器KM的主触头控制电动机M的起动与停止。

该电路工作原理如下：

起动：合上电源隔离开关QS ──→ 按下SB ──→ KM线圈得电 ──→ KM主触头闭合 ──→ 电动机M通电起动运转

停止：松开SB ──→ KM线圈失电 ──→ KM主触头断开 ──→ 电动机M失电停转

停止使用时，应断开电源隔离开关QS。

（2）自锁控制电路 在要求电动机起动后能连续运转时，采用点动正转控制电路显然是不行的。为实现连续运转，可采用图1-40所示的接触器自锁正转控制电路。它与点动正转控制电路相比较，主电路中串接了热继电器FR的热元件，在控制电路中又串接了一个停止按钮SB2和热继电器FR的常闭触头，并在起动按钮SB1的两端并接了接触器KM的一对常开辅助触头。

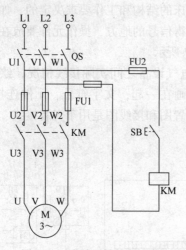

图1-39 点动正转控制电路
电气控制原理图

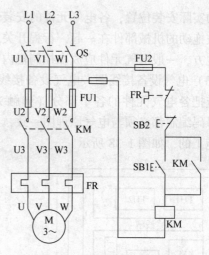

图1-40 接触器自锁正转控制电路

电路工作原理如下：

起动：合上电源开关QS ──→ 按下SB1 ──→ KM线圈得电 ──┬──→ KM主触头闭合 ──────→ M通电起动连续运转

                                                                  └──→ KM常开辅助触头闭合

当松开SB1时，由于KM的常开辅助触头闭合，控制电路仍然保持接通，所以KM线圈继续得电，电动机 M 实现连续运转。这种利用接触器 KM 本身常开辅助触头而使其线圈保持得电的控制方式叫做自锁。与起动按钮 SB1 并联起自锁作用的常开辅助触头也叫自锁触头。

停止：按下SB2 ──→ KM 线圈失电 ──→ KM 主触头断开 ──────────→ 电动机 M 失电停转
　　　　　　　　　　　　　　　 └──→ KM常开辅助触头断开 ──┘

当松开 SB2，其常闭触头恢复闭合，因接触器 KM 的自锁触头在切断控制电路时已断开，解除了自锁，SB1 也是断开的，所以接触器 KM 不能得电，电动机 M 也不会工作。

接触器自锁控制电路不但能使电动机连续运转，而且还有一个重要的特点，就是具有欠电压和失电压保护作用。

（3）正反转控制电路　在生产加工过程中，生产机械的运动部件往往要求实现正反两个方向的运动，如机床工作台的前进与后退、主轴的正转与反转等，这就要求拖动电动机可以正反转运行。

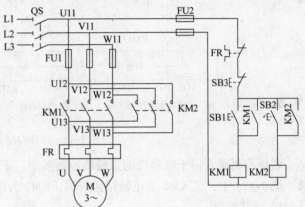

图 1-41　三相交流异步电动机的正反转控制电路

三相交流异步电动机的正反转运行需通过改变通入电动机定子绕组的三相电源相序，即把三相电源中的任意两相对调接线时，电动机就可以反转，如图 1-41 所示。图中 KM1 为正转用接触器，KM2 为反转用接触器，它们分别由 SB1 和 SB2 控制。从主电路中可以看出，这两个接触器的主触头所接通电源的相序不同，KM1 按 U—V—W 相序接线，KM2 则按 W—V—U 相序接线。相应的控制电路有两条，分别控制两个接触器的线圈。电路工作过程为（先合电源隔离开关 QS）：

1）正转控制：

按下SB1 ──→ KM1线圈得电 ──→ KM1主触头闭合 ──────────→ M 通电起动连续正转
　　　　　　　　　　　　　　　└──→ KM1常开辅助触头闭合 ──┘

2）反转控制：

先按下SB3 ──→ KM1线圈失电 ──→ KM1主触头断开 ──────────→ M断电停止运转
　　　　　　　　　　　　　　　 └──→ KM1常开辅助触头断开 ──┘

再按下SB2 ──→ KM2线圈得电 ──→ KM2主触头闭合 ──────────→ M 通电起动连续反转
　　　　　　　　　　　　　　　 └──→ KM2常开辅助触头闭合 ──┘

从以上分析可见，接触器控制正反转电路操作不便，必须保证在切换电动机运行方向之前要先按下停止按钮，然后再按下相应的起动按钮，否则将会发生主电源侧电源相间短路的故障。为克服这一不足，提高电路的安全性，需采用联锁控制。

联锁控制就是在同一时间里两个接触器只允许一个工作的控制方式，也称为互锁控制。实现联锁控制的常用方法有接触器联锁、按钮联锁和复合联锁控制等，如图1-42所示。可见联锁控制的特点是将本身控制支路元件的常闭触头串联到对方控制电路支路中。

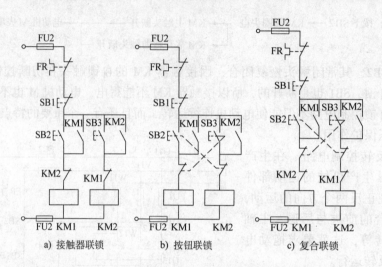

a) 接触器联锁　　　　b) 按钮联锁　　　　c) 复合联锁

图1-42　联锁控制方式

联锁控制通常用于电动机的正反转控制系统，下面以接触器联锁为例说明联锁控制的原理。图1-42a中，设KM1为正转用接触器，KM2为反转用接触器。

1）正转控制：

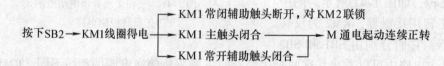

按下SB2 → KM1线圈得电 → KM1常闭辅助触头断开，对KM2联锁
　　　　　　　　　　　　 → KM1主触头闭合 ──────→ M通电起动连续正转
　　　　　　　　　　　　 → KM1常开辅助触头闭合

2）反转控制：

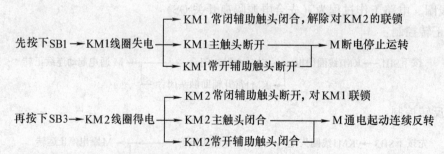

先按下SB1 → KM1线圈失电 → KM1常闭辅助触头闭合，解除对KM2的联锁
　　　　　　　　　　　　 → KM1主触头断开 ──────→ M断电停止运转
　　　　　　　　　　　　 → KM1常开辅助触头断开

再按下SB3 → KM2线圈得电 → KM2常闭辅助触头断开，对KM1联锁
　　　　　　　　　　　　 → KM2主触头闭合 ──────→ M通电起动连续反转
　　　　　　　　　　　　 → KM2常开辅助触头闭合

从以上分析可见，接触器联锁控制电路工作安全可靠，但操作不便，每次实现正反转切换时，需先按下停止按钮。为克服这一不足，可采用图1-42b所示的按钮联锁或图1-42c所示的复合联锁实现双重联锁控制。

（4）自动往返行程控制电路　自动往返行程控制电路是在电动机正反转控制电路的基础上演变的一种控制方式，它利用行程开关实现自动往返循环控制，因此通常称为行程控制原则。如图1-43所示。

电路中，ST1 为正向转反向行程
开关，ST2 为反向转正向行程开关，
起动时，按下正向或反向起动按钮，
如按 SB2，KM1 得电并自锁，电动机
正向运行，拖动运动部件前进，当运
动部件的撞块压下 ST1 时，ST1 常闭
触头断开，切断 KM1 线圈电路，同时
其常开触头闭合，接通反转接触器
KM2 线圈电路，此时电动机由正转变
为反转，拖动运动部件后退，直到压
下 ST2，电动机由反转变为正转，这样
周而复始地往返运动。需要停止时，
按下停止按钮 SB1 即可停止运转。

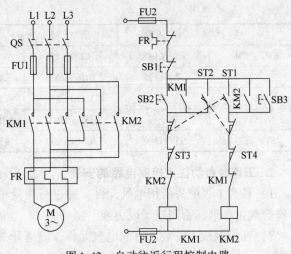

图 1-43　自动往返行程控制电路

四、任务实施

1. 三相异步电动机正反转控制电路的设计

1）根据控制要求，设计工作台自
动往返控制电路原理图如图 1-44 所
示。对于较简单的控制电路可以不绘
制电气设备布置图和接线图。

图 1-44 中 KM1 为正转用接触器，
KM2 为反转用接触器，它们分别由
SB2 和 SB3 控制；ST1 为正向转反向行
程开关，ST2 为反向转正向行程开关，
实现工作台的自动往返控制；需要停
止时，按下停止按钮 SB1 即可；ST3、
ST4 分别为正向、反向极限限位保护
开关，FR 起到过载保护的作用，FU
用于短路保护。

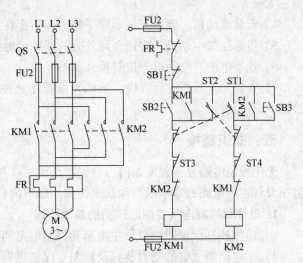

图 1-44　工作台自动往返控制电路的电气原理图

2）根据图 1-44 所示的工作台自
动往返控制电路编制相应的电气元件明细表，见表 1-3。

表 1-3　电气元件明细表

代　号	名　　称	型　　号	规　　格	数量
M	三相异步电动机	Y112M－4	4kW、380V、△联结、1440r/min	1 台
QS	多极隔离开关	HZ10－25/3	三极、25A	1 个
FU1	熔断器	RL1－60/25	500V、60A、配熔体 20A	3 个
FU2	熔断器	RL1－15/2	500V、15A、配熔体 2A	2 个

（续）

代　号	名　称	型　号	规　格	数量
KM1、KM2	交流接触器	CJ20 – 25	20A、线圈电压380V	2个
FR	热继电器	JR16 – 20/3	三极、20A、整定电流8.8A	1个
SB1、SB2、SB3	按钮	LA10 – 3H	保护式、380V、5A	3个
XT	端子板	JX2 – 1015	380V、10A	1排
ST1 ~ ST4	行程开关	JLXK1 – 311	按钮式	4个

2. 工作台自动往返控制电路的安装

1）按表1-3配齐所用电气元件，并进行质量检验。电气元件应完好无损，各项技术指标符合规定要求，否则应予以更换。

2）在控制板上安装所有的电气元件。隔离开关、熔断器的受电端子应安装在控制板的外侧；元件排列要整齐、匀称、间隔合理，且便于更换；紧固电气元件时要用力均匀，紧固程度适当，做到既要使元件安装牢固，又不使其损坏。

3）进行布线和套编码套管。做到布线横平竖直、整齐、分布均匀、走线合理，套编码套管正确，严禁损伤线芯和导线绝缘，接点牢靠，不得松动，不得压绝缘层，不反圈及不露线芯太长等。

4）安装电动机。要求安装牢固平稳，以防止在换向时产生滚动而引起事故。

5）可靠连接电动机和按钮金属外壳的保护接地线。

6）连接电源、电动机等控制板外部的导线。

7）安装完毕后需进行自检，确认无误后才允许进行通电试车。特别要注意短路故障的检测。

五、知识链接

无论控制电路复杂程度如何，它们总是由一些基本控制电路有机地组合起来的，并且应遵循设计控制电路的基本原则和基本规律。以下内容请参见图1-36。

1. 设计和绘制电气控制原理图的基本原则

1）电气控制原理图一般分主电路和控制电路两部分。

2）主电路指受电的动力装置及控制、保护电器的支路等，它通常由主熔断器、接触器的主触头、热继电器的热元件及电动机等组成。主电路通过的电流是电动机的工作电流，电流较大。主电路要画在电路图的左侧并竖直绘制。

3）控制电路用于控制主电路的工作状态，一般由按钮、接触器、继电器等组成。控制电路通过的电流较小，一般不超过5A。控制电路一般画在主电路的右方，电路中与下边电源线相连的耗能元件（接触器和继电器的线圈、指示灯等）应画在电路图的下方，而电器的触头应画在耗能元件与上电源线之间，一般应按照自左到右、自上而下的排列来表示操作顺序。

4）电气控制原理图中的所有图形符号应采用国家标准规定的符号，而不画各电气元件的实际外形图。

5）同一电器的不同部分应采用同一文字符号标明，若图中相同类型的电器有多个时，应在电器文字符号后面加注不同的数字，以示区别，如KM1、KM2等。

6）所有电器触头位置都按电路未通电或电器未受外力作用时的常态位置画出。

7）画电气控制原理图时，应尽可能减少和避免交叉，对有直接电联系的交叉导线连接点，要用小黑点表示，无直接电联系的交叉导线则不画小黑点。

2. 电气控制原理图区域的划分

为了便于检索电气控制电路、方便阅读、分析电路原理，避免遗漏而特意设置了图区编号，如图 1-36 所示图样下方的 1、2、3 等数字。图区编号也可设置在图的上方。

图区编号上方的"主轴"等字样，表明对应区域下面元件名称或电路的功能，便于理解全电路的工作原理。

3. 符号位置的索引

如图 1-36 中 KM 线圈下方的符号位置索引 $\begin{array}{c|c|c} & \text{KM} & \\ 2 & 4 & \times \\ 2 & \times & \times \\ 2 & & \end{array}$，是接触器 KM 相应触头的索引。

电气控制原理图中，接触器、继电器的线圈和触头的从属关系用附图表示。在原理图中相应线圈的下方，给出触头的文字符号，并在其下面注明相应触头的索引代号，对未使用的触头用"×"表明。

对接触器，含义如下：

左栏	中栏	右栏
主触头所在的图区号	常开辅助触头所在的图区号	常闭辅助触头所在的图区号

对继电器，含义如下：

左栏	右栏
常开辅助触头所在的图区号	常闭辅助触头所在的图区号

4. 电气控制原理图中技术数据的标注

电气元件的型号和数据，一般用小号字体标注在电气代号下面，如图 1-36 中热继电器 FR 的数据标注，上行表示动作电流值范围，下行表示整定值。

5. 电气控制原理图的阅读方法

1）清楚电路中所用到的各个电气元件及电气元件的各导电部件在电路中的位置，对于复杂的控制电路，应首先阅读电气元件目录表。

2）先看主电路，再看控制电路，最后再看照明、信号指示及保护电路。

3）总体检查、化整为零、集零为整。

六、思考与练习

1. 试分析判断图 1-45 所示主电路或控制电路能否实现正反转控制？若不能，试说明原因。

2. 图 1-46 是两种在控制电路实现电动机顺序控制的电路（主电路略），试分析说明各电路有什么特点，能满足什么控制要求？

3. 设计一小车运行的控制电路，小车由异步电动机拖动，控制要求为：小车由原位开始前进，到终端后自动停止；在终端停留 2min 后自动返回到原位停止；并要求在前进或后退途中任意位置都能停止或再次起动。

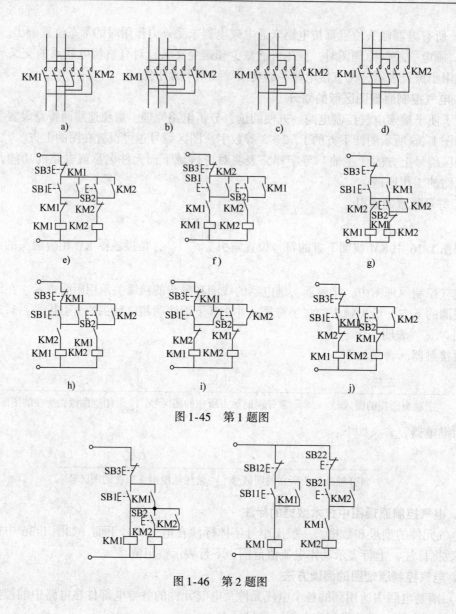

图1-45　第1题图

图1-46　第2题图

任务1.3　三相异步电动机起动控制电路的设计和安装

一、任务描述

有一台皮带式运输机，由一台电动机拖动，电动机功率为7.5kW，额定电压为380V、△联结，额定转速为1440r/min，请完成其控制电路的设计与安装。控制要求如下：

1）系统起动平稳且起动电流应较小，以减小对电网的冲击。

2）系统可实现连续正转。

3）有短路、过载、失电压和欠电压保护。

二、技术要点

前面所述的正转和正反转等各种控制电路起动时，加在电动机定子绕组上的电压为额定电压，属于直接起动（全压起动），直接起动电路简单，但起动电流大（$I_{ST} = 4 \sim 7I_N$），将对电网其他设备造成一定的影响，因此当电动机功率较大时（大于 7kW），需采用减压起动方式起动，以降低起动电流。

所谓减压起动，就是利用某些设备或者采用电动机定子绕组换接的方法，降低起动时加在电动机定子绕组上的电压，而起动后再将电压恢复到额定值，使之在正常电压下运行。因为电枢电流和电压成正比，所以降低电压可以减小起动电流，不致在电路中产生过大的电压降，减少对电路电压的影响，不过，因为电动机的电磁转矩和端电压二次方成正比，所以电动机的起动转矩也就减小了，因此，减压起动一般需要在空载或轻载下使用。

三相笼型异步电动机常用的减压起动方法有定子串电阻（或电抗）减压起动、丫—△减压起动、定子串自耦变压器减压起动及延边三角形减压起动等，虽然方法各异，但目的都是为了减小起动电流。

1. 定子串电阻减压起动

图 1-47 是定子串电阻减压起动控制电路，电动机起动时在三相定子电路中串接电阻，使电动机定子绕组电压降低，起动后再将电阻短路，电动机仍然在正常电压下运行，这种起动方式由于不受电动机接线形式的限制，设备简单，因而在中小型机床中有应用，机床中也常用这种串接电阻的方法限制点动调整时的起动电流。

控制电路的工作过程如下：

合上电源开关 QS，按下 SB2，KM1得电吸合并自锁，KT 线圈得电，电动机串电阻 R 减压起动，当电动机转速接近额定值时，时间继电器 KT 动作，其延时闭合的常开触头闭合，KM2 线圈得电并自锁。KM2主触头短接电阻 R，KM2 的常闭触头断开，使 KM1、KT 线圈断电释放，电动机由 KM2 控制在全压下正常运行。

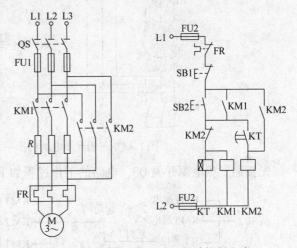

图 1-47　定子串电阻减压起动控制电路

定子串电阻减压起动电路中的起动电阻一般采用由电阻丝绕制的板式电阻或铸铁电阻，这种电阻功率大，能够通过较大电流，但功耗较大，为了降低能耗，可采用电抗器代替电阻。

2. 丫—△减压起动

由电机学可以知道，当定子绕组接成丫联结，由于电动机每相绕组电压只为△联结的 $1/\sqrt{3}$，电流为△联结的 1/3，电磁转矩也为△联结的 1/3。因此，对于△联结运行的电动机，在电动机起动时，先将定子绕组接成丫联结，可实现减压起动，减小起动电流，当起动即将完成时再换接成△联结，各相绕组承受额定电压工作，电动机进入正常运行。这种减压起动方法称为丫—△减压起动，只适用于三相绕组6个头尾端都引出，并且正常运行时为△联结的电动机轻载或空载下起动。

图1-48为丫—△减压起动控制电路，图中主电路由三组接触器主触头分别将电动机的定子绕组接成△联结和丫联结，即KM1、KM3主触头闭合时，绕组接成丫联结，KM1、KM2主触头闭合时，接为△联结，两种接线方式的切换要在很短的时间内完成，在控制电路中采用时间继电器实现定时自动切换。

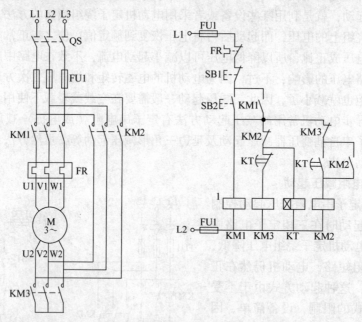

图1-48　三相异步电动机丫—△减压起动控制电路

先接通三相电源开关QS，电路的工作过程如下：

按下停止按钮SB1则KM1、KM2同时断电，并且KM1的自锁触头断开，松开SB1后电路仍然不通，电动机停止运转。图中KM2、KM3的线圈回路实现了互锁，以保证接触器KM2与KM3不会同时通电，防止电源相间短路。KM2的常闭触头同时也使时间继电器KT断电（正常运行时不需要KT得电）。

3. 自耦变压器减压起动

自耦变压器减压起动是利用自耦变压器来降低加在电动机定子绕组上的起动电压，待起动后，再使电动机与自耦变压器脱离，从而在全压下正常运行。

图1-49为三相异步电动机自耦变压器减压起动控制电路，电路的工作过程如下：

合上电源开关QS，按下起动按钮SB2，KM1、KM2的线圈及KT的线圈通电并通过KM1的常开辅助触头自锁，KM1、KM2的主触头将自耦变压器接入，电动机定子绕组经自耦变压器供电作减压起动。同时，时间继电器KT开始延时。当电动机转速上升到接近额定转速时，对应的KT延时结束，其延时闭合的常开触头闭合，中间继电器KA通电动作并自锁，KA 的常闭触头断开使 KM1、KM2、KT 的线圈均断电，将自耦变压器切除，KA 的常开触点闭合使 KM3 线圈通电动作，主触头接通电动机主电路，电动机在全压下运行。

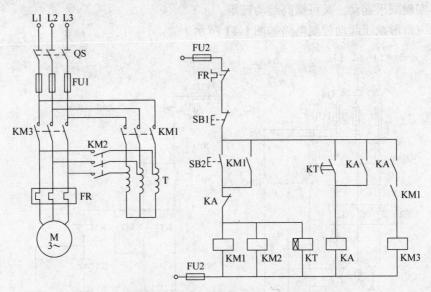

图 1-49　三相异步电动机自耦变压器减压起动控制电路

自耦变压器减压起动方法适用于正常工作时较大容量的△或丫联结的电动机，起动转矩可以通过改变自耦变压器抽头的连接位置而改变，缺点是自耦变压器的价格较贵，且不允许频繁起动。一般自耦变压器减压起动是采用成品的补偿减压起动器，包括手动、自动两种操作方式，手动操作的补偿器有 QJ3、QJ5 等型号，自动操作的有 XJ01 型和 CTZ 系列等。

4. 延边三角形减压起动

延边三角形减压起动是在丫—△减压起动的基础上改进而成的一种起动方式，它把丫联结和△联结结合起来，使电动机每相定子绕组承受的电压小于△联结的相电压，而大于丫联结时的相电压，并且每相绕组电压的大小可随电动机绕组抽头位置的改变而调节，从而克服了丫—△减压起动时起动转矩偏小的缺点。它适用于定子绕组特别设计的异步电动机，这种电动机的定子绕组共有 9 个或 12 个出线端。

图 1-50 为延边三角形定子绕组的接线。原始状态如图 1-50a 所示，在电动机起动过程中将定子绕组一部分接成星形，一部分接成三角形，即延边三角形联结，如图 1-50b 所示。

a) 原始状态　　　　　　　b) 起动时　　　　　　　c) 正常运转

图 1-50　延边三角形定子绕组接线

待起动结束时，再将定子绕组接成三角形进入正常运行，如图1-50c所示。电动机定子绕组作延边三角形接线时，每相绕组承受的电压比△联结时低，又比丫联结高，介于二者之间。这样既可实现减压起动，又可提高起动转矩。

延边三角形减压起动控制电路如图1-51所示。

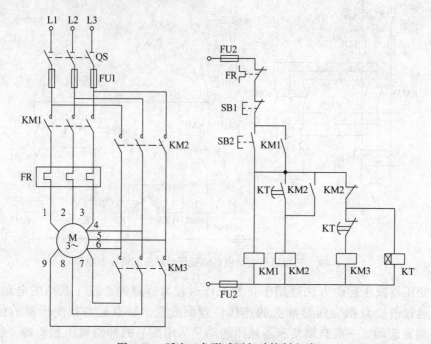

图1-51　延边三角形减压起动控制电路

起动时，合上电源开关QS，按下起动按钮SB2后，KM1、KM3线圈通电并自锁，此时通过KM3的主触头将电动机定子绕组的6与7、5与9、4与8连在一起，电动机定子绕组的1、2、3接线端接电源，此时电动机按延边三角形接线，同时时间继电器KT线圈通电开始延时。当电动机转速接近额定转速时，即KT延时结束，其延时断开的常闭触头断开，KM3线圈断电，主触头断开，同时KT的动合延时闭合的触头闭合，接触器KM2通电并自锁，KM2的主触头及KM1的主触头将电动机定子绕组的1与6、2与4、3与5连在一起，电动机定子绕组接成三角形正常运转。

三、任务分析

1. 起动方案的确定

皮带式运输机所用电动机的功率为7.5kW，△联结，因此在综合考虑性价比的情况下，选用丫—△减压起动方法实现平稳起动。起动时间由时间继电器设定。

2. 电路保护的设置

根据控制要求，过载保护采用热继电器实现，短路保护采用熔断器实现，因采用接触器、继电器控制，所以具有欠电压和失电压保护功能。

3. 控制流程的设计

根据丫—△减压起动指导思想，设计本项目的控制流程如图1-52所示。

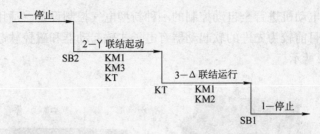

图 1-52 Y—△减压起动的控制流程图

四、任务实施

1. Y—△减压起动控制电路的设计

1）根据工作流程图设计相应的控制电路，如图 1-48 所示。

2）根据图 1-48 编制相应的电气元件明细表，见表 1-4。

表 1-4 电气元件明细表

代　号	名　称	型　号	规　格	数量
M	三相异步电动机	Y132M - 4	7.5kW、380V、△联结、1440r/min	1 台
QS	隔离开关	HZ10 - 25/3	三极、25A	1 个
FU1	熔断器	RL1 - 60/35	500V、60A、配熔体 35A	3 个
FU2	熔断器	RL1 - 15/2	500V、15A、配熔体 2A	2 个
KM1、KM2、KM3	交流接触器	CJ20 - 25	20A、线圈电压 380V	1 个
FR	热继电器	JR16 - 20/3	三极、20A、整定电流 15.4A	1 个
SB1、SB2	按钮	LA10 - 1	保护式、380V、5A	2 个
KT	时间继电器	JS7 - 2A	线圈电压 380V	1 个
XT	端子板	JD0 - 1020	380V、10A	1 排

2. Y—△减压起动控制电路的安装

1）按表 1-4 配齐所用电气元件，并进行质量检验。电气元件应完好无损，各项技术指标符合规定要求，否则应予以更换。

2）画出电气设备布置图。

3）根据电气设备布置图在控制板上安装电气元件和走线槽，并贴上醒目的文字符号。

4）根据图 1-48 进行布线。

5）安装电动机，要求安装牢固平稳，以防止电动机产生滚动而引起事故。

6）可靠连接电动机和按钮金属外壳的保护接地线。

7）连接电源、电动机等控制板外部的导线。

8）安装完毕后需进行自检，确认无误后才允许进行通电试车。特别要注意短路故障的检测。

五、知识链接

软起动技术是利用电力电子技术、自动控制技术和计算机技术，将强电和弱电结合起来的控制技术。软起动器是采用智能化数字式控制，以单片机为智能中心，晶闸管模块或磁放大器为执行元件对电动机进行全自动控制的一种新型电气控制设备，适用于各种负载的笼型异步电动机控制，目前较为先进的软起动器有电子式软起动器和磁控软起动器。常见软起动器的外形如图1-53所示。

图1-53　常见软起动器的外形

（1）电子式软起动器　电子式软起动器工作原理示意图如图1-54所示，其主要结构是一组串接于电源与被控电动机之间的三相反并联晶闸管及其电子控制电路。利用晶闸管移相控制原理，控制三相反并联晶闸管的导通角，使被控电动机的输入电压按不同的要求而变化，从而实现不同的起动功能。起动时，使晶闸管的导通角从零逐渐前移，电动机的端电压从零开始，按预设函数关系逐渐上升，直至达到满足起动转矩而使电动机顺利起动，再使电动机全电压运行；停机时，使晶闸管的导通角逐渐减小为零，使输出电压按一定要求下降，使电动机由全压逐渐降为零，即电动机实行软停止。这就是软起动器的工作原理。

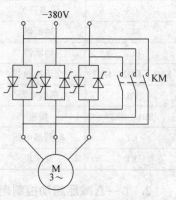

图1-54　电子式软起动器
工作原理示意图

（2）磁控软起动器　磁控软起动器是利用控磁限幅调压的原理，对电动机起动过程中电压无级平滑地从零上升到全压，使电动机转矩有一个匀速增加过程，使电动机起动特性变软。磁控软起动器的执行元件为磁放大器。

（3）软起动器的发展现状、产品系列及特点　近年来国内外软起动器技术发展很快。软起动器从最初的单一软起动功能，发展到同时具有软停车、故障保护、轻载节能等功能，因此受到了普遍的关注。

我国软起动器的技术开发是比较早的。从1982年起就有不少研究者在开发功率因数控制器时就同时研究软起动技术。现在这些技术已成熟并有大量产品推出，如JKR软起动器及JQ、JQZ型交流电动机固态节能起动器等。

目前国外的著名电气公司几乎均有软起动器产品进入中国市场，并占有一定的市场份额。例如，ABB公司软起动器分为PSA、PSD和PSDH型3种；美国罗克韦尔公司的软起动器又称智能马达控制器，包括有STC、SMC-2、SMC PLUS和SMC Dialog PLUS共4个系列；

法国施耐德电气公司 Altistart46 型软起动器有标准负载和重型负载应用两大类；德国西门子公司的 3RW 22、3RW 30、3RW 31、3RW 34 型软起动器等。

（4）软起动器的应用和优点 软起动器主要用于由三相交流异步电动机来驱动的鼓风机、泵和压缩机的软起动和软制动，也可用它来控制带有变速机构或链带传动装置的设备，如磨床、刨床、锯床、包装机和冲压设备。

软起动器应用于传动系统时具有以下优点：

1）提高机械传动元件的使用寿命。例如，显著降低变速机构中撞击，使磨损降到轻微程度。

2）起动电流小，从而使供电电源减轻峰值电流负载。

3）平稳的负载加速度可防止生产事故或产品的损坏。

六、思考与练习

1. 什么叫减压起动？三相笼型异步电动机常采用哪些减压起动方法？

2. 电动机在什么情况下应采用减压起动方法？定子绕组为丫联结的笼型异步电动机能否用丫—△减压起动方法？为什么？

3. 一台电动机为丫—△联结，允许轻载起动，设计满足下列要求的控制电路。

1）采用手动和自动控制减压起动。

2）实现连续运转和点动工作，且当点动工作时要求处于减压状态工作。

3）具有必要的联锁和保护环节。

任务 1.4　三相异步电动机制动控制电路的设计和安装

一、任务描述

某生产机械由一台三相笼型异步电动机拖动，电动机功率为 7.5kW，额定电流为 15.4A，需频繁地起停。为缩短起停间隔时间，提高生产效率，要求采用适当的电气制动方法实现快速停转，并要求有过载、短路、欠电压和失电压保护。试完成其控制电路的设计和安装。

二、技术要点

万能铣床、卧式镗床、组合机床等许多机床，都要求能迅速停车和准确定位，这就要求对电动机进行制动，强迫其立即停车。制动的方法有机械制动和电气制动两大类，机械制动是利用电磁抱闸等机械装置来强迫电动机迅速停车，电气制动是使电动机工作在制动状态，使其电磁转矩与电动机的旋转方向相反，从而起到制动作用。电气制动有反接制动和能耗制动两种方式。

1. 三相异步电动机反接制动控制电路

反接制动有倒拉反接制动和电源反接制动两种情况，这里只讨论电源反接制动。

电源反接制动即改变电动机电源的相序，使定子绕组产生反向的旋转磁场，从而产生制动转矩，使电动机转子迅速降速停转，为避免转子降速后反向起动，当电动机转速接近于零时应迅速切断电源。为此可采用速度继电器来检测电动机转速的变化，速度继电器的转速在

120～3000r/min 范围内时触头动作，当转速低于 100r/min 时，触头复位。另外，定子绕组中流过的制动电流相当于全压直接起动时电流的两倍，因此，为减小冲击电流，需在电动机主电路中串接电阻来限制反接制动电流，该电阻称为反接制动电阻。反接制动电阻的接线方法有对称和不对称两种，一般采用对称接法，因不对称接法中未加制动电阻的那一相仍有较大的电流，对电路及电动机都会有较大的影响。

反接制动具有制动迅速、效果好等特点，通常适用于 10kW 以下的较小容量电动机。

图 1-55 为一三相异步电动机的反接制动控制电路，电路工作原理如下：按下起动按钮 SB2，接触器 KM1 得电并自锁，电动机直接起动。在电动机正常运行时，速度继电器 KS 的常开触头闭合，为反接制动做好了准备。要求停车时，按下停止按钮 SB1，接触器 KM1 线圈断电，电动机断电，由于惯性电动机仍高速运转，KS 的常开触头仍然闭合，SB1 的常开触头闭合，反接制动接触器 KM2 线圈得电并自锁，KM2 主触头闭合，电动机所接电源相序变反，进入反接制动状态，转速迅速下降，当电动机转速下降到小于 100r/min 时，

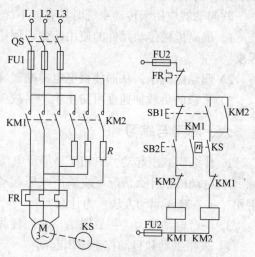

图 1-55　三相异步电动机的反接制动控制电路

速度继电器常开触头复位，接触器 KM2 线圈断电，电动机断电，反接制动结束。反接制动电路还有其他形式，请参考其他书籍。

2. 三相异步电动机能耗制动控制电路

所谓能耗制动，就是在三相异步电动机脱离三相交流电源后，迅速在定子绕组上加一直流电源，使其产生静止磁场，利用转子感应电流与静止磁场的作用达到制动的目的。

能耗制动时制动转矩的大小，与通入定子绕组的直流电流的大小有关。电流越大，静止磁场越强，产生的制动转矩就越大。但通入的直流电流不能太大，一般约为异步电动机空载电流的 3～5 倍，否则会烧坏定子绕组。直流电源可通过不同的整流电路获得。

三相异步电动机能耗制动控制电路有按时间原则控制和按速度原则控制两种，图 1-56 所示为按时间原则控制的三相异步电动机单向运行能耗制动控制电路。其直流电源为带整流变压器的单相桥式整流电路，这种整流电路制动效果较好，而对于功率较大

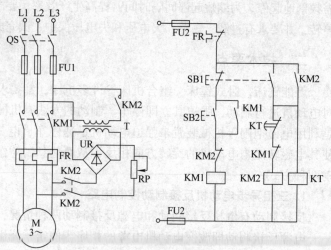

图 1-56　按时间原则控制的三相异步
电动机单向运行能耗制动控制电路

的电动机则应采用三相整流电路。图中，KM1 为单向运行接触器，KM2 为制动接触器，T 为整流变压器，UR 为桥式整流器，KT 为制动时间继电器，RP 为电位器。控制电路的工作过程：

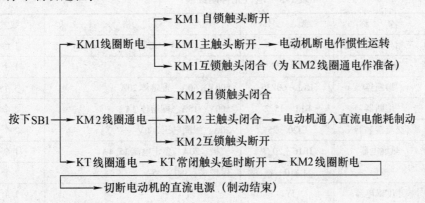

停车制动过程：

三、任务分析

1. 制动方案的确定

生产机械所用电动机功率为 7.5kW，并且为单向运转，因此在综合考虑性价比的情况下，选用反接制动方法实现快速停转。反接制动时间由速度继电器控制。

2. 电路保护的设置

根据控制要求，过载保护采用热继电器实现，短路保护采用熔断器实现，因采用接触器继电器控制，所以实现了欠电压和失电压保护。

3. 制动电阻的计算

反接制动时，三相定子电路中各相串联的限流电阻 R 的值可按下式近似估算：

$$R \approx K \frac{U_\phi}{I_S}$$

式中，U_ϕ 是电动机定子绕组相电压（V）；I_S 是直接起动电流（A）；K 是系数，当最大反接制动电流 $I_m < I_S$ 时，取 $K = 1.3$，$I_m < 0.5I_S$ 时，取 $K = 1.5$。

若仅在两相定子绕组中串联限流电阻，选用电阻值则应再扩大 1.5 倍。

制动电阻的功率 P 按下式计算：

$$P = \left(\frac{1}{4} \sim \frac{1}{2}\right) I_N^2 R$$

式中，I_N 是电动机额定电流；R 是制动电阻值。

所以，本项目中制动电阻值和功率经计算分别为

$$R \approx K \frac{U_\phi}{I_S} = 1.3 \times \frac{220V}{6 \times 15.4A} = 3.1\Omega，选择 R = 3\Omega$$

$$P = \left(\frac{1}{4} \sim \frac{1}{2}\right) I_N^2 R = \frac{1}{4} \times (15.4A)^2 \times 3\Omega = 177.87W，选择电阻功率 P = 180W。$$

四、任务实施

1. 控制电路设计

1）根据控制要求设计相应的控制电路，如图1-55所示。

2）根据图1-55编制相应的电气元件明细表，见表1-5。

表1-5 电气元件明细表

代　号	名　　称	型　号	规　　格	数量
M	三相异步电动机	Y132M－4	7.5kW、380V、△联结、1440r/min	1台
QS	隔离开关	HZ10－25/3	三极、25A	1个
FU1	熔断器	RL1－60/35	500V、60A、配熔体20A	3个
FU2	熔断器	RL1－15/2	500V、15A、配熔体2A	2个
KM1、KM2	交流接触器	CJ20－25	20A、线圈电压380V	2个
FR	热继电器	JR16－20/3	三极、20A、整定电流15.4A	1个
SB1、SB2	按钮	LA10－1	保护式、380V、5A	2个
KS	速度继电器	JY1	—	1个
R	制动电阻	—	3Ω、180W	3个
XT	端子板	JD0－1020	380V、10A	1排

2. 控制电路安装

1）按表1-5配齐所用电气元件，并进行质量检验。电气元件应完好无损，各项技术指标符合规定要求，否则应予以更换。

2）画出电气设备布置图。

3）根据电气设备布置图在控制板上安装电气元件和走线槽，并贴上醒目的文字符号。

4）根据图1-55所示电气控制原理图进行布线。

5）安装电动机、速度继电器。

6）可靠连接电动机、速度继电器和按钮金属外壳的保护接地线。

7）连接电源、电动机等控制板外部的导线。

8）安装完毕后需进行自检，确认无误后才允许进行通电试车。特别要注意短路故障的检测。

五、知识链接

在电气控制系统中，除了用到前面已经介绍过的低压配电电器和低压控制电器外，还常用到完成执行任务的电磁铁、电磁离合器、电磁夹具等执行电器。

1. 电磁铁

（1）电磁铁的构成、工作原理及类型　电磁铁由励磁线圈、铁心和衔铁3个基本部分构成。线圈通电后产生磁场，因此称之为励磁线圈，用直流电励磁的称为直流电磁铁，用交流电励磁的则称为交流电磁铁。直流电磁铁的铁心根据不同的剩磁要求选用整块的铸钢或工程纯铁制成；交流电磁铁的铁心则用相互绝缘的硅钢片叠成。衔铁是铁磁物质，与机械装置相连，所以，当线圈通电，衔铁被吸合时，就带动机械装置完成一定的动作，把电磁能转化为机械能。图 1-57 是常用电磁铁的外形和结构。

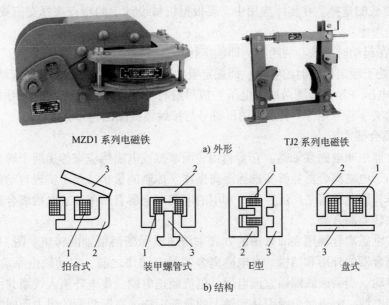

MZD1 系列电磁铁　　　　　　　TJ2 系列电磁铁

a) 外形

拍合式　　　　装甲螺管式　　　　E 型　　　　盘式

b) 结构

图 1-57　常用电磁铁的外形和结构
1—励磁线圈　2—静铁心　3—衔铁

选用电磁铁时，应考虑用电类型（交流或直流）、额定行程、额定吸力及额定电压等技术参数。

（2）直流电磁铁的特点

1）直流电磁铁励磁电流的大小仅取决于励磁线圈两端的电压及本身的电阻，而与衔铁的位置无关。

2）直流电磁铁的吸力在衔铁起动时最小，而在吸合时最大，因此，吸力与衔铁的位置有关。直流电磁铁的这一优点表现在：一旦机械装置被卡住，衔铁无法被铁心吸动时，励磁电流不会因此而增加，保证了线圈不因机械装置失灵而烧毁。缺点是：起动时，因衔铁位置较远，吸力较小。另外，直流电磁铁的工作可靠性好、动作平稳、寿命比交流电磁铁长，它适用于动作频繁或工作平稳可靠的执行机构。

常用的直流电磁铁有 MZZ1A、MZZ2S 系列直流制动电磁铁和 MW1、MW2 系列起重电磁铁。

（3）交流电磁铁的特点

1）交流电磁铁的励磁电流与衔铁位置有关，当衔铁处于起动位置时，电流最大；当衔铁吸合后，电流就降到额定值。

2）交流电磁铁的吸力与衔铁位置有关，但影响比直流电磁铁小得多，随着气隙的减小，其吸力将逐渐增大，最后将达到 1.5 ~ 2 倍的初始吸力。因此，交流电磁铁的优点是起动力大，换向时间短；而缺点是当机械装置被卡住而衔铁无法吸合时，励磁电流将大大超过额定电流，时间一长，会烧毁线圈。交流电磁铁适用于操作不太频繁、行程较大和动作时间短的执行机构。

常用的交流电磁铁有 MQ2 系列牵引电磁铁、TJ2 系列电磁铁、MZD1 系列单相制动电磁铁和 MZS1 系列三相制动电磁铁。

（4）电磁铁的选择　在实际应用中，要根据机械设计上的特点选择交流或直流电磁铁。此外，还必须考虑：

1）衔铁在起动时与铁心的距离，即额定行程是否合适。

2）衔铁处于额定行程时的吸力，即额定吸力必须大于机械装置所需的起动拖动力。

3）额定电压（励磁线圈两端的电压）应尽量与机械设备的电控系统所用电压相符。

电磁铁的文字符号用 YA 表示，图形符号与接触器线圈的符号相同。

2. 电磁离合器

电磁离合器也叫电磁联轴器，它是利用表面摩擦或电磁感应来传递两个转动体间转矩的执行电器。由于电磁离合器能够实现远距离操作、控制能量小、便于实现自动化，同时动作快、结构简单，因此获得了广泛应用。常用的电磁离合器有摩擦片式电磁离合器、电磁粉末离合器、电磁转差离合器。

摩擦片式电磁离合器用表面摩擦的方式来传递或隔断两根轴的转矩。图 1-58 是单片摩擦片式电磁离合器的外形和结构。在电磁离合器没有动作之前，主动轴由原动机带动旋转，从动轴则不转动。当励磁线圈通直流电后，电流经正电刷、集电环流入线圈并由另一集电环从负电刷返回电源，电磁吸力吸引从动轴上的盘形衔铁，克服弹簧的阻力而向主动轴的磁轭靠拢并压紧在摩擦片上，主动轴的转矩就通过摩擦环传递到从动轴上。当需要从动轴与主动轴脱离时，只要切断励磁电流，从动轴上的盘形衔铁就会受弹簧力的作用而与主动轴的磁轭分开。单片摩擦片式电磁离合器所能传递的转矩较小。实际应用中大多采用结构复杂一些的多片摩擦片式电磁离合器，其原理仍与单片式相同。

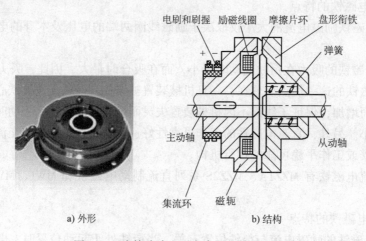

a) 外形　　　　　　　　　　b) 结构

图 1-58　摩擦片式电磁离合器的外形和结构

电磁粉末离合器也是利用摩擦原理制成的；电磁转差离合器是利用电磁感应原理制成的。

电磁离合器的励磁线圈均通以直流电，电压为 12 ~ 24V，通过集电环引入，线圈的一端可接地。

电磁离合器的文字符号用 YC 表示，其图形符号与接触器线圈的符号相同。

3. 电磁夹具

电磁夹具在机床上的应用很多，尤其是电磁工作台（或电磁吸盘），在平面磨床上广为采用，它的外形和结构如图 1-59 所示。

a) 外形　　　　　　　　　　　　　　　　b) 结构

图 1-59　电磁工作台外形和结构

电磁工作台的外形为一钢质箱体，箱内装有一排凸起的铁心，铁心上绕着励磁线圈。电磁工作台的上表面为钢质有孔的工作台面板，铁心嵌入长圆形孔内并与板面平齐，孔与铁心之间的间隙内嵌入铅锡合金，从而把面板划分为许多 N 区和 S 区。当通入直流励磁电流后，磁通 Φ 由铁心进入面板的 N 区，穿过被加工的工件而进入 S 区，然后由箱体外壳再返回铁心，形成如图 1-59 虚线所示的磁路。于是，被加工的工件就被紧紧吸在面板上。切断励磁电流后，由于剩磁的影响，工件仍将被吸在工作台上，要取下工件必须在励磁线圈通入脉动电流去磁。电磁工作台不但简化了夹具，而且还具有装卸工件迅速、加工精度较高等一系列优点，只要机床的切削力不太大，一般都可采用。其缺点是对加工后的产品要做去磁处理。电磁工作台的额定电压有 24V、40V、110V 和 220V 等级别，吸力在 0.2～1.3MPa 左右。电磁工作台还有永磁式的，它不会有断电将工件摔出的危险。

电磁夹具的文字符号用 YH 表示，图形符号与接触器线圈的符号相同。

六、思考与练习

1. 在按速度原则进行反接制动的控制电路中，电路如图 1-55 所示，如果将速度继电器 KS 的正转动作触头和反转动作的触头接错，电路将会出现什么现象？

2. 试设计一个三相异步电动机的控制电路，电路要求如下：

1）定子串电阻减压起动。

2）电动机停机时，进行能耗制动。

3）具有必要的保护措施。

项目二　初识三菱 FX_{3U} 系列可编程序控制器

可编程序控制器（PLC）作为一种新型的自动化控制装置，要使它能在控制系统中充分发挥作用，就必须了解它的结构及其工作原理。本项目主要介绍可编程序控制器的基本结构、工作原理和编程软元件等，并对可编程序控制器的编程语言、性能指标和编程软件等进行介绍。

 知识目标

1）了解 PLC 的产生、特点、应用和发展状况等。

2）掌握 PLC 的基本结构和工作原理。

3）熟悉 FX_{3U} 系列 PLC 的软元件，掌握主要软元件的功能和应用注意事项。

4）了解 PLC 的各种编程语言的特点。

5）掌握 GX Developer 编程软件的基本操作，熟悉软件的主要功能。

 技能目标

1）能熟练操作 GX Developer 编程软件，完成程序的编写、下载、监测等操作。

2）能根据控制系统输入信号与输出信号的要求，熟练完成 PLC 的外部接线操作。

任务 2.1　PLC 概述及 FX_{3U} 系列 PLC 的认识

一、任务描述

1）了解 PLC 的产生、特点、应用和发展状况等基本知识。

2）掌握 PLC 的基本结构和工作原理。

3）了解 FX_{3U} 系列 PLC 的软元件，掌握主要软元件的功能和应用注意事项。

4）了解 PLC 的各种编程语言的特点。

二、技术要点

可编程序控制器（Programmable Logic Controller，PLC）是在继电器控制基础上以微处理器为核心，将自动控制技术、计算机技术和通信技术融为一体而发展起来的一种新型工业自动控制装置，目前 PLC 已基本替代了传统的继电器控制系统，成为工业自动控制领域中最重要、应用最多的控制装置，居工业生产自动化三大支柱（PLC、机器人、CAD/CAM）的首位。

1. PLC 的产生

在 PLC 出现前，继电器控制在工业控制领域中占据主导地位，但是继电器控制系统具有明显的缺点：设备体积大、可靠性低、故障检修困难且不方便。由于接线复杂，当生产工艺和流程改变时必须改变接线，这种硬件编程的系统通用性和灵活性较差。现代社会制造工业竞争激烈，产品更新换代频繁，迫切需要一种新的更先进的"柔性"的控制系统来取代传统的继电器控制系统。

20世纪60年代，随着电子技术和计算机技术的发展，先后出现了用晶体管和中小规模集成电路构成的逻辑控制系统和用小型计算机取代继电器控制系统，但由于小型计算机价格高昂，对恶劣的工业环境难以适应，其输入/输出信号与被控电路不匹配，再加上控制程序的编制困难，不像现在的梯形图易于被操作人员掌握，这一"瓶颈"阻碍了其进一步发展和推广应用。

1968年，美国通用汽车公司（GM）为了增强其产品在市场的竞争力，满足不断更新的汽车型号的需要，率先提出生产线控制的10条要求，公开向制造商招标。GM提出的10条要求是：

1）编程方便，可在现场修改程序。

2）维护方便，最好是插件式结构。

3）可靠性高于继电器控制柜。

4）体积小于继电器控制柜。

5）成本可与继电器控制柜竞争。

6）数据可以直接输入管理计算机。

7）可以直接用交流115V输入。

8）通用性强，系统扩展方便，变动最少。

9）用户存储器容量大于4KB。

10）输出为交流115V，负载电流要求在2A以上，可直接驱动电磁阀和交流接触器等。

美国数字设备公司（DEC）根据以上要求，于1969年研制出了第一台可编程序控制器PDP-14，并在美国通用汽车公司的生产线上取得了成功，引起了世界各国的关注。继日本、德国之后，我国于1974年开始研制可编程序控制器，目前全世界已有数百家生产可编程序控制器的厂家，产品种类达300多种。

2. PLC 的特点

PLC自问世以来不断发展，因此，对它下一个确切的定义是困难的，1987年2月，国际电工委员会（IEC）颁布的草案中将PLC定义为："PLC是一种数字运算操作的电子系统，专为工业环境下应用而设计，它采用了可编程序的存储器，用来在其内部存储执行逻辑运算、顺序控制、定时、计数、算术运算等操作的指令并通过数字或模拟式的输入和输出，控制各种类型的机械和生产过程。PLC及其有关外围设备，都应按易于与工业控制系统连成一个整体，易于扩充其功能的原则设计。"由此可见，PLC实质上是一种面向用户的工业控制专用计算机，它的主要特点是：

1）可靠性高，抗干扰能力强。

2）适应性好，具有柔性。

3）功能完善，接口多样。

4）易于操作，维护方便。

5）编程简单易学。

6）体积小、重量轻、功耗低。

3. PLC 的应用

目前，在国内外 PLC 已广泛应用于冶金、石油、化工、建材、机械制造、电力、汽车、轻工、环保及文化娱乐等各行各业，随着 PLC 性价比的不断提高，其应用领域不断扩大。从应用类型看，PLC 的应用大致可归纳为以下几个方面：

（1）开关量逻辑控制　这是 PLC 最基本的应用，即用 PLC 取代传统的继电器控制系统，实现逻辑控制和顺序控制。如机床电气控制、电动机控制、注塑机控制、电镀流水线、电梯控制等。总之，PLC 既可用于单机控制，也可用于多机群和生产线的控制。

（2）模拟量过程控制　除了数字量之外，PLC 还能控制连续变化的模拟量，如温度、压力、速度、流量、液位、电压和电流等模拟量。通过各种传感器将相应的模拟量转化为电信号，然后通过 A - D 模块将它们转换为数字量送到 PLC 的 CPU 处理，处理后的数字量再经过 D - A 转换为模拟量进行输出控制，若使用专用的智能 PID 模块，可以实现对模拟量的闭环过程控制。

（3）运动控制　大多数 PLC 都有拖动步进电动机或伺服电动机的单轴或多轴位置控制模块。这一功能广泛用于各种机械设备，如对各种机床、装配机械、机器人等进行运动控制。

（4）现场数据采集处理　目前 PLC 都具有数据处理指令、数据传送指令、算术与逻辑运算指令和循环移位与移位指令，所以由 PLC 构成的监控系统，可以方便地对生产现场数据进行采集、分析和加工处理。数据处理通常用于如柔性制造系统、机器人和机械手的控制系统等大、中型控制系统中。

（5）通信联网、多级控制　PLC 与 PLC 之间、PLC 与上位计算机之间通信，要采用专用通信模块，并利用 RS - 232C 或 RS - 422A 接口，用双绞线、同轴电缆或光缆将它们连成网络。由一台计算机与多台 PLC 组成分布式控制系统，进行"集中管理，分散控制"，建立工厂的自动化网络。PLC 还可以连接 CRT（阴极射线管）显示器或打印机，实现显示和打印。

4. PLC 的分类

PLC 产品种类繁多，其规格和性能也各不相同。对于 PLC，通常根据其结构形式的不同、功能的差异和 I/O（输入/输出）点数的多少等进行大致分类。

（1）按结构形式分类　根据 PLC 的结构形式，可将 PLC 分为整体式和模块式两类，如图 2-1 所示。

a）整体式 PLC　　　　　　　　　　　b）模块式 PLC

图 2-1　整体式 PLC 和模块式 PLC

1）整体式 PLC。整体式 PLC 是将电源、CPU、I/O（输入/输出）接口等部件都集中装在一个机箱内，具有结构紧凑、体积小、价格低的特点。小型 PLC 一般采用这种整体式结构。整体式PLC由不同I/O点数的基本单元（又称主机）和扩展单元组成。基本单元内有CPU、I/O接口、与I/O扩展单元相连的扩展口，以及与编程器或EPROM写入器相连的接口等；扩展单元内只有I/O和电源等，没有CPU。基本单元和扩展单元之间一般用扁平电缆连接。整体式PLC一般还可配备特殊功能单元，如模拟量单元、位置控制单元等，使其功能得以扩展。

2）模块式PLC。模块式PLC是将PLC各组成部分分别做成若干个单独的模块，如CPU模块、I/O模块、电源模块（有的含在CPU模块中）及各种功能模块。模块式PLC由框架或基板和各种模块组成。模块装在框架或基板的插座上。这种模块式PLC的特点是配置灵活，可根据需要选配不同规模的系统，而且装配方便，便于扩展和维修。大、中型PLC一般采用模块式结构。

还有一些PLC将整体式和模块式的特点结合起来，构成所谓叠装式PLC。叠装式PLC的CPU、电源、I/O接口等也是各自独立的模块，但它们之间是靠电缆进行联接，并且各模块可以一层层地叠装。这样，不但系统可以灵活配置，还可做得体积小巧。

（2）按功能分类　根据PLC所具有的功能不同，可将PLC分为低档、中档、高档3类。

1）低档PLC——具有逻辑运算、定时、计数、移位以及自诊断、监控等基本功能，还可有少量模拟量输入/输出、算术运算、数据传送和比较、通信等功能。主要用于逻辑控制、顺序控制或少量模拟量控制的单机控制系统。

2）中档PLC——除具有低档PLC的功能外，还具有较强的模拟量输入/输出、算术运算、数据传送和比较、数制转换、远程I/O、子程序、通信联网等功能。有些还可增设中断控制、PID控制等功能，适用于复杂控制系统。

3）高档PLC——除具有中档PLC的功能外，还增加了带符号算术运算、矩阵运算、位逻辑运算、平方根运算及其他特殊功能函数的运算、制表及表格传送功能等。高档PLC机具有更强的通信联网功能，可用于大规模过程控制或构成分布式网络控制系统，实现工厂自动化。

（3）按I/O点数分类　根据PLC的I/O点数的多少，可将PLC分为小型、中型和大型3类。

1）小型PLC——I/O点数小于256点；单CPU、8位或16位处理器、用户存储器容量在4KB以下。其特点是体积小、结构紧凑，整个硬件融为一体，除了开关量I/O以外，还可以连接模拟量I/O及其他各种特殊功能模块。它能执行包括逻辑运算、计时、计数、算术运算、数据处理和传送、通信联网及各种应用指令。例如，美国通用电气（GE）公司的GE-I型；美国德州仪器公司的TI100；日本三菱电气公司的FX系列；日本立石公司（欧姆龙）的C20、C40，日本东芝公司的EX20、EX40，德国西门子公司的S7-200，无锡华光电子工业有限公司的SR-20/21。

2）中型PLC——I/O点数为256~2048点；双CPU，用户存储器容量为4~16KB。这种类型PLC一般采用模块化结构，I/O的处理方式除了采用一般PLC通用的扫描处理方式外，还能采用直接处理方式。它能联接各种特殊功能模块，通信联网功能更强，指令系统更丰富，内存容量更大，扫描速度更快。例如，德国西门子公司的S7-300、SU-5、SU-6，中外合资无锡华光电子工业有限公司的SR-400，日本立石公司的C-500，GE公司的GE-Ⅲ。

3）大型PLC——I/O点数大于2048点；多CPU，16位、32位处理器，用户存储器容量为 16KB 以上，具有极强的自诊断功能。通信联网功能强，有各种通信联网的模块，可以构成三级通信网，实现工厂生产管理自动化。大型 PLC 还可以采用三 CPU 构成表决式系统，使机器的可靠性更高。例如，德国西门子公司的 S7 - 400，GE 公司的 GE - Ⅳ，立石公司的 C - 2000，三菱公司的 K3 等。

5. PLC 的发展

（1）国内外 PLC 发展应用概况　PLC 自问世以来，经过 40 多年的发展，在美、德、日等工业发达国家已成为重要的产业之一。目前，世界上有 200 多个厂家生产 PLC，较有名的有：美国的 AB、通用电气、莫迪康公司；日本的三菱、富士、欧姆龙、松下电工等；德国的西门子公司；法国的施耐德公司；韩国的三星、LG 公司等。

我国的 PLC 产品的研制和生产经历了 3 个阶段：顺序控制器（1973 ~ 1979）——1 位处理器为主的工业控制器（1979 ~ 1985）——8 位微处理器为主的 PLC（1985 年以后）。近年来，在对外开放政策的推动下，国外 PLC 产品大量进入我国市场，一部分随成套设备进口，如宝钢一、二期工程就引进了 500 多套，还有咸阳显像管厂、秦皇岛煤码头、汽车厂等。现在，PLC 在国内的各行各业也有了极大的应用，技术含量也越来越高。

（2）PLC 技术发展趋势　PLC 技术随着计算机和微电子技术的发展而迅速发展，由 1 位机发展为 8 位机，随着微处理器和微型计算机技术在 PLC 中的应用，现在的 PLC 产品已使用 16 位、32 位高性能微处理器，而且实现了多处理器的多信道处理，通信技术使 PLC 的应用得到进一步的发展，未来 PLC 将朝两极化、多功能、智能化和网络化的模式方向发展。主要表现为：

1）向高速度、大容量方向发展。为了提高 PLC 的处理能力，要求 PLC 具有更快的响应速度和更大的存储容量。目前，有的 PLC 的扫描速度可达 0.1ms/k 步左右。PLC 的扫描速度已成为很重要的一个性能指标。在存储容量方面，有的 PLC 最高可达几十兆字节。

2）向超大型、超小型两个方向发展。当前中小型 PLC 比较多，为了适应市场的多种需要，今后 PLC 要向多品种方向发展，特别是向超大型和超小型两个方向发展。现已有 I/O 点数达 14336 点的超大型 PLC，使用了 32 位微处理器和大容量存储器，多 CPU 并行工作，功能强大。

小型 PLC 由整体结构向小型模块化结构发展，使配置更加灵活，为了市场需要已开发了各种简易、经济的超小型 PLC，最小配置的 I/O 点数为 8 ~ 16 点，以适应单机及小型自动控制的需要，如三菱公司 α 系列 PLC。

3）大力开发智能模块，加强联网通信能力。为满足各种自动化控制系统的要求，近年来许多功能模块被不断开发出来，如高速计数模块、温度控制模块、远程 I/O 模块、通信和人机接口模块等。这些带 CPU 和存储器的智能 I/O 模块，既扩展了 PLC 功能，又使用灵活方便，扩大了 PLC 应用范围。

加强 PLC 联网通信的能力，是 PLC 技术进步的潮流。PLC 的联网通信有两类：一类是 PLC 之间联网通信，各 PLC 生产厂家都有自己的专有联网手段；另一类是 PLC 与计算机之间的联网通信，一般 PLC 都有专用通信模块与计算机通信。为了加强联网通信能力，PLC 生产厂家之间也在协商制订通用的通信标准，以构成更大的网络系统，PLC 已成为集散控制系统（DCS）不可缺少的重要组成部分。

4）增强外部故障的检测与处理能力。根据统计资料表明：在 PLC 控制系统的故障中，

CPU 占 5%，I/O 接口占 15%，输入设备占 45%，输出设备占 30%，线路占 5%。前两项共 20% 故障属于 PLC 的内部故障，它可通过 PLC 本身的软、硬件实现检测、处理；而其余 80% 的故障属于 PLC 的外部故障。因此，PLC 生产厂家都致力于研制、开发用于检测外部故障的专用智能模块，进一步提高系统的可靠性。

5）编程语言多样化、标准化。在 PLC 系统结构不断发展的同时，PLC 的编程语言也越来越丰富，功能也不断提高。除了大多数 PLC 使用的梯形图语言外，为了适应各种控制要求，出现了面向顺序控制的步进编程语言、面向过程控制的流程图语言、与计算机兼容的高级语言（BASIC、C 语言等）等。多种编程语言的并存、互补与发展是 PLC 进步的一种趋势。

与个人计算机相比，PLC 的硬件、软件的体系结构都是封闭的而不是开放的，各厂家的 PLC 编程语言和指令系统的功能和表达方式也不一致，有的甚至有相当大的差异，因此各厂家的 PLC 互不相容。为解决这一问题，IEC（国际电工委员会）制定了 PLC 标准（IEC1131），其中的第 3 部分（IEC1131—3）是 PLC 编程语言标准，标准中共有 5 种编程语言，其中的顺序功能图（SFC）是一种结构块控制程序流程图，梯形图和功能块图是两种图形语言，还有指令表和结构化文本两种文字语言。

6）PLC 的软件化与 PC 化。软件 PLC（SoftPLC，也称为软逻辑 SoftLogic）是一种基于 PC 开发结构的控制系统，它具有硬件 PLC 在功能、可靠性、速度、故障查找等方面的特点，利用软件技术可以将标准的工业 PC 转换成全功能的 PLC 过程控制器。软件 PLC 综合了计算机和 PLC 的开关量控制、模拟量控制、数学运算、数值处理、网络通信、PID 调节等功能，通过一个多任务控制内核，提供强大的指令集、快速而准确的扫描周期、可靠的操作和可连接各种 I/O 系统及网络的开放式结构。所以，软件 PLC 提供了与硬件 PLC 同样的功能，同时又提供了 PC 环境的各种优点。

使用软件 PLC 代替硬件 PLC 有如下的优势：

① 用户可以自由选择 PLC 硬件。

② 用户可以获得 PC 领域技术/价格优势，而不受某个硬件 PLC 制造商本身专利技术的限制。

③ 用户可以少花钱但又很方便地与强有力的 PC 网络相连。

④ 用户可以用自己熟悉的编程语言编制程序。

⑤ 对超过几百点 I/O 的 PLC 系统来说，用户可以节省投资费用。

目前，在欧美等西方国家都把软件 PLC 作为一个重点对象进行研究开发，已投入市场的软件 PLC 产品较多。据了解，在美国底特律汽车城，大多数汽车装配自动生产线、热处理工艺生产线等都已由传统 PLC 控制改为软件 PLC 控制。国内能见到的软件 PLC 产品的演示版或正式发行版有德国 KW - software 公司的 MULTIPROG wt32、法国 CJ International 公司的 ISaGRAF、法国 Schneider Automation 公司的 Concept V2.1 及 Wonderware 公司的 In Control7.0 等。目前国内已有一些著名的自动化软件公司（如北京亚控自动化软件科技有限公司）正在研究开发具有自主版权的中文软件 PLC 产品。另外，也有一些自动化工程公司开始代理销售和推广这些商用化的软件 PLC 产品。

6. PLC 的基本结构

PLC 实质是一种专用于工业控制的计算机，其基本结构与微型计算机相同，由硬件系统和软件系统两部分构成。

　　整体式 PLC 硬件系统主要由中央处理器（CPU）、存储器、输入单元、输出单元、通信接口、扩展接口、电源等部分组成。其中，CPU 是 PLC 的核心；输入单元与输出单元是连接现场 I/O 设备与 CPU 之间的接口电路；通信接口用于与编程器、上位计算机等外设连接。整体式 PLC 组成框图如图 2-2 所示。

　　对于模块式 PLC，各部件独立封装成模块，各模块通过总线连接，安装在机架或导轨上，其组成框图如图 2-3 所示。无论是哪种结构类型的 PLC，都可根据用户需要进行配置与组合。

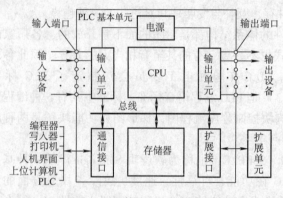

图 2-2　整体式 PLC 组成框图

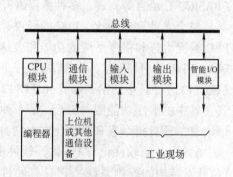

图 2-3　模块式 PLC 组成框图

　　尽管整体式 PLC 与模块式 PLC 的结构不太一样，但各部分的功能作用是相同的，下面对 PLC 主要组成部分进行简单介绍。

　　（1）中央处理器（CPU）　同一般的微型计算机一样，CPU 是 PLC 的核心。PLC 中所配置的 CPU 随机型不同而不同，常用的有 3 类：通用微处理器（如 Z80、8086、80286 等）、单片微处理器（如 8031、8096 等）和位片式微处理器（如 AMD29W 等）。小型 PLC 大多采用 8 位通用微处理器和单片微处理器；中型 PLC 大多采用 16 位通用微处理器或单片微处理器；大型 PLC 大多采用高速位片式微处理器。

　　目前，小型 PLC 为单 CPU 系统，而中、大型 PLC 则大多为双 CPU 系统，甚至有些 PLC 中多达 8 个 CPU。对于双 CPU 系统，一般一个为字处理器，通常采用 8 位或 16 位处理器；另一个为位处理器，采用由各厂家设计制造的专用芯片。字处理器为主处理器，用于执行编程器接口功能，监视内部定时器，监视扫描时间，处理字节指令以及对系统总线和位处理器进行控制等；位处理器为从处理器，主要用于处理位操作指令和实现 PLC 编程语言向机器语言的转换。位处理器的采用，提高了 PLC 的速度，使 PLC 更好地满足实时控制要求。

　　在 PLC 中，CPU 按系统程序赋予的功能指挥 PLC 有条不紊地进行工作，归纳起来主要有以下几个方面：

　　1）接收从编程器输入的用户程序和数据。

　　2）诊断电源、PLC 内部电路的工作故障和编程中的语法错误等。

　　3）通过输入接口接收现场的状态或数据，并存入输入映像寄存器或数据寄存器中。

　　4）从存储器逐条读取用户程序，经过解释后执行。

　　5）根据执行的结果，更新有关标志位的状态和输出映像寄存器的内容，通过输出单元实现输出控制。有些 PLC 还具有制表打印或数据通信等功能。

（2）存储器　存储器分为系统程序存储器和用户程序存储器。系统程序是由 PLC 的制造厂家编写的，和 PLC 的硬件组成有关，完成系统诊断、命令解释、功能子程序调用管理、逻辑运算、通信及各种参数设定等功能，提供 PLC 运行的平台。系统程序关系到 PLC 的性能，而且在 PLC 使用过程中不会变动，所以是由制造厂家直接固化在只读存储器 ROM、PROM 或 EPROM 中，用户不能访问和修改。用户程序是由用户根据对生产工艺的控制要求而编制的应用程序，为了便于读出、检查和修改，用户程序一般存于 CMOS 静态 RAM 中，用锂电池作为后备电源，以保证掉电时不会丢失信息。

PLC 使用以下几种物理存储器：

1）随机存取存储器（RAM）。用户可以用编程装置读出 RAM 中的内容，也可以将用户程序写入 RAM，因此 RAM 又叫读/写存储器，它是易失性的存储器，它的电源中断后，储存的信息将会丢失。

2）只读存储器（ROM）。ROM 的内容只能读出，不能写入，它是非易失的，它的电源中断后，仍能保存储存的内容，ROM 一般用来存放 PLC 的系统程序。

3）可擦除只读存储器（EPROM）。它是非易失性的，当电源断电后又上电时，存储的信息不变，因此 EPROM 适用于存放各种系统程序和固定的数据。但是 EPROM 不能进行在线擦写，它需要在紫外灯下连续照射 $20 \sim 40min$（视芯片厂家、型号而异）后才能将信息擦除，然后还需用编程装置才能将程序或数据写入到芯片中。

4）电擦除只读存储器（EEPROM）。正常运行时和普通 RAM 一样，可随机进行读出和写入操作，仅仅是擦写时间稍长一些，约 $9 \sim 15ms$，它又能像 ROM 一样断电后具有信息的非易失性（不用锂电池支持）。

近年来，闪存（Flash Memory）作为一种新的半导体存储器件，以其独有的特点得到了迅速的发展和应用。闪存具有与 EEPROM 类似的特点，但也有写入速度较慢等缺点。

（3）I/O 单元　I/O（输入/输出）单元，是 PLC 与工业生产现场之间的连接部件。PLC 通过输入接口可以检测被控对象的各种数据，以这些数据作为 PLC 对被控制对象进行控制的依据；同时 PLC 又通过输出接口将处理结果送给被控制对象，以实现控制目的。

PLC I/O 单元的主要作用为：

1）数据锁存——向外设输出数据时需要。

2）电平隔离——使外设和 CPU 电路之间的直流电平互不影响。

3）速度协调——使外设和 CPU 之间，准备好后才传送数据。

4）数据变换——串-并变换、并-串变换、A-D（数-模）变换、D-A（模-数）变换。

（4）电源　PLC 配有开关电源，以供内部电路使用。与普通电源相比，PLC 电源的稳定性好、抗干扰能力强。对电网提供的电源稳定度要求不高，一般允许电源电压在其额定值 $\pm 15\%$ 的范围内波动。许多 PLC 还向外提供直流 24V 稳压电源，用于对外部传感器供电。

（5）编程装置　编程装置的作用是编辑、调试、输入用户程序，也可在线监控 PLC 内部状态和参数，与 PLC 进行人机对话。它是开发、应用、维护 PLC 不可缺少的工具。编程装置可以是专用编程器，也可以是配有专用编程软件包的通用计算机系统，如图 2-4 所示。专用编程器是由 PLC 厂家生产，专供该厂家生产的某些 PLC 产品使用，它主要由键盘、显示器和外存储器接插口等部件组成。专用编程器有简易编程器和智能编程器两类。

1）简易型编程器只能联机编程，而且不能直接输入和编辑梯形图程序，需将梯形图程

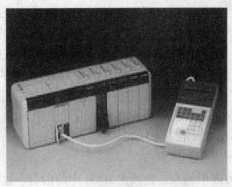

a) 专用编程器　　　　　　　　　　b) 配有专用编程软件包的通用计算机

图 2-4　编程装置

序转化为指令表程序才能输入。简易编程器体积小、价格便宜，它可以直接插在 PLC 的编程插座上，或者用专用电缆与 PLC 相连，以方便编程和调试。有些简易编程器带有存储盒，可用来储存用户程序，如三菱的 FX - 20P - E 简易编程器。

2) 智能编程器本质上是一台专用便携式计算机，如三菱的 GP - 80FX - E 智能型编程器。它既可联机编程，又可脱机编程，可直接输入和编辑梯形图程序，使用更加直观、方便，但价格较高，操作也比较复杂。大多数智能编程器带有磁盘驱动器，提供录音机接口和打印机接口。

用 SC - 09 电缆将 PLC 与微型计算机通过 RS - 232C 接口连接，把计算机作为编程工具是一个不错的选择，它既可以编制、修改 PLC 的梯形图程序，又可以监视系统运行、打印文件、系统仿真等。配上相应的软件还可实现数据采集和分析等许多功能。

除了以上所述的部件和设备外，PLC 还有许多外部设备，如 EPROM 写入器、外存储器、人/机接口装置等，用户可以根据需要进行选用，以满足控制系统要求。

7. PLC 的工作原理

最初研制生产的 PLC 主要用于代替传统的由继电器、接触器构成的控制装置，但这两者的运行方式却有着重要的区别。继电器控制装置采用硬逻辑并行运行的方式，即如果这个继电器的线圈通电或断电，该继电器所有的触头（包括其常开或常闭触头），无论在继电器控制电路的哪个位置上都会立即同时动作。而 PLC 的 CPU 则采用循环扫描用户程序的运行方式，即如果一个输出线圈或逻辑线圈被接通或断开，该线圈的所有触头（包括其常开或常闭触头）不会立即动作，必须等扫描到该触头时才会动作。

（1）PLC 的循环扫描技术　PLC 循环扫描的工作过程如图 2-5 所示，一般包括 5 个阶段：内部处理与自诊断、通信处理、输入采样、程序执行及输出刷新。当方式开关置于STOP 位置时，只执行前两个阶段；当方式开关置于 RUN 位置时，将执行所有阶段。

上电复位时，PLC 首先进行初始化处理，清除 I/O 映像区中的内容，接着自诊断，检测存储器、CPU 及 I/O 部件状态，确认其是否正常，再进行通信处理，完成各外设的通信连接，还将检测是否有中断请求，若有则作相应中断处理。在此阶段可对 PLC 联机或离线编程，如学生实验时的编程阶段。若此时 PLC 方式开关置于 RUN 位置，PLC 才进入独特的循环扫描，周而复始地执行输入采样、程序执行及输出刷新 3 个阶段，如图 2-6 所示。

1）输入采样阶段。在输入采样阶段，PLC 以扫描工作方式按顺序对所有输入端的输入状态进行采样，并存入输入映像寄存器中，此时输入映像寄存器被刷新。接着进入程序处理阶段，在程序执行阶段或其他阶段，即使输入状态发生变化，输入映像寄存器的内容也不会改变，输入状态的变化只有在下一个扫描周期的输入处理阶段才能被采样到，这种采样方式称为集中采样。即在一个扫描周期内，集中一段时间对输入状态进行采样。

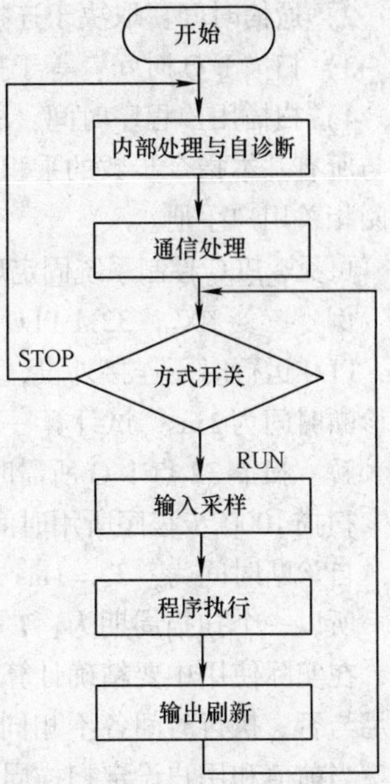

2）用户程序执行阶段。在用户程序执行阶段，PLC对程序按顺序进行扫描执行。若程序用梯形图来表示，则总是按先上后下，先左后右的顺序进行。当遇到程序跳转指令时，则根据跳转条件是否满足来决定程序是否跳转。当指令中涉及到输入、输出状态时，PLC从输入映像寄存器和元件映像寄存器中读出，根据用户程序进行运算，运算的结果再存入元件映像寄存器中。对于元件映像寄存器来说，其内容会随程序执行的过程而变化。

3）输出刷新阶段。当所有程序执行完毕后，进入输出处理阶段。在这一阶段里，PLC将元件映像寄存器中与输出有关的状态（输出继电器状态）转存到输出锁存器中，并通过一定方式输出，驱动外部负载。

图2-5 PLC循环扫描的工作过程示意图

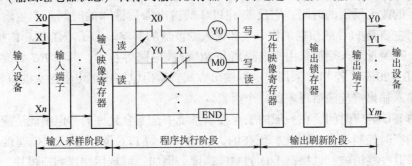

图 2-6　PLC 程序执行过程示意图

在用户程序中如果对输出结果多次赋值，则最后一次有效。在一个扫描周期内，PLC只在输出刷新阶段才将输出状态从元件映像寄存器中输出，对输出接口进行刷新。在其他阶段里输出状态一直保存在元件映像寄存器中，这种方式称为集中输出。

（2）PLC与传统继电器控制的异同　PLC的扫描工作方式同继电器控制有着明显不同，见表2-1。

表 2-1　PLC 与继电器控制系统比较

控 制 系 统	控 制 方 式	线 圈 通 电
继电器	硬逻辑并行运行方式	所有常开/常闭触头同时动作
PLC	循环扫描工作方式	CPU 扫描到的触头才会动作

（3）PLC扫描周期的计算　一个完整的扫描周期包括自诊断时间、通信时间、扫描I/O时间和扫描用户程序时间。

1）自诊断时间：与PLC的型号系列有关。

2）通信时间：取决于连接的外设数量，若没有连接外设，则通信时间为0。

3）扫描I/O时间：等于扫描的I/O总点数与每点扫描速度的乘积。

4）扫描用户程序时间：取决于指令步数的多少和所用指令类型。等于基本指令扫描速度与所有基本指令步数的乘积，加上功能指令扫描时间。功能指令扫描速度与指令步数可以查阅相关用户手册。

可见，PLC控制系统固定后，扫描周期将主要取决于用户程序的长短与所用指令的类型。

例 三菱FX_{3U}-32M PLC基本单元的输入/输出点为16/16，用户程序为1000步基本指令，PLC运行时不连接外设，I/O扫描速度为3.8μs/点，用户程序的扫描速度为0.7μs/步，自诊断时间为1ms，试计算一个扫描周期为多长时间？

解 扫描32点I/O所需时间为：$T_1 = 3.8μs/点 \times 32点 = 0.122ms$

扫描1000步程序所用时间为：$T_2 = 0.7μs/步 \times 1000步 = 0.7ms$

自诊断时间为：$T_3 = 1ms$

所以一个扫描周期为：$T = T_1 + T_2 + T_3 = 1.822ms$

在实际使用中要精确计算PLC的扫描周期比较麻烦，特别是对于功能指令，逻辑条件满足与否，执行时间各不相同。为了方便用户，FX_{3U}系列PLC将扫描周期的最大值、最小值、当前值和用户设定扫描周期值分别存入D8012、D8011、D8010、D8039 4个特殊数据寄存器中，PLC运行时，用户可以用编程器或编程软件查看、监控扫描周期的大小及变化。

（4）PLC的I/O响应时间 I/O响应时间指从PLC的输入信号变化开始到引起系统有关输出端信号的改变所需的时间，它反映了PLC的输出滞后输入的时间。产生输入输出响应滞后的原因主要是PLC的扫描工作方式和输入滤波器的影响。为了增强PLC的抗干扰能力，PLC的每个开关量输入端都采用光电隔离和RC滤波电路等技术，其中RC滤波电路的滤波常数约为10~20ms。若PLC采用继电器输出方式，输出电路中继电器触头的机械滞后作用，也是引起输入输出响应滞后现象的一个因素。

PLC的I/O响应时间，在一般的工业控制系统中是完全允许的，但不能适应要求I/O响应速度快的实时控制场合。因此，现在的大、中、小型PLC除了加快扫描速度外，还在软件硬件上采取一些措施，以提高I/O的响应速度。例如，可选用快速响应模块、高速计数模块等，也可采用改变信息刷新方式、运用中断技术、调整输入滤波器等方法进行改进。

8. PLC的编程语言

PLC编程语言有指令表（Instruction List）、梯形图（Ladder Diagram）、顺序功能图（Sequential Function Chart）及其他高级语言等。其中，梯形图和指令表用得较多，顺序功能图常用于顺序控制系统编程。

（1）梯形图（LD） 梯形图语言是在传统电气控制系统中常用的接触器、继电器等图形符号的基础上演变而来的。它与电气控制电路图相似，继承了传统电气控制逻辑中使用的框架结构、逻辑运算方式和输入输出形式，具有形象、直观、实用的特点。因此，这种编程语言为广大电气技术人员所熟知，是应用最广泛的PLC的编程语言，是PLC的第一编程语言。

图2-7是传统的电气控制电路和PLC梯形图。

从图2-7可看出，两种图表示的基本思想是一致的，具体表达方式有一定区别。PLC梯形图使用的内部继电器、定时/计数器等都是由软件来实现的，使用方便、修改灵活，是传统电气控制电路硬接线无法比拟的。

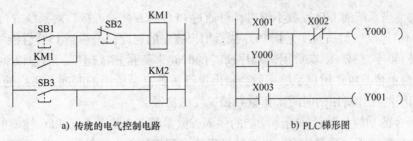

a) 传统的电气控制电路　　　　　　　　　b) PLC梯形图

图 2-7　传统的电气控制电路和 PLC 梯形图

（2）指令表（IL）　这种编程语言是一种与汇编语言类似的助记符编程表达方式。在 PLC 应用中，经常采用简易编程器，而这种编程器中没有 CRT 屏幕显示，或没有较大的液晶屏幕显示。因此，就用一系列 PLC 操作命令组成的语句表将梯形图描述出来，再通过简易编程器输入到 PLC 中。虽然各个 PLC 生产厂家的语句表形式不尽相同，但基本功能相差无几。以下是与图 2-7b 对应的（FX$_{3U}$系列 PLC）指令程序。

步序号	指令	数据
0	LD	X001
1	OR	Y000
2	ANI	X002
3	OUT	Y000
4	LD	X003
5	OUT	Y001

可以看出，语句是指令表程序的基本单元，每个语句和微型计算机一样也由地址（步序号）、操作码（指令）和操作数（数据）3 部分组成。

（3）顺序功能图（SFC）　顺序功能图语言（SFC 语言）是一种较新的编程方法，又称状态转移图语言。它将一个完整的控制过程分为若干阶段，各阶段具有不同的动作，阶段间有一定的转换条件，转换条件满足就实现阶段转移，上一阶段动作结束，下一阶段动作开始。用状态转移图的方式来表达一个控制过程，对于顺序控制系统特别适用。

（4）高级语言　随着 PLC 技术的发展，为了增强 PLC 的运算、数据处理及通信等功能，以上编程语言无法很好地满足要求。近年来推出的 PLC，尤其是大型 PLC，都可用高级语言（如 BASIC 语言、C 语言、PASCAL 语言等）进行编程。采用高级语言后，用户可以像使用普通微型计算机一样操作 PLC，使 PLC 的各种功能得到更好的发挥。

9. PLC 的技术指标

虽然各厂家所生产的 PLC 产品型号、规格和性能各不相同，但通常都可以用以下 7 个指标来描述 PLC 的主要性能。

（1）存储容量　存储容量是指用户程序存储器的容量。用户程序存储器的容量大，就可以编制出复杂的程序。在 PLC 中存储容量除了用 KB 作单位外，更多的用"步"作单位，PLC 中程序指令是按"步"存放的，一"步"占用一个地址单元，也称为 1 个"字"，一个地址单元占用两个字节（B），所以 1 步 =1 字 =2B。

（2）I/O 点数　输入/输出（I/O）点数是 PLC 可以接受的输入信号和输出信号的总和，是衡量 PLC 性能的重要指标。I/O 点数越多，外部可接的输入设备和输出设备就越多，控制规模就越大。当系统的 I/O 点数不够时，可通过 PLC 的 I/O 扩展接口对系统进行扩展。

（3）扫描速度 扫描速度是指 PLC 执行用户程序的速度，是衡量 PLC 性能的重要指标。一般以扫描 1K 字（或 1K 步）用户程序所需的时间来衡量扫描速度，通常以 ms/K 字（或 ms/K 步）为单位。PLC 用户手册一般会给出执行各条指令所用的时间，可以通过比较各种 PLC 执行相同的操作所用的时间来衡量扫描速度的快慢。

（4）指令的功能与数量 指令功能的强弱、数量的多少也是衡量 PLC 性能的重要指标。编程指令的功能越强、数量越多，PLC 的处理能力和控制能力也越强，用户编程也越简单和方便，越容易完成复杂的控制任务。

（5）内部元件的种类与数量 在编制 PLC 程序时，需要用到大量的内部元件来存放变量、中间结果、保持数据、定时计数、模块设置和各种标志位等信息。这些元件的种类与数量越多，表示 PLC 的存储和处理各种信息的能力越强。

（6）特殊功能单元 特殊功能单元种类的多少与功能的强弱是衡量 PLC 产品的一个重要指标。近年来各 PLC 厂商非常重视特殊功能单元的开发，特殊功能单元种类日益增多，功能越来越强，使 PLC 的控制功能日益扩大。

（7）可扩展能力 PLC 的可扩展能力包括 I/O 点数的扩展、存储容量的扩展、联网功能的扩展、各种功能模块的扩展等。在选择 PLC 时，经常需要考虑 PLC 的可扩展能力。

FX_{3U} 系列 PLC 的性能见表 2-2。

表 2-2 FX_{3U} 系列 PLC 性能参数表

项　　目		FX_{3U} 系列性能参数
运算控制方式		循环扫描存储程序的运算方式，有中断功能
输入输出控制方式		批次处理方式（执行 END 指令时），但是有 I/O 刷新指令、脉冲捕捉功能
程序语言		继电器符号方式 + 步进梯形图方式（可用 SFC 表示）
程序存储器	最大存储容量	64000 步，（含注释、文件寄存器，最大 64000 步）
	内置存储器容量	64000 步，RAM（内置锂电池后备） 电池寿命约 5 年
	可选存储器盒 （选件）	快闪存储器（存储器盒的型号名称不同，各自的最大内存储容量也不同） （Ver. 3. 00 以上）FX_{3U} - FLROM - 1M：64000 步（无程序传送功能）允许写入次数：1 万次
指令种类	顺控指令、步进梯形图	顺控指令 27 条，步进梯形图指令 2 条
	应用指令	219 种，498 个（Ver. 2. 70 以上）
运算处理速度	基本指令	0. 065μs/指令
	应用指令	0. 642 ~ 几百 μs/指令
输入输出点数	扩展并用时输入点数	X0 ~ X267，184 点（8 进制编号）
	扩展并用时输出点数	Y0 ~ Y267，184 点（8 进制编号）
	扩展并用时总点数	256 点

10. FX_{3U} 系列 PLC 的软元件

不同厂家、不同系列的 PLC，其内部软继电器（编程元件或软元件）的功能和编号也不相同，因此用户在编制程序时，必须熟悉所选用 PLC 的每条指令涉及软元件的功能和编号。下面以 FX_{3U} 为例介绍 PLC 的软元件，表 2-3 为 FX_{3U} 系列 PLC 软元件一览表。

表 2-3　FX_{3U} 系列 PLC 软元件一览表

		$FX_{3U}-16M$	$FX_{3U}-32M$	$FX_{3U}-48M$	$FX_{3U}-64M$	$FX_{3U}-80M$	$FX_{3U}-128M$
输入继电器（X）		8 点	16 点	24 点	32 点	40 点	64 点
输出继电器（Y）		8 点	16 点	24 点	32 点	40 点	64 点
辅助继电器（M）	普通用①	M0 ~ M499，500 点					
	保持用②	M500 ~ M1023，524 点					
	保持用③	M1024 ~ M7679，6656 点					
	特殊用	M8000 ~ M8511，512 点					
状态寄存器（S）	初始化	S0 ~ S9，10 点					
	一般用①	S10 ~ S499，490 点					
	保持用②［可变］	S500 ~ S899，400 点					
	信号用③	S900 ~ S999，100 点					
	保持用［固定］	S1000 ~ S4095，3096 点					
定时器（T）	普通 100ms	T0 ~ T199，200 点（0.1 ~ 3276.7s）					
	普通 10ms	T200 ~ T245，46 点（0.01 ~ 327.67s）					
	积算 1ms③	T246 ~ T249，4 点（0.001 ~ 32.767s）					
	积算 100ms③	T250 ~ T255，6 点（0.1 ~ 3276.7s）					
	普通 1ms	T256 ~ T511，256 点（0.001 ~ 32.767s）					
计数器（C）	16 位加计数（普通）①	C0 ~ C99，100 点（计数范围为：1 ~ 32767 计数器）					
	16 位加计数（保持）②	C100 ~ C199，100 点（计数范围为：1 ~ 32767 计数器）					
	32 位可逆计数（普通）①	C200 ~ C219，20 点（计数范围为：-2147483648 ~ +2147483647 计数器）					
	32 位可逆计数（保持）②	C220 ~ C234，15 点（计数范围为：-2147483648 ~ +2147483647 计数器）					
	高速计数器②	C235 ~ C255 中的 8 点					
数据寄存器（D）	16 位普通用①	D0 ~ D199，200 点					
	16 位保持用②	D200 ~ D511，312 点					
	16 位保持用③	D512 ~ D7999，7488 点（D1000 以后可以 500 点为单位设置文件寄存器）					
	16 位特殊用	D8000 ~ D8511，512 点					
	16 位变址用	V0 ~ V7，Z0 ~ Z7，16 点					
指针（N、P、I）	嵌套用	N0 ~ N7，主控用 8 点					
	跳转、子程序用	P0 ~ P4095，跳转、子程序用分支指针 4096 点					
	输入中断，定时器中断	I0□□ ~ I8□□，9 点					
	计数中断	I010□ ~ I060，6 点					
常数	10 进制（K）	16 位：-32768 ~ +32767；32 位：-2147483648 ~ 2147483647					
	16 进制（H）	16 位：0 ~ FFFF；32 位：0 ~ FFFFFFFF					

① 表示非电池后备区，通过参数设置可变为电池后备区。

② 表示电池后备区，通过参数设置可变为非电池后备区。

③ 表示电池后备固定区，区域特性不可改变。

（1）输入继电器（X） 输入继电器与输入端相连，它是专门用来接受 PLC 外部开关信号的元件。PLC 通过输入接口将外部输入信号状态（接通时为 "1"，断开时为 "0"）读入并存储在输入映像寄存器中。图 2-8 为输入继电器（X1）的等效电路。

输入继电器必须由外部信号驱动，不能用程序驱动，所以在程序中不可能出现其线圈。由于输入继电器（X）为输入映像寄存器中的状态，所以其触头的使用次数不限。

FX$_{3U}$ 系列 PLC 的输入继电器以八进制进行编号，FX$_{3U}$ 输入继电器的编号范围为 X0 ~ X77（8 × 8 = 64 点）。**注意**：基本单元输入继电器的编号是固定的，扩展单元和扩展模块是从与基本单元最靠近开始，按顺序进行编号。例如，

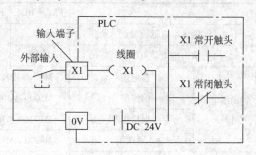

图 2-8 输入继电器（X1）的等效电路

基本单元 FX$_{3U}$-48M 的输入继电器编号为 X0 ~ X7，X10 ~ X17，X20 ~ X27（共有 8 × 3 = 24 点），如果接有扩展单元或扩展模块，则扩展的输入继电器从 X30 开始编号。

（2）输出继电器（Y） 输出继电器用来将 PLC 内部信号输出传送给外部负载（用户输出设备）。输出继电器线圈由 PLC 内部程序的指令驱动，其线圈状态传送给输出单元，再由输出单元对应的硬触头来驱动外部负载。图 2-9 为输出继电器（Y0）的等效电路。

每个输出继电器在输出单元中都对应有一个常开触头，但在程序中供编程的输出继电器，不管是常开还是常闭触头，都可以无数次使用。

FX$_{3U}$ 系列 PLC 的输出继电器也是八进制编号，其中 FX$_{3U}$ 编号范围为 Y0 ~ Y77（64 点）。与输入继电器一样，基本单元的输出继电器编号是固定的，扩展单元和扩展模块的编号也是从与基本单元最靠近开始，按顺序进行编号。

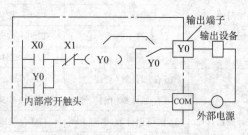

图 2-9 输出继电器（Y0）的等效电路

在实际使用中，输入、输出继电器的数量，要看具体系统的配置情况。

说明：输入继电器 X 和输出继电器 Y 的编号在编程软件中是以 3 位八进制数的形式表示的，如若输入 X1，则在梯形图和指令程序中出现的是 X001，本书后面介绍的梯形图和指令程序都是按照 PLC 编程软件所生成的标准梯形图来绘制的，所以，输入继电器 X 和输出继电器 Y 的编号都会以 X001 这种 3 位八进制数的形式出现。

（3）辅助继电器（M） 辅助继电器是 PLC 中数量最多的一种继电器，一般的辅助继电器与继电器控制系统中的中间继电器相似。辅助继电器不能直接驱动外部负载，负载只能由输出继电器的外部触头驱动。辅助继电器的常开与常闭触头在 PLC 内部编程时可无限次使用。

辅助继电器采用 M 与十进制数共同组成编号（只有输入输出继电器才用八进制数）。

1）通用辅助继电器（M0 ~ M499）。FX$_{3U}$ 系列共有 500 点通用辅助继电器。通用辅助继电器在 PLC 运行时，如果电源突然断电，则全部线圈均 OFF；当电源再次接通时，除了因外部输入信号而变为 ON 的以外，其余的仍将保持 OFF 状态，它们没有断电保护功能。通用辅助继电器常在逻辑运算中作为辅助运算、状态暂存及移位等。

2）断电保持辅助继电器（M500～M7679）。FX₃ᵤ系列共有7180点断电保持辅助继电器。与普通辅助继电器不同的是，它具有断电保护功能，即能记忆电源中断瞬时的状态，并在重新通电后再现其状态。断电保持辅助继电器之所以能在电源断电时保持其原有的状态，是因为电源中断时用PLC中的锂电池保持它们映像寄存器中的内容。

下面以图2-10所示小车往复运动控制来说明断电保持辅助继电器的应用。

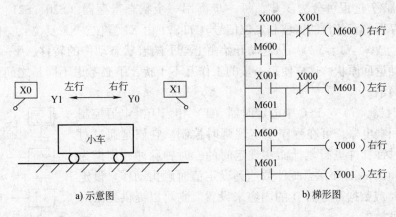

a) 示意图   b) 梯形图

图2-10 小车往复运动控制

小车的正反向运动中，用M600、M601控制输出继电器驱动小车运动，X1、X0为限位输入信号。运行的过程是：X0＝ON→M600＝ON→Y0＝ON→小车右行→停电→小车中途停止→上电（M600＝ON→Y0＝ON）再右行→X1＝ON→M600＝OFF、M601＝ON→Y1＝ON（左行）。可见，由于M600和M601具有断电保持，所以在小车中途因停电停止后，一旦电源恢复，M600或M601仍记忆原来的状态，将由它们控制相应输出继电器，小车继续原方向运动。若不用断电保持辅助继电器当小车中途断电后，再次得电小车也不能运动。

3）特殊辅助继电器。PLC内有大量的特殊辅助继电器，它们都有各自的特殊功能。FX₃ᵤ系列中有512个特殊辅助继电器，可分成触头型和线圈型两大类。

① 触头型——其线圈由PLC自动驱动，用户只可使用其触头。例如，

M8000：运行监视器（在PLC运行中接通）。

M8002：初始脉冲（仅在运行开始时瞬间接通）。

M8011、M8012、M8013和M8014分别是产生10ms、100ms、1s和1min时钟脉冲的特殊辅助继电器。

M8000、M8002、M8012的波形图如图2-11所示。

② 线圈型——由用户程序驱动线圈后PLC执行特定的动作。例如，

M8033：若使其线圈得电，则PLC停止时，保持元件映像存储器和数据寄存器内容。

M8034：若使其线圈得电，则将PLC的输出全部禁止。

M8039：若使其线圈得电，则PLC按D8039中指定的扫描时间工作。

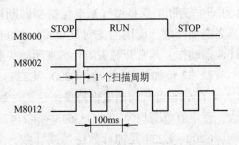

图2-11 M8000、M8002、M8012的波形图

(4) 状态寄存器 (S) 状态寄存器用来记录系统运行中的状态。是编制顺序控制程序的重要编程元件，它与后述的步进顺控指令 (STL) 配合应用。FX$_{3U}$系列共有4096点状态寄存器，其中 S0～S9 是初始状态寄存器，S10～S19 是返回原点用状态寄存器。

如图2-12所示，用机械手动作简单介绍状态寄存器 S 的应用。当起动信号 X0 有效时，机械手下降，到下降限位 X1 开始夹紧工件，夹紧到位信号 X2 为 ON 时，机械手上升到上限 X3 则停止。整个过程可分为3步，每一步都用一个状态寄存器 (S20、S21、S22) 记录。每个状态寄存器都有各自的置位和复位信号 (如 S21 由 X1 置位、X2 复位)，并有各自要做的操作 (驱动 Y0、Y1、Y2)。从起动开始由上至下随着状态动作的转移，下一状态动作则上面状态自动返回原状。这样使每一步的工作互不干扰，不必考虑不同步之间元件的互锁，使设计清晰简洁。

(5) 定时器 (T) PLC 中的定时器 (T) 相当于继电器控制系统中的时间继电器，可在程序中实现延时控制。它们是通过对一定周期的时钟脉冲进行累计而实现定时的，时钟脉冲有周期为 1ms、10ms、100ms 3种，当所计数达到设定值时触头动作。设定值可用常数 *K* 或数据寄存器 D 的内容来设置。它可以提供无限对常开常闭延时触头。

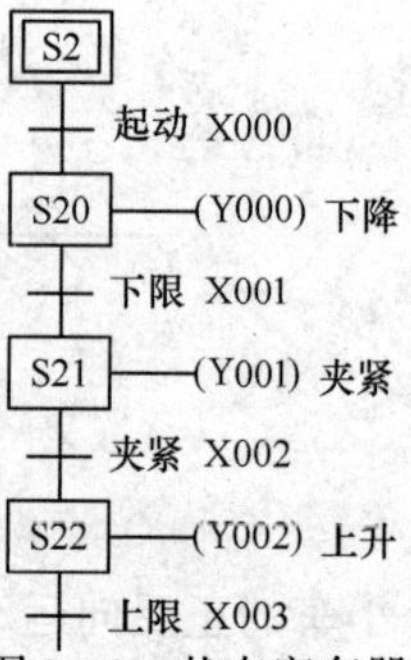

FX$_{3U}$系列 PLC 定时器有以下5种类型：

1) 100ms 通用定时器 (T0～T199) 共200点，设定值为 1～32767，所以其定时范围为 0.1～3276.7s。

2) 10ms 通用定时器 (T200～T245) 共46点。设定值为 1～32767，所以其定时范围为 0.01～327.67s。

3) 1ms 积算定时器 (T246～T249) 共4点，定时的时间范围为 0.001～32.767s。

4) 100ms 积算定时器 (T250～T255) 共6点，定时的时间范围为 0.1～3276.7s。

5) 1ms 通用定时器 (T256～T511) 共256点，定时的时间范围为 0.001～32.767s。

(6) 计数器 (C) 计数器在程序中用作计数控制。FX$_{3U}$系列计数器分为内部计数器和高速计数器两类。

内部计数器是在执行扫描操作时对内部信号 (如 X、Y、M、S、T 等) 进行计数。内部输入信号的接通和断开时间应比 PLC 的扫描周期稍长，最高计数频率为 10kHz，因此是低速计数器。高速计数器又称外部计数器，用于测量通过指定输入点的被测信号频率。

FX$_{3U}$系列 PLC 计数器有以下3种类型：

1) 16位加计数器 (C0～C199)。其中 C0～C99 (共100点) 为通用型，C100～C199 (共100点) 为断电保持型 (断电保持型即断电后能保持当前值，待通电后继续计数)。这类计数器为递加计数，应用前先对其设置一设定值，当输入信号 (上升沿) 个数累加到设定值时，计数器动作，其常开触头闭合、常闭触头断开。计数器的设定值为 1～32767 (16位二进制)。

2) 32位加/减计数器 (C200～C234)。其中 C200～C219 (共20点) 为通用型，C220～C234 (共15点) 为断电保持型。这类计数器能通过特殊辅助继电器的控制实现加/减双向计数。设定值范围均为 -2147483648～+2147483647 (32位二进制)。

C200～C234 是加计数还是减计数，分别由特殊辅助继电器 M8200～M8234 设定。对应的特殊辅助继电器被置为 ON 时为减计数，置为 OFF 时为加计数。

图 2-12 状态寄存器 S 的应用

3）高速计数器。FX₃ᵤ有 C235～C255（共 21 点）高速计数器。它们直接对外部的高速脉冲（如来自光电编码器、光电编码盘、光栅等）进行 32 位可逆计数，输入脉冲由 PLC 输入点 X0～X7 输入，计数值不受 PLC 的运算控制。

（7）数据寄存器（D、V、Z）　PLC 在进行输入输出处理、模拟量控制、位置控制时，需要许多数据寄存器存储数据和参数。数据寄存器为 16 位，最高位为符号位。可用两个数据寄存器来存储 32 位数据，最高位仍为符号位，0 表示正数，1 表示负数。数据寄存器有以下几种类型：

1）通用数据寄存器（D0～D199）。共 200 点。当 M8033 为 ON 时，D0～D199 有断电保护功能；当 M8033 为 OFF 时则它们无断电保护，这种情况 PLC 由 RUN→STOP 或停电时，数据全部清零。

2）断电保持数据寄存器（D200～D7999）。共 7800 点，具有断电保持功能，PLC 由 RUN→STOP 时，断电保持数据寄存器的值保持不变。利用参数设定可改变断电保持数据寄存器的范围。

3）特殊数据寄存器（D8000～D8511）。共 512 点。特殊数据寄存器的作用是用来监控 PLC 的运行状态，如扫描时间、电池电压等。未加定义的特殊数据寄存器，用户不能使用。具体可参见用户手册。

4）变址寄存器（V/Z）。FX₃ᵤ系列 PLC 有 V0～V7 和 Z0～Z7 共 16 个变址寄存器，它们都是 16 位的寄存器。变址寄存器用于改变元件的地址编号。例如，V0 = 5，即执行 D20V0 时，被执行的编号为 D25（D20 +5）。变址寄存器可以像其他数据寄存器一样进行读写，需要进行 32 位操作时，可将 V、Z 串联使用（Z 为低位，V 为高位）。

（8）常数及指针

1）常数。K 是表示十进制整数的符号，主要用来指定定时器或计数器的设定值及应用功能指令操作数中的数值；H 是表示十六进制数，主要用来表示应用功能指令的操作数值。例如，20 用十进制表示为 K20，用十六进制则表示为 H14。

2）分支用指针（P0～P4095）。FX₃ᵤ有 P0～P4095 共 4096 点分支用指针。分支用指针用来指示跳转指令（CJ）的跳转目标或子程序调用指令（CALL）调用子程序的入口地址。

如图 2-13 所示，当 X1 常开接通时，执行跳转指令 CJ P0，PLC 跳到标号为 P0 处的程序去执行。

3）输入中断用指针（I00□～I50□）。共 6 点，它是用来指示由特定输入端的输入信号而产生中断的中断服务程序的入口位置，这类中断不受 PLC 扫描周期的影响，可以及时处理外界信息。输入中断用指针的编号格式如图 2-14 所示。

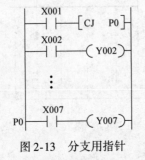

图 2-13　分支用指针

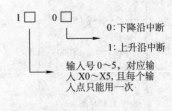

图 2-14　输入中断用指针的编号格式

例如：I101 表示当输入 X1 从 OFF→ON 变化时，执行以 I101 为标号后面的中断子程序，并根据 IRET 指令返回。

11. 三菱 FX 系列 PLC 型号说明

FX 系列 PLC 型号的含义如下：

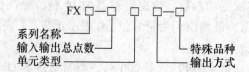

其中，系列名称：如 0、2、0S、1S、0N、1N、2N、2NC、3U 等。

I/O 总点数：16 ~ 128。

单元类型：M——基本单元；E——输入输出混合扩展单元；EX——扩展输入模块；ET——扩展输出模块，EXL—DC5V 输入扩展模块。

输出方式：R——继电器输出；S——晶闸管输出；T——晶体管输出。

特殊品种：D——直流电源，直流输入；A——交流电源，交流输入或交流输出模块；H——大电流输出扩展模块；V——立式端子排的扩展模块；C——接插口输入输出方式；F——输入滤波时间常数为 1ms 的扩展模块。

如果特殊品种一项无符号，为 AC 电源、DC 输入、横式端子排、标准输出。

例如 FX_{2N}-32MT-D 表示此 PLC 为 FX_{2N} 系列，32 个 I/O 点，基本单元，晶体管输出，使用直流电源。FX_{3U}-16MR/ES 表示此 PLC 为 FX_{3U} 系列，16 个 I/O 点，基本单元，继电器输出，使用交流电源。

三、思考与练习

1. PLC 有哪些主要特点？

2. 简述 PLC 的分类和 PLC 的发展趋势。

3. PLC 的基本结构如何，试简述其工作原理？

4. PLC 有哪些主要技术指标？

5. PLC 有哪些编程语言，常用的是什么编程语言？

6. PLC 为什么会产生输出响应滞后现象？

7. 根据图 2-15 所示梯形图及 X0 输入状态时序图，试画出 3 个扫描周期（T）内线圈 Y0、Y1 和 Y2 的状态时序图，并说明输出响应滞后的时间。

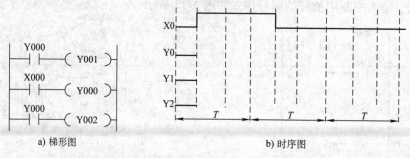

a) 梯形图　　　　　　　　　　　b) 时序图

图 2-15　第 7 题图

任务 2.2　GX Developer 编程软件的使用

一、任务描述

1）掌握 GX Developer 编程软件的安装与基本操作。

2）编写图 2-16 所示报警闪烁灯梯形图程序，并完成程序的传送、运行和监控操作。

3）基本掌握在 GX Developer 编程软件中，采用梯形图形式编程的方法。

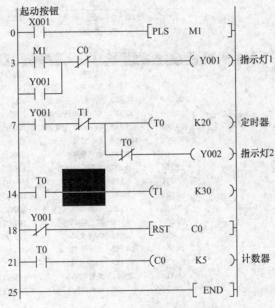

图 2-16　报警闪烁灯梯形图程序

二、技术要点

三菱 GX Developer 编程软件是应用于三菱全系列 PLC 的中文编程软件，包含 GPPW 编程软件和 LLT 模拟软件两部分，可在 Windows98/2000/XP/Win7 操作系统运行。计算机配置要求 CPU 为奔腾 133MHz 或更高，内存需 32MB 或更高（推荐 64MB 以上），分辨率为 800 × 600 点，16 色或更高。在 PLC 与 PC 之间必须有接口单元及电缆线，一般采用 SC‑09 编程电缆。

1. GX Developer 编程软件的主要功能

1）在 GX Developer 中，可通过梯形图、语句表及 SFC 符号来创建顺控指令程序，建立注释数据及设置寄存器数据。

2）创建顺控指令程序以及将其存储为文件，用打印机打印。

3）该软件在串行系统中可与 PLC 进行通信、文件传送操作以及离线和在线调试功能。

2. GX Developer 编程软件的安装

首先在三菱自动化官网下载 GX Developer 8.86 中文版 PLC 编程软件并解压压缩包。

打开 software_ GX + Developer + 8. 86 文件夹，弹出的界面如图 2-17 所示。

名称	大小	压缩后大小	类型	修改时间	CRC32
..			文件夹		
Melsec			文件夹	2017/4/5 10:47	
My Installations			文件夹	2017/4/5 10:50	
SW8D5C-GPPW-C			文件夹	2017/4/5 10:50	
readme.txt	1,559	570	文本文档	2008/1/23 11...	519C60C3

图 2-17 打开 software_ GX + Developer + 8. 86 文件夹后的界面

接着打开图 2-17 中文件夹 SW8D5C – GPPW – C，弹出的界面如图 2-18 所示。

名称	大小	压缩后大小	类型	修改时间	CRC32
..			文件夹		
DNaviPlus			文件夹	2017/4/5 10:50	
EnvMEL			文件夹	2017/4/5 10:50	
GX_Com			文件夹	2017/4/5 10:50	
Update			文件夹	2017/4/5 10:50	
_sys1.cab	200,237	176,983	WinRAR 压缩文件	2009/11/24 1...	A07C7368
_user1.cab	58,164	22,563	WinRAR 压缩文件	2009/11/24 1...	EBB9BB...
data1.cab	21,094,062	19,445,349	WinRAR 压缩文件	2009/11/24 1...	ED76A7...
INST32I.EX	290,733	288,914	EX_ 文件	1998/1/22 20...	DCA2E1...
_ISDEL.EXE	8,704	3,731	应用程序	1998/1/27 13...	3F4879EA
_setup.dll	11,264	3,007	应用程序扩展	1998/1/23 13...	5616D832
DATA.TAG	116	115	TAG 文件	2009/11/24 1...	F41303A7
lang.dat	4,525	2,091	DAT 文件	1997/10/20 9...	A22E9A7E
layout.bin	419	132	BIN 文件	2009/11/24 1...	0127B598
LicCheck.dll	23,040	9,150	应用程序扩展	1999/2/14 22...	AD6674...
os.dat	417	182	DAT 文件	1997/5/6 13:15	F9EDC7...
PROCHECK.dll	45,056	14,248	应用程序扩展	2001/4/8 21:19	4EF0E874
Setup.bmp	403,256	65,157	BMP 图像	2005/6/3 9:40	440F0A87
SETUP.EXE	60,416	28,836	应用程序	1998/1/22 21...	62937092
SETUP.INI	79	79	配置设置	2009/11/24 1...	C5BDB0...

图 2-18 打开 SW8D5C – GPPW – C 文件夹后的界面

找到图 2-18 中文件夹 EnvMEL，打开文件夹并找到文件下文件 SETUP 并安装，如图 2-19 所示。

名称	大小	压缩后大小	类型	修改时间	CRC32
..			文件夹		
_sys1.cab	200,178	176,944	WinRAR 压缩文件	2006/8/25 10...	00FAF305
_user1.cab	45,652	9,423	WinRAR 压缩文件	2006/8/25 10...	A6506950
data1.cab	7,096,619	7,089,335	WinRAR 压缩文件	2006/8/25 10...	0B60E526
INST32I.EX	290,733	288,914	EX_ 文件	1998/1/22 21...	DCA2E1...
_ISDEL.EXE	8,704	3,731	应用程序	1998/1/27 14...	3F4879EA
_setup.dll	11,264	3,007	应用程序扩展	1998/1/23 14...	5616D832
DATA.TAG	116	116	TAG 文件	2006/8/25 10...	6A4BAD...
lang.dat	4,525	2,091	DAT 文件	1997/10/20 1...	A22E9A7E
layout.bin	334	79	BIN 文件	2006/8/25 10...	89E9FD0E
os.dat	417	182	DAT 文件	1997/5/6 14:15	F9EDC7...
SETUP.EXE	60,416	28,836	应用程序	1998/1/22 22...	62937092
SETUP.INI	79	79	配置设置	2006/8/25 10...	D921FB...
setup.ins	58,665	13,253	INS 文件	2006/8/25 10...	5F6BCB...
setup.lid	49	49	LID 文件	2006/8/25 10...	C06580E9

图 2-19 打开 EnvMEL 文件夹后的界面

接着单击"下一步"，按照导航安装，直至完成。如图 2-20 所示。

返回根目录下，找到文件夹 software_ GX + Developer 8.86 并打开，如图 2-17 所示。

再次打开图 2-17 中文件夹 SW8D5C - GPPW - C，在弹出的图 2-18 所示的界面中找到文件 SETUP 并安装。安装过程如下，单击"下一步"，如图 2-21 所示。

接着出现输入个人信息的对话框，输入姓名和公司名称，如图 2-22 所示。

图 2-20 安装完成后的对话框

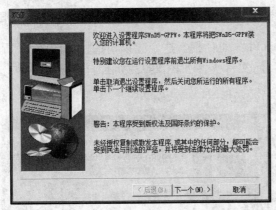

图 2-21 安装 SETUP 后的对话框

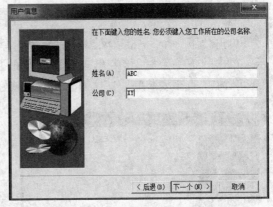

图 2-22 输入个人信息的对话框

单击"下一个"，出现"注册确认"对话框，单击"是"，如图 2-23 所示。

单击"是"，出现"输入产品序列号"对话框，输入产品序列号，如图 2-24 所示。

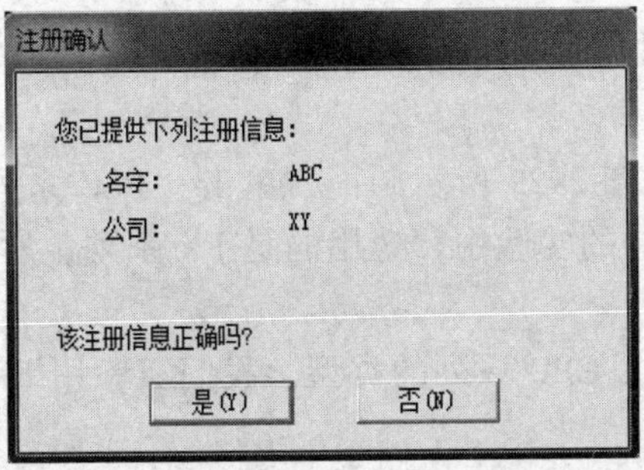

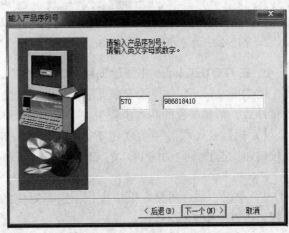

图 2-23 "注册确认"对话框

图 2-24 "输入产品序列号"对话框

接着出现"选择部件"对话框，建议勾选"结构化文本（ST）语言编程功能"选项，如图2-25所示。单击"下一个"，接着又出现一个"选择部件"对话框，这个选项不能选勾，如图2-26所示。

图2-25 选择"结构化文本（ST）语言编辑功能"对话框　　图2-26 选择"监视专用GX Developer"对话框

单击"下一个"，接着又出现一个"选择部件"对话框，这个建议勾选，如图2-27所示。单击"下一个"，接着出现程序安装的目标文件夹，如图2-28所示，选好后，单击"下一个"，直至安装完毕，这样软件就安装好了。

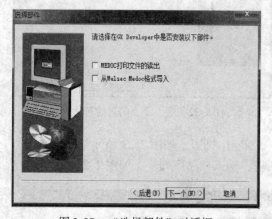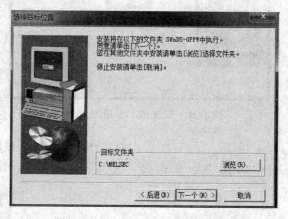

图2-27 "选择部件"对话框　　　　　　　图2-28 "选择目标位置"对话框

3. 在GX Developer中新建工程

GX Developer软件使用起来灵活、简单、方便。双击应用程序图标启动GX Developer编程软件后，新建工程的基本步骤为：

1）执行"工程"→"创建新工程"菜单，出现图2-29所示画面，单击"PLC系列"下拉按钮，选择所使用的PLC的CPU系列，如在我们的实验中，选用的是FX系列，所以选"FXCPU"。

2）单击"PLC类型"下拉按钮，选择对应的PLC CPU系列的类型，我们实验用 FX_{3U} 系列，所以选中 $FX_{3U}(C)$。

3）设置工程路径、工程名和标题。需选中图2-29中"设置工程名"选项后，才能进行工程路径、工程名和标题的设置。若此时不进行此项操作，则在退出保存新建工程时将弹出图 2-30 所示工程保存对话框，同样可完成工程路径、工程名和标题的设置。

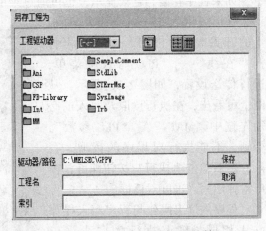

图 2-29 "创建新工程"对话框   图 2-30 "另存工程为"对话框

4）单击"确定"按钮，新建的工程主窗口如图 2-31 所示。

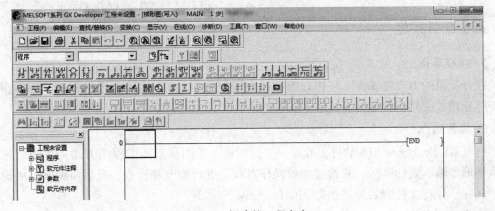

图 2-31 新建的工程主窗口

4. 元件的输入

构成梯形图的元件包括触点、线圈、特殊功能线圈和连接导线，它们的输入可通过执行"编辑"→"梯形图标记"菜单下相应子菜单实现，如选择子菜单"常开触点"时，将弹出图 2-32 所示的输入元件对话框，在输入栏输入相应的元件编号，如图中的 X0，确定后则在梯形图编辑窗口中放置了元件 X0 的一个常开触点。其他类型元件的输入方法类似。

图 2-32 元件输入窗口

元件的输入还可利用工具栏上相应按钮实现，如果对程序指令熟悉则也可采用直接输入编程指令实现梯形图元件的输入，如键入"LD X0"指令即可实现 X0 常开触点的输入。

5. 程序的传输

当写完梯形图，最后写上 END 语句后，必须进行程序"变换"才能进行程序的传输、调试。"变换"操作可通过按下"F4"键，或按下工具栏图标 <u>圖</u> 完成。在程序的转换过程中，如果程序有错，它会显示，也可通过菜单"工具"，查询程序的正确性。

梯形图转换完毕后，将 FX$_{3U}$ 面板上的开关拨向"STOP"状态，再打开"在线"→"PLC 写入"菜单，进行传送设置，如图 2-33 所示，从图上可看出，在执行读取及写入前必须先选中"MAIN"、"PLC 参数"，否则，不能执行对程序的读取、写入，然后单击"执行"按钮即可，窗口将弹出写入进度对话框。

程序的读出操作与程序写入操作方法相同，只需执行"在线"→"PLC 读取"菜单操作，进行 PLC 读出设置。

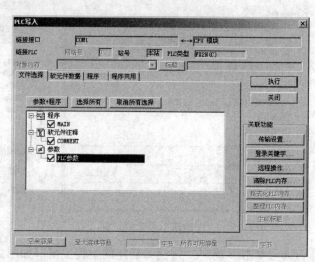

图 2-33　"PLC 写入"对话框

三、任务实施

1. 编程准备

在计算机的 RS232C 端口与 PLC 编程口之间使用 SC - 09 编程电缆进行连接，并将 PLC 处于停止模式，然后接通计算机和 PLC 电源。

2. 编程操作

打开 GX Developer 编程软件，建立一个新文件，采用梯形图编程的方法，将前面图 2-16 所示梯形图输入到计算机，并通过编辑操作对程序进行修改和检查，最后将编辑好的梯形图程序保存，并将文件命名为"报警闪烁灯 . pmw"。

3. 程序的传送

（1）程序的写入　打开程序文件，通过［写入］操作将程序文件"报警闪烁灯 . pmw"传送到 PLC 用户存储器 RAM 中，然后进行校验。

（2）程序的读取　通过［读取］操作将 PLC 中已有程序读取到计算机中，然后进行校验。

（3）程序的校验　在上述程序检验过程中，只有当计算机对两端程序比较无误后，才可认为程序传送正确，否则应查清原因，重新传送。

4. 运行操作

程序传送到 PLC 后，可按以下操作步骤运行程序：

1）根据梯形图程序，将 PLC 的输入/输出端与外部模拟信号连接好，PLC 输入/输出端编号及说明见表 2-4。

表 2-4　PLC 输入/输出端编号及说明

输入/输出端编号	功能说明
X1	启动按钮
Y1	报警灯 1
Y2	报警灯 2

2）接通 PLC 运行开关，PLC 面板上 RUN 灯亮，表明程序已投入运行。

3）结合控制程序，操作有关输入信号，在不同输入状态下观察输入/输出指示灯的变化，若输出指示灯的状态与程序要求一致，则表明程序运行正常。

四、知识链接

三菱 PLC 模拟调试 GX Simulator 软件的安装与调试

GX Simulator 是由三菱公司推出的 PLC 仿真调试软件，主要作为 GX Developer 的插件使用，功能就是将编写好的程序在电脑中虚拟运行。在安装仿真软件 GX Simulator 之前，必须先安装编程软件 GX Developer，并且版本要互相兼容。安装具体步骤为：先运行 "EnvMEL" 子目录下的 "Setup. exe"，再运行根目录下的 "Setup. exe"，输入产品序列号，如图 2-34 所示。

安装好编程软件和仿真软件后，在桌面或者开始菜单中并没有仿真软件的图标，因为仿真软件已被集成到编程软件 GX Developer 中，反映在"工具"菜单中"梯形图逻辑测试起动（L）"功能，如图 2-35 所示。

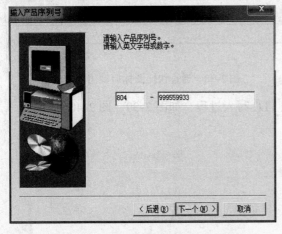

图 2-34　"输入产品序列号" 对话框

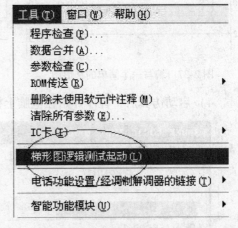

图 2-35　在"工具"菜单中的"梯形图逻辑测试起动"功能

接下来我们做一个实例：

1）首先打开编程软件 GX Developer，创建一个"新工程"，如图 2-36 所示。

2）编写一个简单的梯形图，如图 2-37 所示。

3）可以通过"工具"菜单中的"梯形图逻辑测试起动（L）"，启动仿真；也可以通过快捷图标启动仿真，如图 2-38 所示。

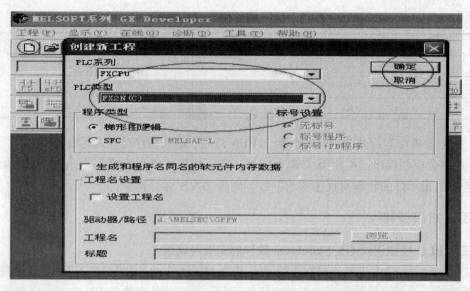

图 2-36 创建一个"新工程"

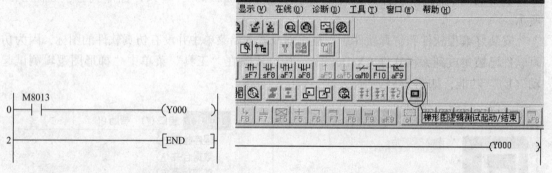

图 2-37 编写一个简单的梯形图

图 2-38 通过快捷图标启动仿真

4）启动仿真后，程序开始在电脑上模拟 PLC 写入过程，如图 2-39、图 2-40 所示。

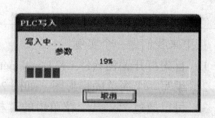

图 2-39 启动仿真界面

图 2-40 在电脑上模拟 PLC 写入过程

5）这时程序已经开始运行。如图 2-41 所示。

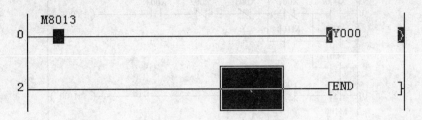

图 2-41　程序仿真运行界面

6）并且可以通过"在线"中的"软元件测试"强制一些输入条件 ON 或者 OFF 监控程序的运行状态，这里就不做详细的介绍了。GX Simulator 仿真软件的更多功能和实现方法，可以去三菱官方网站下载相应的操作手册进行学习，GX Simulator 强大的程序调用功能有待于我们通过不断的实践积累才能达到融会贯通的效果。

7）退出 PLC 仿真运行。在对程序仿真测试时，通常需要对程序进行修改，这时要退出 PLC 仿真运行，重新对程序进行编辑修改。退出方法：先单击"仿真窗口"中的"STOP"，然后单击"工具"中的"梯形图逻辑测试结束"。单击"确定"即可退出仿真运行，如图 2-42、图 2-43 所示。

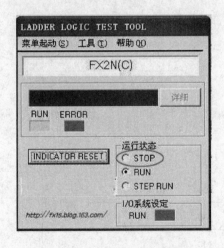

图 2-42　PLC 仿真运行退出　　　　图 2-43　单击"工具"中的"梯形图逻辑测试结束"

五、思考与练习

1. 在计算机中运用 GX Developer 编程软件输入图 2-44 所示的 PLC 梯形图，并以"小车往返"的文件名保存在 D 盘根目录中。

2. 在计算机中运用 GX Developer 编程软件输入图 2-45 所示梯形图，并以"编程练习"的文件名保存在 D 盘根目录中。

3. 在计算机中运用 GX Developer 编程软件中输入图 2-46 所示梯形图，并进行仿真测试操作。

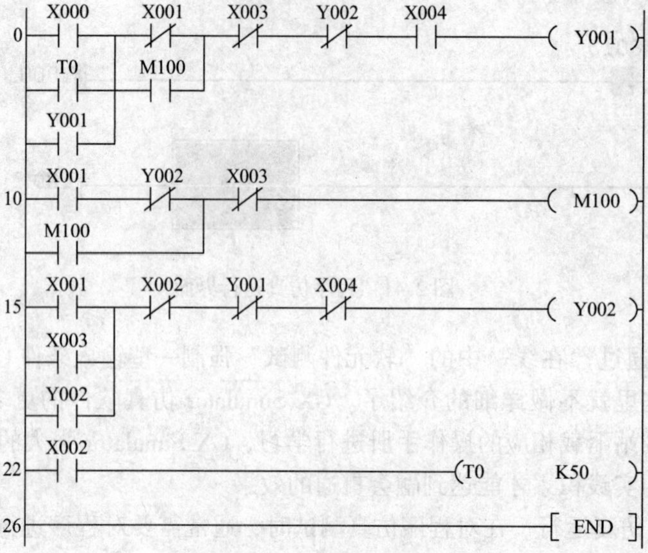

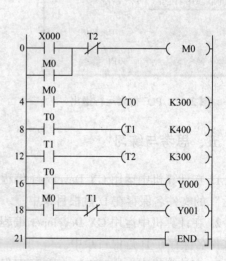

图 2-44 第 1 题梯形图程序

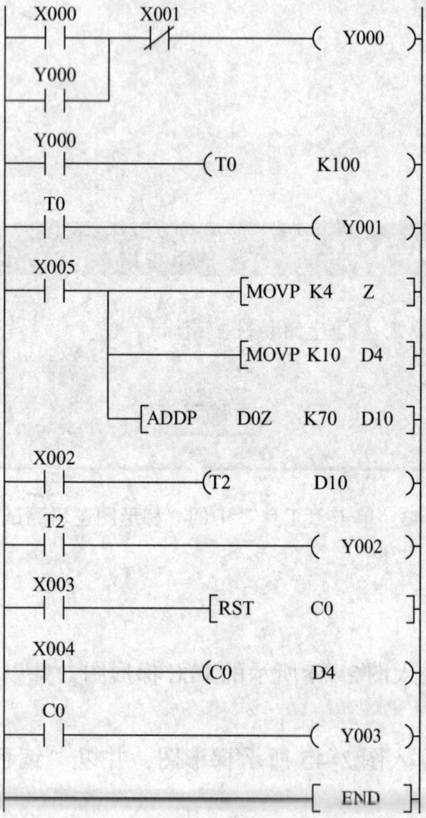

图 2-45 第 2 题梯形图程序

图 2-46 第 3 题梯形图

任务 2.3　PLC 的接线

一、任务描述

1. 根据 FX$_{3U}$-48MR 的输入、输出端子图（见图 2-47）和 PLC 控制系统的接线示意图。（见图 2-48），完成 PLC 控制系统的外部接线。

2. 利用计算机将提供的程序写入 PLC。

3. 观察 PLC 系统的运行情况并进行调试。

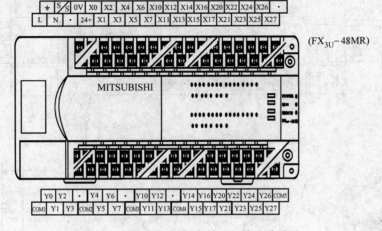

图 2-47　FX$_{3U}$-48MR 的输入、输出端子图

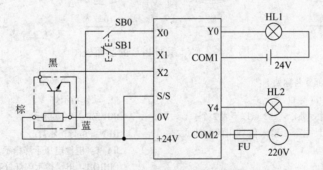

图 2-48　PLC 控制系统接线示意图

二、任务分析

PLC 控制系统工作原理为：按下常开按钮 SB0，指示灯 HL1 点亮，松开后，指示灯保持点亮状态，PLC 面板上的 LED 指示灯与之同步；按下常闭按钮 SB1，指示灯 HL1 熄灭，松开后，指示灯 HL1 保持熄灭状态，PLC 面板上的 LED 指示灯与之同步。

传感器采用三线式的接近开关，可采用电容式、电感式或光电式传感器。在下面操作中以光电式接近开关为例，将一光亮物体接近光电式接近开关，指示灯 HL2 点亮，将光亮物体远离光电式接近开关，指示灯 HL2 熄灭，PLC 面板上的 LED 指示灯与之同步。

三、技术要点

PLC 必须和电源、主令装置、传感器设备及驱动执行机构相连接才能构成控制系统。对于不同厂家的 PLC，接线方法有所不同，而同一厂家的不同型号、不同规格的 PLC，接线方法也可能不相同。本项目主要介绍 FX_{3U} 系列 PLC 的安装和接线。

1. FX_{3U} 产品规格

图 2-49 为 FX_{3U} 系列 PLC 的前面板图。

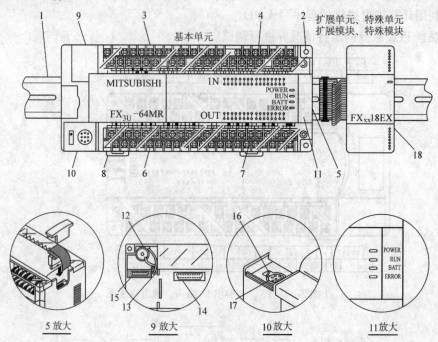

图 2-49　FX_{3U} 系列 PLC 的前面板图

图 2-49 中各部分名称如下：

1. 35mm 宽 DIN 导轨
2. 安装孔 4 个（ϕ4.5，32 点以下者 2 个）
3. 电源、辅助电源、输入信号用的装卸式端子台
4. 输入指示灯
5. 扩展单元、扩展模块、特殊单元、特殊模块、接线插座盖板
6. 输出用的装卸式端子台
7. 输出动作指示灯
8. DIN 导轨装卸用卡子
9. 面板盖
10. 外围设备接线插座

11. 动作指示灯
POWER：电源指示
RUN：运行指示灯
BATT：电池电压下降指示
ERROR：出错指示闪烁（程序出错）
12. 锂电池（F2-40BL，标准装备）
13. 锂电池连接插座
14. 另选存储器滤波器安装插座
15. 功能扩展板安装插座
16. 内置 RUN/STOP 开关
17. 编程设备、数据存储单元接线插座
18. 产品型号指示

2. 电源单元

电源单元在 PLC 中所起的作用是极为重要的，因为 PLC 内部各部件都需要它来提供稳定的直流电压和电流。PLC 的内部有一个高性能的稳压电源，因此对外部电源的稳定性要求

不高，一般允许外部电源电压的额定值在 -15% ~ +10% 的范围内波动。例如，FX_{3U} 系列 PLC 的电源的电压规格为：额定电压为 AC 100 ~ 240V；电压允许范围为 AC 85 ~ 264V；传感器电源参数为 DC 24V/400mA。

可见，对于 AC100 系列和 AC200 系列，FX_{3U} 系列 PLC 的电源都能共享，还有一个能向外部传感器提供 DC 24V/400mA 的稳压电源，可以避免使用其他不合格的外部电源引起故障。一般小型 PLC 的电源包含在基本单元内，大中型 PLC 才配有专用电源。PLC 内部还带有锂电池作为后备电源，以防止内部程序和数据等重要信息因外部失电或电源故障而丢失。

供中国使用的 PLC 的供电电源有两种形式：交流 220V 电源和直流供电电源（多为 24V）。图 2-50 所示的端子图为交流电源供电，图中 L 表示相线、N 表示零线。交流供电的 PLC 提供辅助直流电源，供输入设备和部分扩展单元用。FX_{3U} 系列 PLC 的辅助电源容量为 250 ~ 460mA。在容量不够的情况下，需要单独提供直流电源。前面图 2-47 提供的端子图也为交流供电。

直流供电电源如图 2-51 所示，这类 PLC 的端子上不再提供辅助电源。

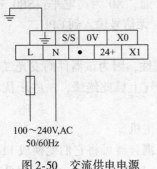

图 2-50 交流供电电源

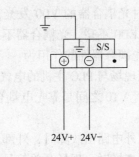

图 2-51 直流供电电源

3. PLC 系统的安装

FX_{3U} 系列 PLC 的安装方法有底板安装和 DIN 导轨安装两种。

（1）底板安装 利用 PLC 机体外壳 4 个角上的安装孔，用规格为 M4 的螺钉将控制单元、扩展单元、A - D 转换单元、D - A 转换单元及 I/O 链接单元固定在底板上。

（2）DIN 导轨安装 利用 PLC 底板上的 DIN 导轨安装杆将控制单元、扩展单元、A - D 转换单元、D - A 转换单元及 I/O 链接单元安装在 DIN 导轨上。安装时安装单元与安装导轨槽对齐向下推压即可。将该单元从 DIN 导轨上拆下时，需用一字槽的螺钉旋具向下轻拉安装杆。

4. 输入电路的接线

输入接口的功能是采集现场各种开关接点的状态信号，并将其转换成标准的逻辑电平，送给 CPU 处理。

一般的输入信号多为开关量信号，各类 PLC 的输入电路大致相同，通常有 3 种类型：直流 12 ~ 24V 输入，交流 100 ~ 120V、200 ~ 240V 输入和交直流输入。外界输入器件可以是无源触头或是有源的传感器输入。这些外部器件都要通过 PLC 端子与 PLC 连接，形成闭合的有源回路。

图 2-52 是直流开关量（FX$_{3U}$基本单元）输入接口电路，它是 8 点输入接口电路，0～7 为 8 个输入接线端子，COM 为输入公共端。内部电路中，发光二极管 LED0 为输入状态指示灯；R 为限流电阻，它为 LED0 和光耦合器件提供合适的工作电流。因为单元内部已经有 24V 的直流电源，所以输入端子和 COM 端子之间可以接无源开关等输入器件，也可

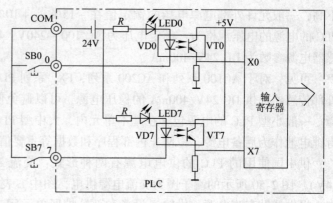

图 2-52   直流开关量（FX$_{3U}$基本单元）输入接口电路

以接 NPN 型集电极开路晶体管，输入接通后，表示该输入的 LED0 就会发亮。

下面以 X0 输入点为例说明输入电路的工作原理。

当开关 SB0 合上时，24V 电源经 R、LED0、VD0、SB0 形成回路，LED0 发光，指示该路接通，同时光耦合器的 VD0 发光，VT0 受光照饱和导通，X0 为高电平；SB0 未合上时，电路不通，LED0 不亮，光耦合器不导通，X0 为低电平，无信号输入到 CPU。

电路中光耦合器件的作用为：

1）实现现场与 PLC 主机的电气隔离，以提高抗干扰性，因为该器件的发光二极管 VD0 与光敏晶体管 VT0 之间是靠光电耦合传递信息的，在电气上彼此绝缘，一些干扰电信号不易串入。

2）避免外电路出故障时，外部强电侵入主机而损坏主机。

3）电平变换时，现场开关信号可能有各种电平，光耦合器可将它们变换成 PLC 主机要求的标准逻辑电平。如图 2-52 所示，当 SB0 未合上时，VT0 不导通，X0 点为低电平；当 SB0 合上时，VT0 饱和导通，忽略 VT0 的饱和压降，X0 点为近似 5V 的高电平，它与外电路的输入电平无关。

输入的一次电路和二次电路之间信号是用光耦合器耦合，同时又可对两电路之间的直流电平起隔离作用。二次电路设有 RC 滤波器，防止因输入干扰而引起的误动作，但同时也会引起 10ms 的 I/O 响应的延迟。

一般输入电流为 DC 24V/7mA（X10 以后是 DC 24V/5mA），但为可靠起见，其 ON 电流应分别在 4.5mA/3.5mA 以上，其 OFF 电流应在 1.5mA 以下。

利用外接电源驱动光电开关等传感器时，要求外接电源的电压同内部电源电压相同，允许的范围是：DC（24±4）V。

在机械设备中，除开关量外，还常遇到一些模拟量，如温度、压力、位移和速度等。对这些模拟量进行采集时，必须经模数转换器（ADC）将模拟量转换成数字量，才能为 PLC 的 CPU 所接受。

（1）无源开关的接线   FX$_{3U}$ 系列 PLC 一般为直流输入，在 PLC 内部有 24V 电源，将输入端与内部 24V 电源正极相连、COM 端与负极连接，如图 2-53 所示。这样，其无源的开关类输入，不用单独提供直流电源。这与其他类 PLC 有很大区别，在使用其他 PLC 时，要仔细阅读其说明书。

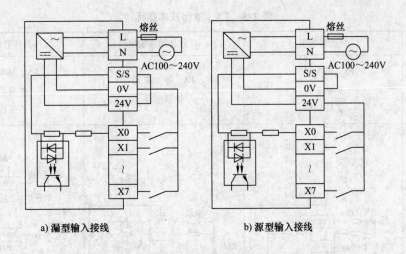

a) 漏型输入接线　　　　　　　　b) 源型输入接线

图2-53　FX$_{3U}$系列PLC与无源开关的输入连接示意图

（2）接近开关等传感器的接线　接近开关指本身需要电源驱动，输出有一定电压或电流的开关量传感器。开关量传感器根据其原理分有很多种，可用于不同场合的检测，但根据其信号线可以分成3大类：两线式、三线式和四线式。其中，四线式有可能是同时提供一个常开触头和一个常闭触头，实际使用时只用其中之一；也可能是第四根线为传感器校验线，校验线不会与PLC输入端连接。因此，无论哪种情况四线式开关量传感器都可以参照三线式接线。图2-54为PLC与传感器连接的示意图。

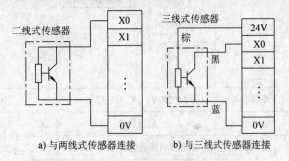

a) 与两线式传感器连接　　b) 与三线式传感器连接

图2-54　PLC与传感器连接的示意图

两线式为信号线与电源线；三线式分别为电源正、负极和信号线。不同作用的导线用不同颜色表示，这种颜色的定义有不同的定义方法，使用时可参见传感器的相关说明书。图2-54b中是一种常见的颜色定义。信号线用黑色导线时为常开式；信号线用白色导线时为常闭式。

图2-54中所示传感器为NPN型，是常用的形式。对于PNP型传感器与PLC连接，不能按照这种连接，要参考相应的资料。

5. 输出电路的接线

（1）FX$_{3U}$系列基本单元的输出方式　输出模块是通过输出端子与外部用户输出设备连接的，典型用户输出设备主要包括各种继电器、接触器、电磁阀线圈、信号指示灯等。这类设备本身所需的功率较大，且电源种类各异。PLC一般不提供执行器件的电源，需要外接电源。为了适应输出设备多种电源的需要，PLC的输出口一般都分组设置。

PLC输出继电器的输出触头是接到PLC的输出端子上的，外部负载、工作电源与PLC的输出端子和公共端子COM相连，负载工作与否受PLC程序运行结果的控制，表2-5为FX$_{3U}$输出技术指标。

表 2-5 FX_{3U}输出技术指标

表 2-5 FX$_{3U}$输出技术指标

项　目	继电器输出	双向晶闸管输出	晶体管输出
机种	FX$_{3U}$基本单元 扩展单元 扩展模块	FX$_{3U}$基本单元 扩展模块	FX$_{3U}$基本单元 扩展单元 扩展模块
输出电路构成			
外部电源	AC 250V，DC 30V 以下	AC 85～242V	DC 5～30V
电路绝缘	机械绝缘	光控晶闸管绝缘	光电耦合绝缘
动作表示	继电器线圈通电时 LED 灯亮	光控晶闸管驱动时 LED 灯亮	光耦合器驱动时 LED 灯亮
最大负载　电阻负载	2A/1 点 8A/4 点　公用 8A/8 点　公用	0.3A/1 点，0.8A/4 点	0.5A/1 点，0.8A/4 点 1.6A/8 点（Y0，Y1 以外）， 0.3A/1 点（Y0，Y1）
电感性负载	80VA	15VA/AC 100V　30VA/AC 200V (50VA/AC 100V　100VA/AC 200V)	12W/DC 24V（Y0，Y1 以外） 7.2W/DC 24V（Y0，Y1）
灯负载	100W	30W [100W]	1.5W/DC24V（Y0，Y1 以外） 0.9W/DC24V（Y0，Y1）
开路漏电流	—	1mA/AC 100V　2mA/AC 200V	0.1mA/DC 30V
最小负载	DC 5V　2mA（参考值）	0.4VA/AC 100V　1.6VA/AC 200V	—
响应时间 OFF→ON	约 10ms	1ms 以下	0.2ms 以下　15μs(Y0，Y1)时
ON→OFF	约 10ms	10ms 以下	0.2ms 以下　30μs(Y0，Y1)时

　　为适应不同的负载，PLC 输出接口有多种方式。常用的有继电器输出方式、晶体管输出方式、双向晶闸管输出方式。其中，晶体管输出方式用于直流负载，晶闸管输出方式用于交流负载，继电器输出方式可用于直流负载，也可用于交流负载。当负载额定电流、功率等超过接口技术指标后要用接触器、继电器等过渡，通过它们与大功率电源相连接。

1）晶体管输出方式。晶体管输出方式的优点是寿命长、无噪声、可靠性高、响应快，I/O 响应时间为 0.2ms；其缺点是价格高，过载能力差。

直流输出模块（晶体管输出方式）原理电路如图 2-55 所示。图中只画出对应于一个输出点的输出电路。各个输出点所对应的输出电路均相同，该模块采用晶体管作开关器件，信号是否输出由用户程序确定，当需要某一输出点产生输出时，由 CPU 控制，将用户程序数据区域相应路的运算结果调至该路输出电路，这时该路信号经反相器和光耦合器使晶体管 VT 导通，从而使相应的负载

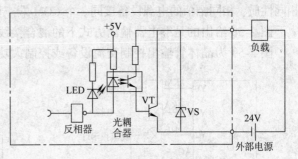

图 2-55　直流输出模块（晶体管输出方式）原理电路

接通，同时 LED 亮，指示该路输出点有输出。可见，晶体管输出是无触头的，通过光电耦合器使晶体管截止或饱和导通来控制负载，并同时对 PLC 内部电路和输出电路进行光电隔离。

图中稳压管 VS 是防止端子上 +24V 电压极性接反用的，同时也可防止误接到高电压上或交流电源上而损坏晶体管 VT。

2）双向晶闸管输出方式。晶闸管输出也是无触头的，双向晶闸管由光耦合器触发，使其截止或导通来控制负载。晶闸管输出的优点是寿命长、无噪声、可靠性高，可驱动交流负载；其缺点是价格高，负载能力较差。

交流输出模块（双向晶闸管输出方式）原理电路如图 2-56 所示。图中只画了对应于一个输出点的输出电路，各个输出点所对应的输出电路均相同。该电路采用双向晶闸管作开关器件，图中浪涌电流吸收器是一个（电）压敏电阻，起过电压保护作用，它将双向晶闸管两端电压限制在一定的幅值（一般限制在 600V 以下）；R、C 组成缓冲电路，以保护双向晶闸管。

3）继电器输出方式。继电器输出方式的优点是电压范围宽、导通压降小、价格便宜，既可以控制交流负载，也可控制直流负载；其缺点是触头寿命短，触头断开时有电弧产生，容易产生干扰，转换频率低，响应时间约为 10ms。交/直流输出模块（继电器输出方式）原理电路如图 2-57 所示。

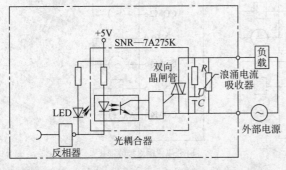

图 2-56　交流输出模块（双向晶闸管输出方式）原理电路

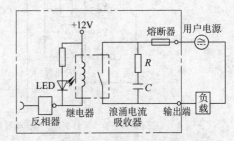

图 2-57　交/直流输出模块（继电器输出方式）原理电路

图 2-57 中只画出对应于一个输出点的输出电路，各个输出点所对应的输出电路均相同。该电路采用继电器作输出开关器件，输出点通过继电器触头控制电路的通断，当 PLC 有输出

时，输出继电器线圈得电，其主触头闭合，驱动外部负载工作。继电器可以将 PLC 的内部电路与外部负载电路进行电气隔离。继电器输出 PLC 控制设备既有直流电源又有交流电源时，可将相同性质、相同幅值的电源设备接同一个 COM 端。切忌将不同电源设备接在同一个 COM 端。

图 2-58 给出的是继电器输出方式下的混合接线示意图。

图 2-59 为晶体管输出控制交流设备或控制大功率设备时，通过继电器过渡的示意图。

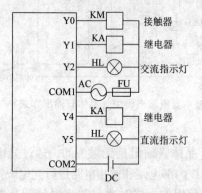
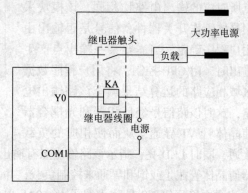

图 2-58　继电器输出方式下的混合接线示意图　　图 2-59　晶体管输出方式下的继电器过渡示意图

为了实现现场负载与 PLC 主机的电气隔离，提高抗干扰性，晶体管输出方式和双向晶闸管输出方式要采用光电隔离，继电器输出方式因继电器本身有电气隔离作用，故接口电路中没有设光耦合器。

一些 PLC 还具有模拟输出接口，用于需要模拟信号驱动的负载。

（2）输出电路的外部接线　输出模块与外部用户输出设备的接线分为汇点式和分隔式两种类型输出接线，其基本接线形式如图 2-60 所示。

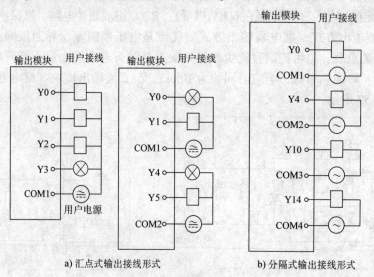

a) 汇点式输出接线形式　　　　　　　b) 分隔式输出接线形式

图 2-60　输出接线形式

（3）输出接口的安全保护　当输出接口连接电感类设备时，为了防止电路关断时刻产生高压对输入、输出口造成破坏，应在感性元件两端加保护元件。对于直流电源，应并接续流二极管；对于交流电源，应并接阻容电路。阻容电路中电阻可取 51 ~ 120Ω，电容取 0.1 ~ 0.47μF，电容的额定电压应大于电源的峰值电压。续流二极管可选 1A 的规格，其额定电压应大于电源电压的 3 倍。图 2-61 为输出接口的保护环节示意图。

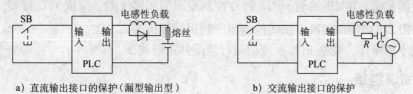

a) 直流输出接口的保护（漏型输出型）　　　　b) 交流输出接口的保护

图 2-61　输出接口的保护环节示意图

6. 端子排

在工程实际中，一般输入输出设备不可能都直接与 PLC 连接。而且 PLC 的多个输入输出端子共用一个 COM 端，也不可能在一个端子上连接几根甚至十几根导线，所以，必须通过端子排连接。

端子排通常是由多片端子并排安装在导轨上组成的。每片端子的两个接口是短接的，根据需要可以将各片端子短接在一起。

PLC 通过端子排与外围设备连接的接线示意图如图 2-62 所示。也可以采用编码呼应法标注各端子接线。

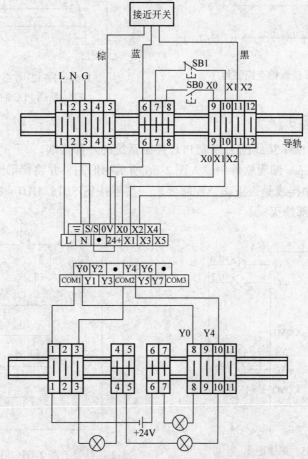

图 2-62　PLC 通过端子排与外围设备连接的接线示意图

四、任务实施

1）根据 FX₃ᵤ-48MR 的端子图、PLC 控制原理图和接线图，完成 PLC 接线。

2）将图 2-63 所示的 PLC 接线检查程序利用计算机写入 PLC。

3）按步骤操作，观察 PLC 系统的运行情况并进行调试。

五、知识链接

旋转编码器可以提供高速脉冲信号，在数控机床及工业控制中经常用到。不同型号的编码器输出的频率、相数也不一样。有的编码器输出 U、V、W 三相脉冲，有的只有两相脉冲，有的只有一相脉冲（如 U 相），频率有 100Hz、200Hz、1kHz、2kHz 等。当频率比较低时，PLC 可以响应；频率高时，PLC 就不能响应，此时，编码器的输出信号要接到特殊功能模块上。

图 2-64 为 FX₃ᵤ系列 PLC 与欧姆龙的 E6A2-C 系列旋转编码器的接口示意图。

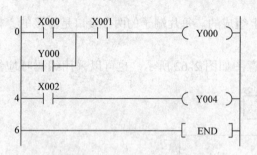

图 2-63 PLC 接线检查控制程序

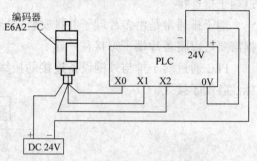

图 2-64 E6A2-C 系列旋转编码器与 FX₃ᵤ系列 PLC 的接口示意图

六、思考与练习

1. 根据图 2-65 所示接线图，完成 PLC 控制系统的外部接线。

2. 在 GX Developer 编程软件中输入图 2-66 所示梯形图，并将梯形图下载到 PLC 中进行调试，检查第 1 题中接线是否正确。控制要求：按下按钮 SB1，HL0 ~ HL3 全亮；按下按钮 SB2；HL0 ~ HL3 全部熄灭。

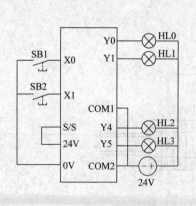

图 2-65 第 1 题图

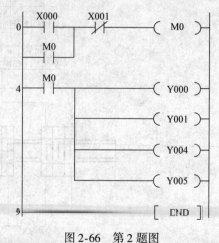

图 2-66 第 2 题图

项目三 三菱 FX₃U 系列 PLC 基本逻辑指令及其应用

本项目主要介绍三菱 FX₃U 系列 PLC 的 27 条基本逻辑指令（见附录C），这27条指令功能非常强大，能编制出一般开关量控制系统的用户程序。同时，还介绍了梯形图、助记符语言等程序设计方法，介绍了梯形图的编程规则、编程技巧和方法。本项目要求能熟练地使用三菱公司的 GX Developer 编程软件设计 PLC 控制系统的梯形图和指令程序，并将程序写入 PLC 进行调试运行。

 知识目标

1) 掌握三菱 FX₃U 系列 PLC 的基本逻辑指令系统。
2) 掌握梯形图和指令程序设计的基本方法。
3) 掌握梯形图的编程规则、编程技巧和方法。

 技能目标

1) 能根据项目要求，设计出 PLC 的硬件接线图，进一步熟练掌握 PLC 的接线方法。
2) 能熟练地应用三菱 FX₃U 系列 PLC 基本逻辑指令编写控制系统的梯形图和指令程序。
3) 能熟练地使用三菱公司的 GX Developer 编程软件设计 PLC 控制系统的梯形图和指令程序，并写入 PLC 进行调试运行。

任务 3.1 三相异步电动机的起停控制

一、任务描述

三相异步电动机直接起动的继电器接触器控制原理图如图 3-1 所示，现要改用 PLC 来控制三相异步电动机的起动和停止。具体设计要求为：按下起动按钮 SB1，电动机起动并连续运行；按下停止按钮 SB2 或热继电器 FR 动作时，电动机停止运行。

二、任务分析

1. 工作原理分析

如图 3-1 所示，SB1 是起动按钮，SB2 是停止按钮。按照电动机的控制要求，当按下起动按钮 SB1 时，KM 线圈得电并自

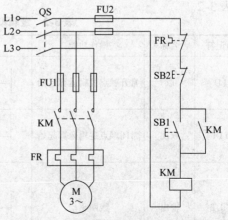

图 3-1 三相异步电动机直接起动继电器
接触器控制原理图

锁，电动机起动并连续运行；当按下停止按钮 SB2 或热继电器 FR 动作时，电动机停止运行。

2. 输入与输出点分配

根据以上分析可知：输入信号有 SB1、SB2 和 FR；输出信号有 KM。确定它们与 PLC 中的输入继电器和输出继电器的对应关系，可得 PLC 控制系统的输入/输出（I/O）端口地址分配表，见表 3-1。

表 3-1 三相异步电动机直接起动 PLC 控制系统的 I/O 端口地址分配表

输 入			输 出		
设备名称	代号	输入点编号	设备名称	代号	输出点编号
起动按钮（常开触点）	SB1	X0	接触器	KM	Y0
停止按钮（常开触点）	SB2	X1			
热继电器（常开触点）	FR	X2			

3. PLC 接线示意图

根据 PLC 控制系统 I/O 端口地址分配表，可画出 PLC 的外部接线示意图，如图 3-2 所示。

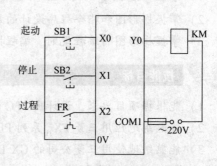

三、技术要点

基本逻辑指令是 PLC 中最基础的编程语言，掌握了基本逻辑指令也就初步掌握了 PLC 的使用方法。PLC 生产厂家很多，其梯形图的形式大同小异，指令系统也大致一样，只是形式稍有不同。三菱 FX_{3U} 系列 PLC 基本逻辑指令共有 27 条，下面分别结合具体的项目要求说明相关指令的含义和梯形图编制的基本方法。

图 3-2 三相异步电动机直接起动的 PLC 控制系统外部接线示意图

1. 逻辑取及驱动线圈指令 LD、LDI、OUT

逻辑取及驱动线圈指令 LD、LDI 和 OUT 的助记符、功能、梯形图和程序步等指令要素见表 3-2。

表 3-2 逻辑取及驱动线圈指令要素表

助记符	名称	操作功能	梯形图	目标组件	程序步
LD	取	常开触点逻辑运算起始	X000 —(Y000)	X、Y、M、S、T、C	1
LDI	取反	常闭触点逻辑运算起始	X000 —(Y000)	X、Y、M、S、T、C	1
OUT	输出	线圈驱动	X000 —(Y000)	Y、M、S、T、C	Y、M：1 S、特 M：2 T：3 C：3~5

（1）指令用法及使用注意事项

1）LD（Load）：取指令。用于常开触点与母线连接。LD 指令能够操作的元件为 X、Y、M、S、T 和 C。

2）LDI（Load Inverse）：取反指令。用于常闭触点与母线连接。LDI 指令能够操作的元件为 X、Y、M、S、T 和 C。

3）OUT（Out）：输出指令。用于线圈驱动，将逻辑运算的结果驱动一个指定的线圈。OUT 指令能够操作的元件为 Y、M、S、T 和 C。

注意事项：

1）LD 与 LDI 指令对应的触点一般与左侧母线相连，若与后述的 ANB、ORB 指令组合，则可用于串、并联电路块的起始触点。

2）线圈驱动 OUT 指令可并行多次输出（即并行输出），即 OUT 指令可以连续使用若干次，相当于线圈的并联。

3）OUT 指令不能用于输入继电器（X），而且线圈和输出类指令应放在梯形图的最右边。

4）对于定时器（T）的定时线圈或计数器（C）的计数线圈，必须在 OUT 指令后设定常数，如：OUT T0 K5。

5）线圈一般不宜重复使用。若同一梯形图中，同一组件的线圈使用两次或两次以上，称为双线圈输出，双线圈输出时，只有最后一次才有效。

图 3-3 为同一线圈 Y0 多次使用的情况。设输入采样时，输入映像区中 X0 = ON，X1 = OFF，最初因 X0 = ON，Y0 的映像寄存器为 ON，输出 Y1 也为 ON，紧接着 X1 = OFF，Y0 的映像寄存器改写为 OFF，因此，最终的外部输出结果是：Y0 为 OFF，Y1 为 ON。

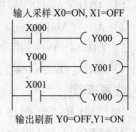

图 3-3　双线圈输出

（2）应用举例　如图 3-4 所示，其逻辑功能是：当触点 X0 接通时，输出继电器 Y0 接通；当输入继电器 X1 断电时，辅助继电器 M0 接通，同时，定时器 T0 开始定时，定时时间到 2s 后，输出继电器 Y1 接通。图中的 T0 是 100ms 定时器，K20 对应的定时时间为 20 × 100ms = 2s，也可以指定数据寄存器的元件号，用数据寄存器里面的数作为定时器和计数器的设定值，如 OUT T0 D1。定时器和计数器的使用将在任务 3.3 中详细介绍。

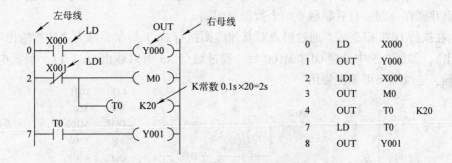

图 3-4　LD、LDI 和 OUT 指令应用举例

2. 触点串、并联指令 AND、ANI、OR、ORI

触点串、并联指令 AND、ANI、OR、ORI 的助记符、功能、梯形图和程序步等指令要素见表3-3。

表3-3 触点串、并联指令要素表

助记符	名称	操作功能	梯形图	目标组件	程序步
AND	与	常开触点串联连接	X000 X001 —(Y000)	X、Y、M、S、T、C	1
ANI	与非	常闭触点串联连接	X000 X001 —(Y000)	X、Y、M、S、T、C	1
OR	或	常开触点并联连接	X000 / X001 —(Y000)	X、Y、M、S、T、C	1
ORI	或非	常闭触点并联连接	X000 / X001 —(Y000)	X、Y、M、S、T、C	1

（1）指令用法及使用注意事项

1）AND（And）：与指令。用于一个常开触点同另一个触点的串联连接。

2）ANI（And Inverse）：与非指令。用于一个常闭触点同另一个触点的串联连接。

3）OR（Or）：或指令。用于一个常开触点同另一个触点的并联连接。

4）ORI（Or Inverse）：或非指令。用于一个常闭触点同另一个触点的并联连接。

注意事项：

1）AND 和 ANI 指令、OR 与 ORI 指令能够操作的元件为 X、Y、M、S、T 和 C。

2）AND 和 ANI 指令是用来描述单个触点与别的触点或触点组组成的电路的串联连接关系的。单个触点与左边的电路串联时，使用 AND 或 ANI 指令。AND 和 ANI 指令能够连续使用，即几个触点串联在一起，且串联触点的个数没有限制。

3）OR 和 ORI 指令是用来描述单个触点与别的触点或触点组组成的电路的并联连接关系的。用于单个触点与前面电路的并联时，并联触点的左侧接到该指令所在的电路块的起始点 LD 处，右端与前一条指令的对应的触点的右端相连。OR 和 ORI 指令能够连续使用，即几个触点并联在一起，且并联触点的个数没有限制。

4）在执行 OUT 指令后，通过触点对其他线圈执行 OUT 指令，称为"连续输出"（又称纵接输出），如图3-5中紧接 OUT M100 后，通过触点 X3 可以输出 OUT Y1。只要电路设计顺序正确，连续输出可多次使用。

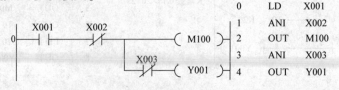

图3-5 连续输出

但是若 M100 与 X3 和 Y001 交换，则要使用后面讲到的 MPS（进栈）和 MPP（出栈）指令，如图 3-6 所示（不推荐）。

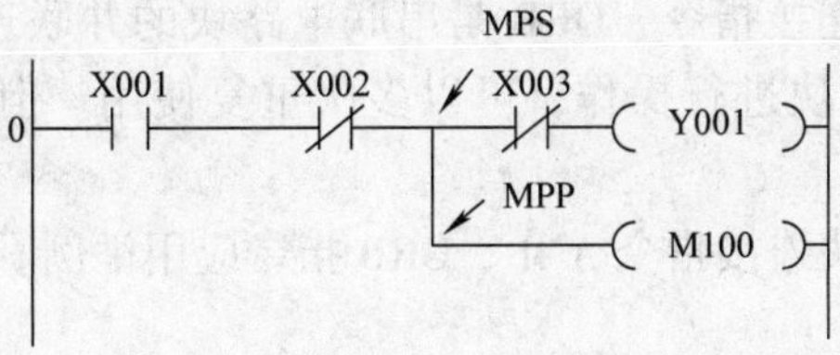

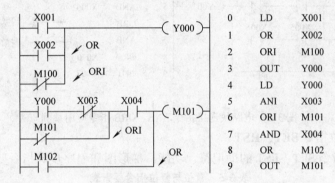

图 3-6　连续输出（不推荐）

（2）应用举例　如图 3-7 所示，常开触点 M102 前面的指令已经将触点 Y0、X3、M101、X4 串并联为一个整体，因此，OR M102 指令把常开触点 M102 并联到该电路上。

图 3-7　触点串、并联指令 AND、ANI、OR、ORI 应用举例

3. 电路块连接指令 ANB、ORB

电路块连接指令 ANB、ORB 的助记符、功能、梯形图和程序步等指令要素见表 3-4。

表 3-4　电路块连接指令要素表

助记符	名称	操作功能	梯形图	目标组件	程序步
ANB	电路块与	并联电路的串联连接	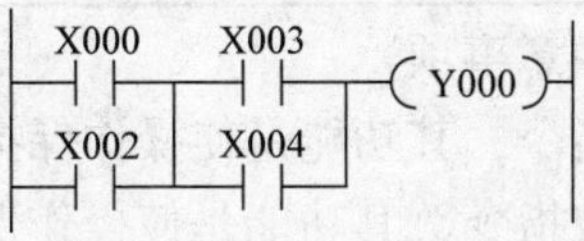	无	1
ORB	电路块或	串联电路的并联连接	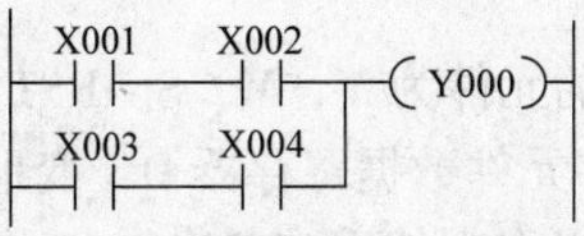	无	1

（1）指令用法及使用注意事项

1）ANB（And Block）：电路块与指令。用于多触点电路块（一般是并联电路块）之间的串联连接。要串联的电路块的起始触点使用 LD 或 LDI 指令，完成了两个电路块的内部连接后，用 ANB 指令将它与前面的电路串联。ANB 指令能够连续使用，串联的电路块个数没有限制。

2）ORB（Or Block）：电路块或指令。用于多触点电路块（一般是串联电路块）之间的

并联连接，相当于电路块间右侧的一段垂直连接线。要并联的电路块的起始触点使用 LD 或 LDI 指令，完成电路块的内部连接后，用 ORB 指令将它与前面的电路并联。ORB 指令能够连续使用，并联的电路块个数没有限制。

3）ANB 是并联电路块的串联连接指令，ORB 是串联电路块的并联连接指令。ANB 和 ORB 指令都不带元件号，只对电路块进行操作，可以多次重复使用。但是，连续使用时，应限制在 8 次以下。

（2）应用举例　图 3-8 为电路块连接指令 ANB、ORB 指令应用举例。

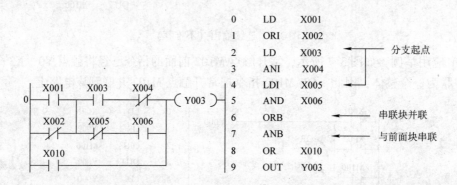

图 3-8　电路块连接指令 ANB、ORB 指令应用举例

4. 置位与复位指令 SET、RST

置位与复位指令 SET、RST 的助记符、功能、梯形图和程序步等指令要素见表 3-5。

表 3-5　置位与复位指令要素表

助记符	名称	操作功能	梯形图	目标组件	程序步
SET	置位	线圈得电保持 ON	X000 ⊢⊢ [SET Y000]	Y、M、S	Y、M：1 S、特 M：2
RST	复位	线圈失电保持 OFF 或清除数据寄存器的内容	X000 ⊢⊢ [RST Y000]	Y、M、S、C、D、V、Z、积算 T	Y、M：1 S、特 M、C、积 T：2 D、V、Z、特 D：3

（1）指令用法及使用注意事项

1）SET（Set）：置位指令，其功能是使操作保持 ON 的指令。

2）RST（Reset）：复位指令，其功能是使操作保持 OFF 的指令。

注意事项：

1）SET 指令能够操作的元件为 Y、M、S。RST 指令能够操作的元件为 Y、M、S、积算定时器 T、计数器 C 或将字元件数据寄存器 D，变址寄存器 V 和 Z 清零。

2）对同一编程元件可以多次使用 SET 和 RST 指令，顺序可任意，SET 与 RST 指令之间可以插入别的程序。但对于外部输出，则只有最后执行的一条指令才有效。

3）当控制触点闭合时，执行 SET 与 RST 指令，后来不管控制触点如何变化，逻辑运算结果都保持不变，且一直保持到有相反的操作到来。

4）在任何情况下，RST 指令都优先执行。计数器处于复位状态时，输入的计数脉冲不起作用。

（2）应用举例 图3-9中X0的常开触点闭合时，Y0变为ON并保持该状态，即使X0的常开触点断开，它也仍然保持ON状态；当X1的常开触点闭合时，Y0变为OFF并保持该状态，即使X1的常开触点断开，它也仍然保持OFF状态。也就是说，X0一接通，即使再变成断开，Y0也保持接通；X1接通后，即使再变成断开，Y0也保持断开，对于元件M、S也是同样。

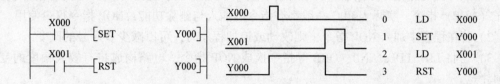

图3-9 置位与复位指令应用举例

图3-10中，当PLC的工作状态由STOP转为RUN时，初始化脉冲M8002的常开触点闭合，100ms积算定时器T250复位；当X2的常开触点接通时，计数器C1复位，它们的当前值被清零，相应的常开触点断开，常闭触点闭合。

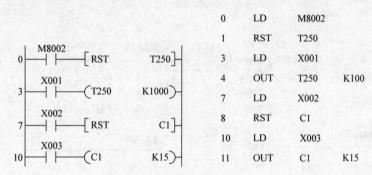

图3-10 置位与复位指令应用举例

如果不希望计数器和积算定时器具有断电保持功能，可以在用户程序开始运行时用M8002将它们复位。

5. 空操作和程序结束指令 NOP、END

空操作和程序结束指令NOP、END的助记符、操作功能、梯形图和程序步等指令要素见表3-6。

表3-6 空操作和程序结束指令要素表

助记符	名称	操作功能	梯形图	目标组件	程序步
NOP	空操作	无动作	无	无	1
END	结束	程序结束，程序回到第0步	─[END]─	无	1

（1）指令用法及使用注意事项

1）NOP（Non Processing）：空操作。其功能是使该步序做空操作，主要在短路电路、改变电路功能及程序调试时使用。

2）END（End）：程序结束指令。若在程序中写入 END 指令，则 END 指令以后的程序就不再执行，将强制结束当前的扫描执行过程，直接进行输出处理；若用户程序中没有 END 指令，则将从用户程序存储器的第一步执行到最后一步。将 END 指令放在用户程序结束处，则只执行第一条指令至 END 指令之间的程序。使用 END 指令可以缩短扫描周期。

注意事项：

1）执行完清除用户存储器（即程序存储器）的操作后，用户存储器的内容全部变为空操作（NOP）指令。实际上 PLC 一般都有指令的插入与删除功能，NOP 指令很少使用。

2）若在程序中加入 NOP 指令，则改动或追加程序时，可以减少步序号的改变。

3）若将 LD、LDI、ANB、ORB 等指令换成 NOP 指令，电路构成将有较大幅度的变化，必须注意。

4）在调试程序时可将 END 指令插在各程序段之后进行分段调试，以便于程序的检查和修改，但应注意调试好以后必须把程序中间的 END 指令删去。而且，执行 END 指令时，也刷新警戒时钟。

（2）应用举例　如图 3-11 所示，将 NOP 指令取代 LD X003 和 AND X004 指令，梯形图结构将有较大幅度的变化。

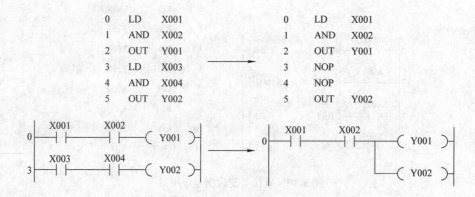

图 3-11　NOP 指令应用举例

6. 热继电器过载信号的处理

如果热继电器属于自动复位型，即热继电器动作后电动机停转，串接在主电路中的热继电器的热元件冷却，热继电器的触点自动恢复原状。如果这种热继电器的常闭触点仍然接在 PLC 的输出电路，电动机停转后过一段时间会因热继电器的触点恢复原状而自动重新运转，可能会造成设备和人身事故。因此，有自动复位功能的热继电器的常闭触点不能接在 PLC 的输出电路，必须将它的触点接在 PLC 的输入端（可接常开触点或常闭触点），借助于梯形图程序来实现过载保护。如果用电子式电动机过载保护器来代替热继电器，也应注意它的复位方式。

有些热继电器属于手动复位型，即热继电器动作后要按一下它自带的复位按钮，其触点才会恢复原状（即常开触点断开，常闭触点闭合）。这种热继电器的常闭触点可以接在 PLC 的输出电路中，亦可接在 PLC 的输入电路中，这种方案还可以节约 PLC 的一个输入点。

四、任务实施

1. 梯形图方案和指令程序设计

方法一：采用起保停电路编程

起动、保持和停止电路（简称起保停电路）是梯形图中最典型的基本电路，在梯形图中应用较广泛。

1）起动：当要起动时，按起动按钮 SB1（X0），起动信号 X0 变为 ON，如果这时 X1（停止按钮提供的信号）和 X2（热继电器提供的信号）为 OFF，则常闭触点 X1、X2 闭合，线圈 Y0 "通电"，它的常开触点同时接通。

2）保持：放开起动按钮，X0 变为 OFF，其常开触点断开，但由于 Y0 的常开触点此时是接通的，而 X1、X2 常闭触点仍然接通，所以 Y0 仍为 ON，这就是 "自锁" 或 "自保持" 功能。

3）停止：当要停止时，按 X1，X1 为 ON，它的常闭触点断开，停止条件满足，使 Y0 的线圈 "断电"，Y0 常开触点断开。以后即使放开停止按钮，X1 的常闭触点恢复接通状态，Y0 的线圈仍然 "断电"。

当电动机过载时，X2 为 ON，X2 的常闭触点断开，使 Y0 的线圈 "断电"，Y0 常开触点断开，从而起到过载保护作用。

根据控制要求，其梯形图如图 3-12a 所示。X0 和 X1、X2（热继电器的常闭触点）相串联，并在 X0 两端并上自保触点 Y0，然后串接输出线圈 Y0。

方法二：采用 SET、RST 指令编程

三相异步电动机的起停控制也可采用 SET、RST 指令进行编程，其梯形图如图 3-12b 所示。起动按钮 SB1（X0）、停止按钮 SB2（X1）分别驱动 SET、RST 指令。当要起动时，按起动按钮 SB1（X0），使输出线圈 Y0 置位并保持；当按停止按钮或电动机过载时，X1 或 X2 常开触点闭合，使输出线圈 Y0 复位并保持。

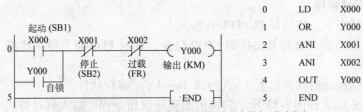

a) 方法一　起保停电路梯形图和指令程序（停止优先）

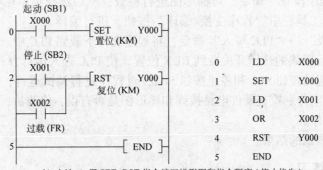

b) 方法二　用 SET、RST 指令编写梯形图和指令程序（停止优先）

图 3-12　电动机起停控制梯形图和指令程序（停止优先）

由以上分析可知，方法二的设计方案更佳。

设计时需注意：

1）在方法一的梯形图中，用 X1、X2 的常闭触点；而在方法 2 中，用 X1、X2 的常开触点，但它们的外部输入接线却完全相同。

2）上述的两个梯形图都为停止优先，即如果起动按钮 SB1（X0）和停止按钮 SB2（X1）同时被按下，则电动机停止。若要改为起动优先，则梯形图如图 3-13 所示。

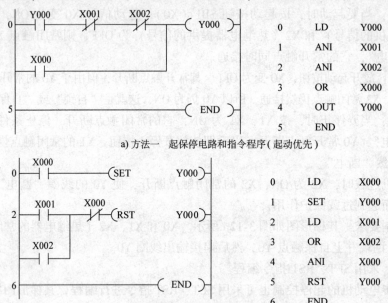

a) 方法一　起保停电路和指令程序（起动优先）

b) 方法二　用 SET、RST 指令编写梯形图和指令程序（起动优先）

图 3-13　电动机起停控制梯形图和指令程序（起动优先）

2. 运行并调试程序

1）在断电状态下，连接好 PC/PPI 电缆。

2）将 PLC 运行模式选择开关拨到 STOP 位置，此时 PLC 处于停止状态，可以进行程序编写。

3）在作为编程器的计算机上，运行 GX Developer 编程软件。

4）分别将图 3-12 和图 3-13 所示的梯形图程序或指令程序输入到计算机中，选择菜单栏中"工具"→"程序检查"命令，对梯形图进行检查，然后选择菜单栏中"变换"→"变换"命令，或选择工具栏中"程序变换/编译"按钮，进行编译。

5）执行"在线"→"PLC 写入"命令，将程序文件下载到 PLC 中。

6）将 PLC 运行模式的选择开关拨到 RUN 位置，使 PLC 进入运行方式。

7）分别按下起动按钮 SB1 和停止按钮 SB2，对程序进行调试运行，观察程序的运行情况。若出现故障，应分别检查硬件电路接线和梯形图是否有误，修改后，应重新调试，直至系统按要求正常工作。

8）记录程序调试的结果。

五、思考与练习

1. 根据图 3-14 中的指令程序，画出对应的梯形图。

步序	操作码	操作数
0	LD	X000
1	OR	Y001
2	LD	X002
3	AND	X003
4	LDI	X004
5	AND	X005
6	ORB	
7	OR	X006
8	ANB	
9	OR	X003
10	OUT	Y000
11	END	

图 3-14　第 1 题指令程序

2. 试根据图 3-15 所示的 PLC 梯形图编写其程序指令。

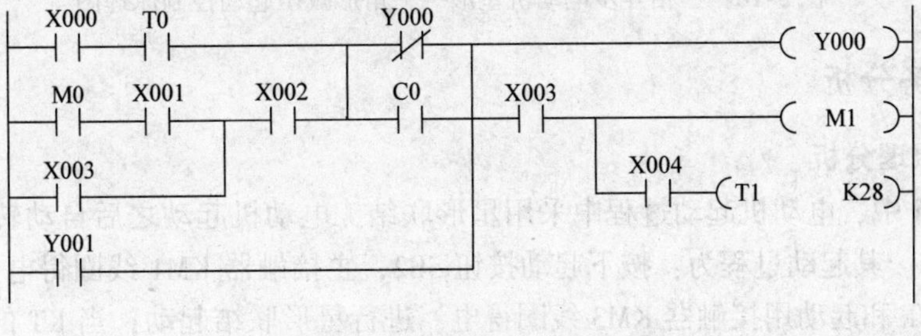

图 3-15　第 2 题梯形图

3. 试编写单台电动机实现两地控制的梯形图和指令程序。

4. 试设计两台电动机的联动控制系统，要求电动机 M1 起动后，电动机 M2 才能起动，两台电动机分别单独设置起动按钮和停止按钮（用两种方法设计）。

任务 3.2　三相异步电动机的星形—三角形减压起动控制

一、任务描述

图 3-16 为三相异步电动机星形（丫）—三角形（△）减压起动控制原理图，图中的 QS 为电源刀开关，当 KM1、KM3 主触点闭合时，电动机为星形联结；当 KM1、KM2 主触点闭合时，电动机为三角形联结。

设计一个三相异步电动机的 PLC 控制系统，具体控制要求：合上电源刀开关，按下起动按钮 SB2 后，电动机以星形联结起动，开始转动 5s 后，KM3 断电、KM2 闭合，星形联结起动结束，电动机以三角形联结投入运行，按下停止按钮 SB1 或热继电器 FR 动作时，电动机停止运行。

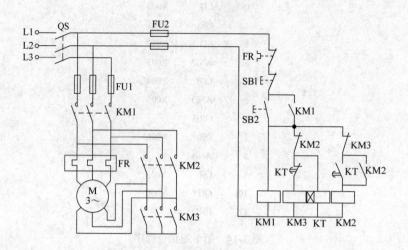

图 3-16　三相异步电动机星形—三角形减压起动控制原理图

二、任务分析

1. 工作原理分析

在图 3-16 中，电动机起动过程中采用星形联结，电动机起动之后自动转换为正常运行的三角形联结。其起动过程为：按下起动按钮 SB2，主接触器 KM1 线圈得电并自锁，同时，时间继电器 KT 和起动用接触器 KM3 线圈得电，进行星形联结起动；当 KT 的 5s 延时到达，则 KT 的延时断开触点断开，KM3 线圈失电，同时，KT 的延时闭合触点闭合，接触器 KM2 线圈得电并自锁，星形联结起动过程结束，电动机以三角形联结进入正常运行。在此过程中，按下停止按钮 SB1 或热继电器 FR 动作，电动机无条件停止。

2. 输入与输出点分配

根据以上分析可知：输入信号有 SB1、SB2 和 FR，输出信号有 KM1、KM2 和 KM3，可得三相异步电动机星形—三角形减压起动 PLC 控制系统的输入/输出（I/O）端口地址分配表见表 3-7。

表 3-7　三相异步电动机星形—三角形减压起动 PLC 控制系统的输入/输出（I/O）端口地址分配表

输　　入			输　　出		
设备名称	代号	输入点编号	设备名称	代号	输出点编号
起动按钮（常开触点）	SB2	X0	主电路交流接触器	KM1	Y0
停止按钮（常开触点）	SB1	X1	星形联结交流接触器	KM3	Y1
热继电器（常开触点）	FR	X2	三角形联结交流接触器	KM2	Y2

3. PLC 接线示意图

根据 I/O 端口地址分配表，可画出 PLC 的外部接线示意图，如图 3-17 所示。

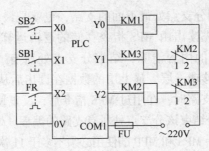

图 3-17 三相异步电动机星形—三角形减压起动 PLC 控制接线示意图

三、技术要点

1. 多重输出电路指令 MPS、MRD、MPP

FX₂ɴ系列 PLC 有 11 个存储中间运算结果的堆栈存储器，堆栈采用 "先进后出" 的数据存取方式。多重输出电路指令 MPS、MRD 和 MPP 的助记符、功能、梯形图和程序步等指令要素见表 3-8。

表 3-8 多重输出电路指令要素表

助记符	名称	操作功能	梯形图	目标组件	程序步
MPS	进栈	进栈	X000 X001 MPS ├ ├ (Y000)	无	1
MRD	读栈	读栈	X002 MRD ├ (Y001)	无	1
MPP	出栈	出栈	X003 MPP ├ (Y002)	无	1

（1）指令用法及使用注意事项

1）MPS（Push）为进栈指令，即将该指令处以前的逻辑运算结果存储起来；MRD（Read）为读栈指令，读出由 MPS 指令存储的逻辑运算结果；MPP（Pop）为出栈指令，读出并清除由 MPS 指令存储的逻辑运算结果。

MPS、MRD、MPP 实际上是用来解决如何对具有分支的梯形图进行编程的一组指令，用于多重输出电路。

2）MPS 指令用于存储电路中有分支处的逻辑运算结果，其功能是将左母线到分支点之间的逻辑运算结果存储起来，以备下面处理有线圈的支路时调用。每使用一次 MPS 指令，当时的逻辑运算压入堆栈的第一层，堆栈中原来的数据依次向下一层推移。

3）MPS 指令可将多重电路的公共触点或电路块先存储起来，以便后面的多重输出支路使用。多重电路的第一个支路前使用 MPS 进栈指令，多重电路的中间支路前使用 MRD 读栈指令，多重电路的最后一个支路前使用 MPP 出栈指令。该组指令没有操作元件。

4）MRD 指令用在 MPS 指令支路以下、MPP 指令以上的所有支路。其功能是读取存储在堆栈最上层的电路中分支点处的运算结果，将下一个触点强制性地连接在该点。读取后堆栈内的数据不会上移或下移。实际上是将左母线到分支点之间的梯形图同当前使用的 MRD 指令的支路连接起来的一种编程方式。

5）MPP 指令用在梯形图分支点处最下面的支路，也就是最后一次使用由 MPS 指令存储的逻辑运算结果，其功能是先读出由 MPS 指令存储的逻辑运算结果，同当前支路进行逻辑运算，最后将 MPS 指令存储的内容清除，结束分支点处所有支路的编程。使用 MPP 指令时，堆栈中各层的数据向上移动一层，最上层的数据在读出后从栈区内消失。

6）当分支点以后有很多支路时，在用过 MPS 指令后，反复使用 MRD 指令，当使用完毕，最后一条支路必须用 MPP 指令结束该分支点处所有支路的编程。处理最后一条支路时必须使用 MPP 指令，而不是 MRD 指令。MPS 和 MPP 的使用必须不多于 11 次，并且要成对出现。

7）用编程软件生成梯形图程序后，如果将梯形图转换为指令表程序，编程软件会自动加入 MPS、MRD 和 MPP 指令。写入指令表程序时，必须由用户来写入 MPS、MRD 和 MPP 指令。

（2）应用举例　图 3-18 和图 3-19 分别给出了使用一层栈和使用多层栈的例子。

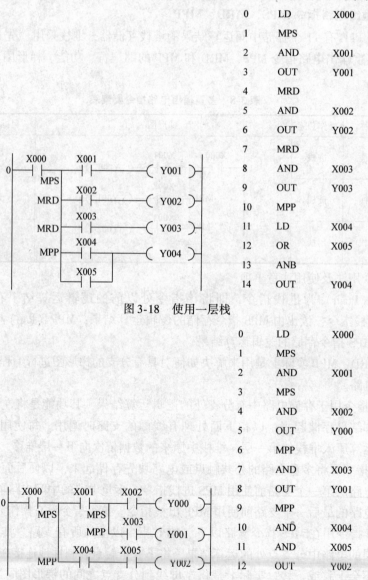

图 3-18　使用一层栈

图 3-19　使用多层栈

2. 主控与主控复位指令 MC、MCR

在编程时，经常会遇到许多线圈同时受一个或一组触点控制的情况，如果在每个线圈的控制电路中都串入同样的触点，将占用很多存储单元，主控指令可以解决这一问题。使用主控指令的触点称为主控触点，它在梯形图中与一般的触点垂直，主控触点是控制一组电路的总开关。

主控与主控复位指令的助记符、功能、梯形图和程序步等指令要素见表3-9。

表3-9　主控触点指令要素表

助记符	名称	操作功能	梯形图及目标组件	目标组件	程序步
MC	主控	主控电路块起点	0 ├─X000─┤[MC　N0　M1]　N0== M1	Y、M（不包括特殊辅助继电器）	3
MCR	主控复位	主控电路块终点	4 ├──────[MCR　N0]	—	2

（1）指令用法及使用注意事项

1）MC（Master Control）为主控指令（或称公共触点串联连接指令），用于表示主控区的开始；MCR（Master Control Reset）为主控指令 MC 的复位指令，用来表示主控区的结束。

MC 是主控起点，操作数 N（0～7层）为嵌套层数，操作元件为 M、Y，特殊辅助继电器不能用作 MC 的操作元件；MCR 是主控结束，主控电路块的终点，操作数 N（0～7）。在程序中，MC 与 MCR 必须成对使用。

2）MC 指令不能直接从左母线开始。与主控触点相连的触点必须用 LD 或 LDI 指令，即执行 MC 指令后，母线移到主控触点的后面，MCR 指令使母线回到原来的位置。

3）当主控指令的控制条件为逻辑 0 时，在 MC 与 MCR 之间的程序只是处于停控状态，PLC 仍然扫描这一段程序，不能简单地认为 PLC 跳过了此段程序，其中的积算定时器、计数器、用复位/置位指令驱动的软元件保持其当时的状态，其余的元件被复位，如非积算定时器和用 OUT 指令驱动的元件变为 OFF。

4）在 MC～MCR 指令区内再使用 MC 指令时，称为嵌套，嵌套的层数为 N0～N7，N0 为最高层，N7 为最低层，嵌套层数 N 的编号顺次增大；主控返回时用 MCR 指令，嵌套层数 N 的编号顺次减小。没有嵌套结构时，通常用 N0 编程，N0 的使用次数没有限制；有嵌套结构时，MCR 指令将同时复位低的嵌套层。例如，指令 MCR N2 将复位 2～7 层。

（2）应用举例　图3-20 中指令的输入电路 X001 的常开触点接通时，执行从 MC 到 MCR 之间的指令；当 X001 的常开触点断开时，不执行上述区间的指令。

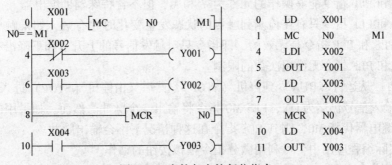

图3-20　主控与主控复位指令

图 3-21 为 MC 和 MCR 指令中包含嵌套的情况。

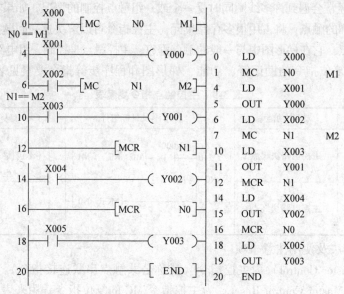

图 3-21 嵌套主控指令示意图

3. 脉冲输出指令 PLS、PLF

脉冲输出指令 PLS、PLF 的助记符、功能、梯形图和程序步等指令要素见表 3-10。

表 3-10 脉冲输出指令要素表

助记符号	名称	操作功能	梯形图	目标组件	程序步
PLS	上升沿脉冲	上升沿微分输出	X000 —| |—[PLS M0]	Y、M	2
PLF	下降沿脉冲	下降沿微分输出	X001 —| |—[PLF M0]	Y、M	2

（1）指令用法及使用注意事项

1）PLS（Pulse）：脉冲上升沿微分输出指令。当检测到输入脉冲信号的上升沿时控制触点闭合的一瞬间，输出继电器 Y 或辅助继电器 M 的线圈产生一个宽度为一个扫描周期的脉冲信号输出。

2）PLF（Pulse Falling）：脉冲下降沿微分输出指令。当检测到输入脉冲信号的下降沿时，输出继电器 Y 或辅助继电器 M 的线圈产生一个宽度为一个扫描周期的脉冲信号输出。

3）PLS 和 PLF 指令能够操作的元件为 Y 和 M，但不含特殊辅助继电器。

4）PLS 和 PLF 指令只有在检测到触点的状态发生变化时才有效，如果触点一直是闭合或者断开，PLS 和 PLF 指令是无效的，即指令只对触发信号的上升沿和下降沿有效。

5）PLS 和 PLF 指令无使用次数的限制。

6）当 PLC 从运行（RUN）到停机（STOP），然后又由停机（STOP）进入运行（RUN）状态时，其输入信号仍然为 ON，PLS M0 指令将输出一个脉冲。然而，如果用电池后备（锁存）的辅助继电器代替 M0，则其 PLS 指令在这种情况下不会输出脉冲。

7）在实际编程应用中，可利用微分指令模拟按钮的动作。

（2）应用举例 图 3-22 中的 M1 仅在 X1 的常开触点由断开变为接通（即 X0 的上升

沿）时的一个扫描周期内为 ON；Y1 仅在 X1 的常开触点由接通变为断开（即 X1 的下降沿）时的一个扫描周期内为 ON。

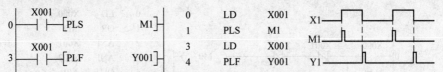

图 3-22　脉冲输出指令梯形图、指令语句表和时序图

四、任务实施

1. 梯形图和指令程序设计

根据三相异步电动机星形—三角形减压起动的工作原理和动作情况，可编写出 PLC 控制系统梯形图和指令程序。

（1）用堆栈指令和基本指令编程　根据原有的继电器电路，通过相应的转换，可得图 3-23 所示的梯形图和指令程序。

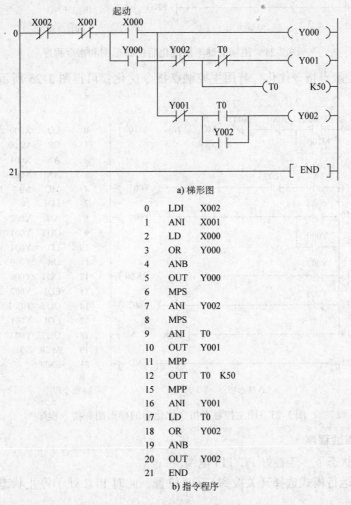

a) 梯形图

```
0    LDI   X002
1    ANI   X001
2    LD    X000
3    OR    Y000
4    ANB
5    OUT   Y000
6    MPS
7    ANI   Y002
8    MPS
9    ANI   T0
10   OUT   Y001
11   MPP
12   OUT   T0  K50
15   MPP
16   ANI   Y001
17   LD    T0
18   OR    Y002
19   ANB
20   OUT   Y002
21   END
```

b) 指令程序

图 3-23　梯形图和指令程序

（2）用辅助继电器优化 在图3-23中，要用到 ANB、MPS 等指令，因此，可进一步将梯形图和指令程序优化成图3-24所示的梯形图和指令程序。

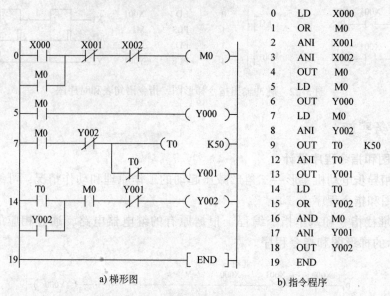

a) 梯形图	b) 指令程序

图3-24 用辅助继电器优化后的梯形图和指令程序

（3）用主控触点指令优化 若用主控触点指令优化，可得图3-25所示的梯形图和指令程序。

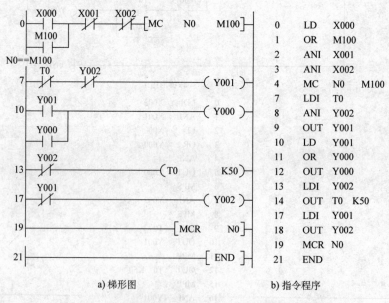

a) 梯形图	b) 指令程序

图3-25 用主控触点指令优化后的梯形图和指令程序

2. 运行并调试程序

1）在断电状态下，连接好 PC/PPI 电缆。

2）将 PLC 运行模式选择开关拨到 STOP 位置，此时 PLC 处于停止状态，可以进行程序编写。

3）在作为编程器的计算机上，运行 GX Developer 编程软件。

4）分别将图 3-23、图 3-24 和图 3-25 所示的梯形图程序或指令程序输入到计算机中，进行"程序检查"和"变换"。

5）执行"在线"→"PLC 写入"命令，将程序文件下载到 PLC 中。

6）将 PLC 运行模式的选择开关拨到 RUN 位置，使 PLC 进入运行方式。

7）按下起动按钮 SB2，对每个程序分别进行调试运行，观察比较程序的运行情况。若出现故障，应分别检查硬件电路接线和梯形图是否有误，修改后，应重新调试，直至系统按要求正常工作。

8）记录程序调试的结果。

五、知识链接

1. 边沿检测触点指令 LDP、LDF、ANDP、ANDF、ORP、ORF

边沿检测触点指令 LDP、LDF、ANDP、ANDF、ORP 和 ORF 的助记符、功能、梯形图和程序步等指令要素见表 3-11。

表 3-11 边沿检测触点指令要素表

助记符号	名称	操作功能	梯形图	目标组件	程序步
LDP	取上升沿脉冲	上升沿脉冲逻辑运算开始	X000 X001 —Y000—	X、Y、M、S、T、C	2
LDF	取下降沿脉冲	下降沿脉冲逻辑运算开始	X000 X001 —Y000—	X、Y、M、S、T、C	2
ANDP	与上升沿脉冲	上升沿脉冲串联连接	X000 X001 —Y000—	X、Y、M、S、T、C	2
ANDF	与下降沿脉冲	下降沿脉冲串联连接	X000 X001 —Y000—	X、Y、M、S、T、C	2
ORP	或上升沿脉冲	上升沿脉冲并联连接	X000 X000 —Y000—	X、Y、M、S、T、C	2
ORF	或下降沿脉冲	下降沿脉冲并联连接	X000 X001 —Y000—	X、Y、M、S、T、C	2

（1）指令用法及使用注意事项

1）LDP、ANDP 和 ORP：上升沿检测触点指令。被检测触点的中间有一个向上的箭头，对应的输出触点仅在指定位元件的上升沿（即由 OFF 变为 ON）时接通一个扫描周期。

2）LDF、ANDF 和 ORF：下降沿检测触点指令。被检测触点的中间有一个向下的箭头，对应的输出触点仅在指定位元件的下降沿（即由 ON 变为 OFF）时接通一个扫描周期。

3）边沿检测触点指令可以用于 X、Y、M、T、C 和 S。

（2）应用举例　在图3-26 中，X1 的上升沿或 X2 的下降沿出现时，Y0 仅在一个扫描周期为 ON。X4 的上升沿出现时，Y1 仅在一个扫描周期为 ON。

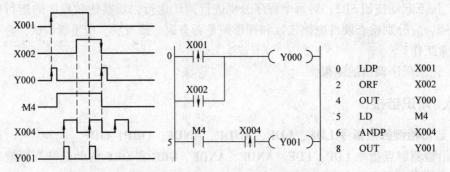

图 3-26　边沿检测触点指令应用举例

2. 逻辑运算结果取反指令 INV

逻辑运算结果取反指令 INV 的助记符、功能、梯形图和程序步等指令要素见表3-12。

表 3-12　逻辑运算结果取反指令要素表

助记符号	名称	操作功能	梯形图	目标组件	程序步
INV	取反	逻辑运算结果取反	X000　／　(Y000)	无	1

（1）指令用法及使用注意事项

1）INV（Inverse）为取反指令，该指令的功能是将该指令处的逻辑运算结果取反。

2）INV 指令在梯形图中用一条 45°的短斜线来表示，它将使该指令前的运算结果取反，即运算结果如为逻辑 0 则将它变为逻辑 1，运算结果为逻辑 1 则将其变为逻辑 0。

（2）应用举例　图3-27 中，如果 X0 和 X1 两者中一个为 ON，INV 指令之前的逻辑运算结果为 ON，INV 指令对 ON 取反，则 Y0 为 OFF；如果 X0 和 X1 同时为 OFF，INV 指令之前的逻辑运算结果则为 OFF，INV 对 OFF 取反，则 Y0 为 ON。

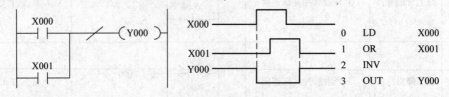

图 3-27　取反指令应用举例

六、思考与练习

1. 试根据图3-28 所示的 PLC 梯形图编写其指令程序。

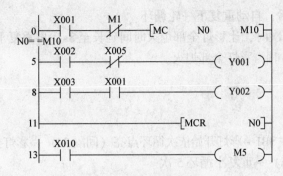

图 3-28 第 1 题梯形图

2. 设计满足图 3-29 要求输入输出关系的梯形图和指令程序。

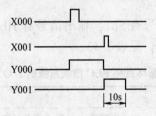

图 3-29 第 2 题图

3. 依据图 3-30 所示的三相异步电动机的星形—三角形联结减压起动的工作时序图, 试设计 PLC 控制系统的主电路、PLC 的接线图和梯形图。

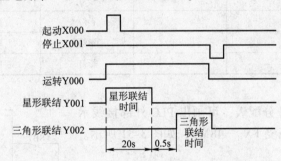

图 3-30 星形—三角形联结起动的工作时序图

4. 设计 3 台电动机顺序起动的 PLC 控制系统梯形图。控制要求为: 电动机 M1 起动 5s 后电动机 M2 起动, 电动机 M2 起动 5s 后电动机 M3 起动; 按下停止按钮时, 电动机无条件全部停止运行。

任务 3.3 彩灯循环点亮的 PLC 控制

一、任务描述

设计一个用 PLC 基本逻辑指令来控制彩灯循环点亮的控制系统, 控制要求如下:

1) 闭合开关 SB1, 彩灯开始按间隔 3s 依次点亮, 依次输出 Y0 ~ Y5。

2) 当彩灯全部点亮时, 维持 5s, 然后全部熄灭。

3）全部熄灭 2s 后，自动重复下一轮循环。

4）重复循环满 5 次时，让彩灯全部熄灭时间延长至 8s，再重复下一轮循环。

5）断开开关 SB1 时，彩灯全部熄灭。

二、任务分析

1. 工作原理分析

小循环：闭合开关 SB1→彩灯开始依次循环点亮（间隔 3s）→彩灯全部点亮（维持 5s）→彩灯全部熄灭（维持 2s）→重复小循环 5 次

大循环：小循环满 5 次→彩灯全部熄灭（维持 8s）→重复小循环

只要断开开关 SB1，彩灯立即无条件全部熄灭。

2. 输入与输出点分配

根据以上分析可知：输入信号有 SB1，输出信号有 HL0 ~ HL5，可得彩灯循环点亮 PLC 控制系统的 I/O 端口地址分配表，见表 3-13。

表 3-13　彩灯循环点亮 PLC 控制系统的 I/O 端口地址分配表

输　　入			输　　出		
设备名称	代号	输入点编号	设备名称	代号	输出点编号
电源开关	SB1	X0	彩灯	HL0	Y0
			彩灯	HL1	Y1
			彩灯	HL2	Y2
			彩灯	HL3	Y3
			彩灯	HL4	Y4
			彩灯	HL5	Y5

3. PLC 接线图

根据 I/O 端口地址分配表，可画出 PLC 外部接线示意图，PLC 型号选用三菱 FX₃ᵤ-48MR，如图 3-31 所示。

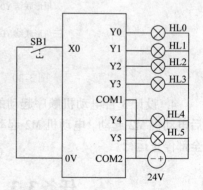

三、技术要点

1. 常数

常数 K 用来表示十进制常数，16 位常数的范围为 −32768 ~ +32767，32 位常数的范围为 −2147483648 ~ +2147483647。

常数 H 用来表示十六进制常数，十六进制包括 0 ~ 9 和 A ~ F 这 16 个数字，16 位常数的范围为 0 ~ FFFF，32 位常数的范围为 0 ~ FFFFFFFF。

图 3-31　PLC 接线示意图

2. 定时器 T

PLC 中的定时器是 PLC 内部的软元件，其作用相当于继电器系统中的时间继电器，其内部有几百个定时器，定时器是根据时钟脉冲的累积计时的。时钟脉冲有 1ms、10ms、100ms 3 种，当所计时间达到设定值时，其输出触点动作。

常数 K 可以作为定时器的设定值，也可以用数据寄存器（D）的内容来设置定时器，当用数据寄存器的内容做设定值时，通常使用失电保持的数据寄存器，这样在断电时不会丢失数据。但应注意，如果锂电池电压降低，定时器及计算器均可能发生误动作。

FX₃ᵤ系列 PLC 的定时器分为通用定时器和积算定时器。其定时器的个数和元件编号见表 3-14。

表 3-14　FX₃ᵤ系列 PLC 的定时器编号

项　　目		FX₃ᵤ系列 PLC 性能
通用型	100ms 定时器	T0～T199 200 点（0.1～3276.7s）
	10ms 定时器	T200～T245 46 点（0.01～327.67s）
	1ms 定时器	T256～T511 256 点（0.001～32.767s）
积算型	1ms 定时器	T246～T249 4 点（0.001～32.767s）
	100ms 定时器	T250～T255 6 点（0.1～3276.7s）

（1）通用定时器　FX₃ᵤ系列 PLC 内部有 100ms 通用定时器 200 点（T0～T199），时间设定值范围为 0.1～3276.7s；10ms 通用定时器 46 点（T200～T245），时间设定值范围为 0.01～327.67s，1ms 通用定时器 256 点（T256～T511），时间设定范围为 0.001～32.767s。

图 3-32 是通用定时器的工作原理图时序图、梯形图和指令程序，当驱动输入 X0 接通时，地址编号为 T150 的当前值计数器对 100ms 时钟脉冲进行计数，当该值与设定值 K198 相等时，定时器的常开触点就接通，其常闭触点就断开，即输出触点是在驱动输入接通后的 $198 \times 100ms = 19.8s$ 时动作。驱动输入 X0 断开或发生断电时，当前值计数器就复位，其输出触点也复位。

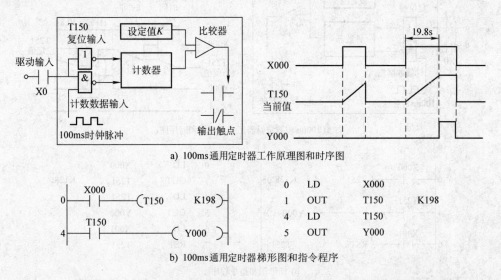

a）100ms 通用定时器工作原理图和时序图

b）100ms 通用定时器梯形图和指令程序

图 3-32　通用型定时器的工作原理图、时序图、梯形图和指令程序

通用定时器没有断电保持功能，相当于通电延时继电器，如果要实现断电延时，可采用图 3-33 所示电路。当 X0 断开时，X0 的常闭触点恢复，定时器 T1 开始计时，当 $T1 = 250 \times 100ms = 25s$ 时，T1 的常闭触点断开，从而实现了断电延时。

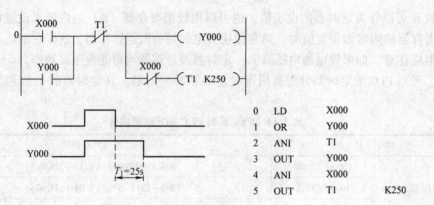

图 3-33 断电延时

（2）积算型定时器 FX$_{3U}$系列 PLC 内部有 1ms 积算定时器 4 点（T246 ~ T249），时间设定值为 0.001 ~ 32.767s，100ms 积算定时器 6 点（T250 ~ T255），时间设定值为 0.1 ~ 3276.7s。

图 3-34 是积算定时器的工作原理图和时序图、梯形图和指令程序，当定时器线圈 T251 的驱动输入 X0 接通时，T251 的当前值计数器开始累积 100ms 的时钟脉冲的个数，当该值与设定值 K128 相等时，定时器的常开触点接通，其常闭触点就断开。当计数过程中驱动输入 X0 断开或停电时，当前值可保持不变，输入 X0 再次接通或恢复通电时，计数继续进行。当累积时间为 0.1s × 128 = 12.8s 时，输出触点动作。因为积算定时器的线圈断电时不复位，需要用 X1 的常开触点使 T251 强制复位。

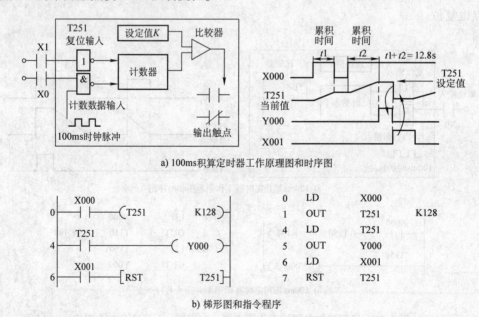

a) 100ms积算定时器工作原理图和时序图

b) 梯形图和指令程序

图 3-34 100ms 积算定时器工作原理图、时序图、梯形图和指令程序

3. 计数器 C

FX$_{3U}$系列的计数器见表 3-15，它分内部信号计数器（简称内部计数器）和外部高速计数器（简称高速计数器）。

表 3-15　FX₃ᵤ 系列 PLC 的计数器

FX₃ᵤ系列 PLC 的计数器		点　　　数
内部计数器	16 位通用计数器	100（C0 ~ C99）
	16 位电池后备/锁存计数器	100（C100 ~ C199）
	32 位通用双向计数器	20（C200 ~ C219）
	32 位电池后备/锁存双向计数器	15（C220 ~ C234）
高速计数器	32 位高速双向计数器（HSC）	21（C235 ~ C255）

（1）内部计数器　FX₃ᵤ 系列 PLC 设有用于内部计数的内部计数器 C0 ~ C234，共 235 点。内部计数器是用来对 PLC 的内部元件（X、Y、M、S、T 和 C）提供的信号进行计数。计数脉冲为 ON 或 OFF 的持续时间，应大于 PLC 的扫描周期，其响应速度通常小于几十赫兹。内部计数器按位数可分为 16 位加计数器、32 位双向计数器；按功能可分为通用型和电池后备/锁存型。

1）16 位加计数器：16 位加计数器可以分为 16 位通用计数器和 16 位电池后备/锁存计数器，设定值范围为 1 ~ 32767。FX₃ᵤ 系列的 16 位通用计数器为 C0 ~ C99，共 100 点；16 位电池后备/锁存计数器为 C100 ~ C199，共 100 点。

图 3-35 为 16 位加计数器的工作过程。图中 X1 的常开触点接通后，C1 被复位，C1 的常开触点断开、常闭触点接通、同时 C1 的计数当前值被置 0。X2 用来提供计数输入信号，当计数器的复位输入电路断开，同时计数输入电路由断开变为接通（即计数脉冲的上升沿）时，计数器的当前值加 1。当 5 个计数脉冲输入后，C1 的当前值等于设定值 5，C1 的常开触点接通、常闭触点断开。再有计数脉冲输入时 C1 当前值不变，直到复位输入电路接通，计数器的当前值被置为 0，其触点全部复位。计数器也可以通过数据寄存器 D 来指定设定值。

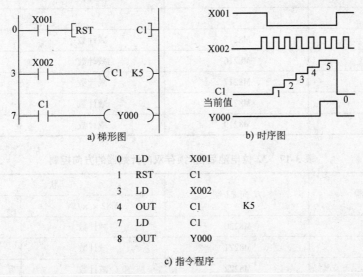

0	LD	X001	
1	RST	C1	
3	LD	X002	
4	OUT	C1	K5
7	LD	C1	
8	OUT	Y000	

c) 指令程序

图 3-35　16 位加计数器

具有电池后备/锁存功能的计数器可累计计数，它们在电源断电时可保持其状态信息，重新送电后能立即按断电时的状态恢复工作。即在电源中断时，计数器停止计数，并保持计数当前值不变，电源再次接通后在当前值的基础上继续计数。

2）32位双向计数器 计数器可以分为32位通用双向计数器和32位电池后备/锁存双向计数器，设定值范围为 −2147483648 ~ +2147483647。32位通用双向计数器为C200 ~ C219，共20点；32位电池后备/锁存双向计数器为C220 ~ C234，共15点。

32位双向计数器的加/减计数方式由特殊辅助继电器 M8200 ~ M8234 设定，见表3-16、表3-17。当对应的特殊辅助继电器为 ON 时，为减计数，反之为加计数。计数器的当前值在最大值 +2147483647 时加1将变为最小值 −2147483648。类似地，当前值 −2147483648 减1时将变为最大值 +2147483647，这种计数器称为环形计数器。

32位计数器的设定值设定方法有两个，一是由常数 K 设定，二是通过指定数据寄存器设定。通过指定数据寄存器设定时，32位设定值存放在元件号相连的两个数据寄存器中，如指定的是 D0，则设定值存放在 D1 和 D0 中。

表3-16 32位通用双向计数器的方向控制

计 数 器	方 向 控 制	状 态	
		M82××ON	M82××OFF
C200	M8200	减计数	加计数
C201	M8201	减计数	加计数
C202	M8202	减计数	加计数
C203	M8203	减计数	加计数
C204	M8204	减计数	加计数
C205	M8205	减计数	加计数
C206	M8206	减计数	加计数
C207	M8207	减计数	加计数
⋮	⋮	⋮	⋮
C215	M8215	减计数	加计数
C216	M8216	减计数	加计数
C217	M8217	减计数	加计数
C218	M8218	减计数	加计数
C219	M8219	减计数	加计数

表3-17 32位电池后备/锁存双向计数器的方向控制

计 数 器	方 向 控 制	状 态	
		M82××ON	M82××OFF
C220	M8220	减计数	加计数
C221	M8221	减计数	加计数
C222	M8222	减计数	加计数
C223	M8223	减计数	加计数
C224	M8224	减计数	加计数
C225	M8225	减计数	加计数

（续）

计 数 器	方 向 控 制	状 态	
		M82××ON	M82××OFF
C226	M8226	减计数	加计数
C227	M8227	减计数	加计数
C228	M8228	减计数	加计数
C229	M8229	减计数	加计数
C230	M8230	减计数	加计数
C231	M8231	减计数	加计数
C232	M8232	减计数	加计数
C233	M8233	减计数	加计数
C234	M8234	减计数	加计数

图3-36中C215的设定值为20，当X1断开时，M8215为OFF，此时C215为加计数，若计数器C215的当前值由19增加到20时，计数器C215的输出触点为ON，当前值大于20时，输出触点仍为ON；当X1接通时，M8215为ON，此时C215为减计数，若计数器C215的当前值由20减少到19时，输出触点为OFF，当前值小于19时，输出触点仍为OFF。当复位输入X2的常开触点接通时，C215被复位，其常开触点断开、常闭触点接通，当前值被置为0。

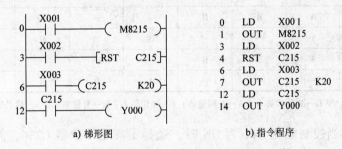

a) 梯形图　　　　　　b) 指令程序

图3-36　32位双向计数器

（2）高速计数器　用于外部输入端X0～X7计数的高速计数器为C235～C255，共21点，均为32位加/减双向计数器。

高速计数器的运行建立在中断的基础上，这意味着事件的触发与扫描时间无关。在对外部高速脉冲计数时，梯形图中高速计数器的线圈应一直通电，以表示与它有关的输入点已被使用，不同类型的高速计数器可以同时使用，它们共用PLC的高速计数器输入端X0～X7。但是，某一输入端同时只能供一个高速计数器使用，因此应注意高速计数器输入点不能有冲突。

高速计数器的选择并不是任意的，它取决于所需计数器的类型及高速输入端子，高速计数器的类型见表3-18，单相和两相双向计数器最高计数频率为10kHz，A-B相计数器最高计数频率为5kHz。

表 3-18　高速计数器按特性分类表

类型	地址	输 入 端 子							
		X0	X1	X2	X3	X4	X5	X6	X7
单相无启动/复位端	C235	U/D	—	—	—	—	—	—	—
	C236	—	U/D	—	—	—	—	—	—
	C237	—	—	U/D	—	—	—	—	—
	C238	—	—	—	U/D	—	—	—	—
	C239	—	—	—	—	U/D	—	—	—
	C240	—	—	—	—	—	U/D	—	—
单相带启动/复位端	C241	U/D	R	—	—	—	—	—	—
	C242	—	—	U/D	R	—	—	—	—
	C243	—	—	—	—	U/D	R	—	—
	C244	U/D	R	—	—	—	—	S	—
	C245	—	—	U/D	R	—	—	—	S
单相双计数输入（双向）	C246	U	D	—	—	—	—	—	—
	C247	U	D	R	—	—	—	—	—
	C248	—	—	—	U	D	R	—	—
	C249	U	D	R	—	—	—	S	—
	C250	—	—	—	U	D	R	—	S
鉴相式双向（A－B相型）	C251	A	B	—	—	—	—	—	—
	C252	A	B	R	—	—	—	—	—
	C253	—	—	—	A	B	R	—	—
	C254	A	B	R	—	—	—	S	—
	C255	—	—	—	A	B	R	—	S

注：U—加计数输入；D—减计数输入；A—A相输入；B—B相输入；R—复位输入；S—启动输入。

图 3-37 中，当控制触点 X11 为 ON 时，选择了高速计数器 C236，并且指定了 C236 的计数输入端是 X1，但是它并不在程序中出现，计数信号并不是 X11 提供的。其中，C236 为单相无起动/复位输入端的高速计数器；C244 为单相带启动/复位输入端的高速计数器；M8244 设置 C244 的计数方向，当 M8244 为 ON 时为减计数，当 M8244 为 OFF 时为加计数。C236 只能用 RST 指令来复位。对于 C244，X1 和 X6 分别为复位输入端和起动输入端，它们的复位和起动与扫描工作方式无关，其作用是立即的、直接的。如果 X14 为 ON，一旦 X6 变为 ON，立即开始计数，计数输入端为 X0；当 X6 变为 OFF 时，立即停止计数。

C244 的设定值由 D0 和 D1 指定。除了用 X1 使之立即复位外，也可以在梯形图中用复位指令复位。

有关高速计数器的用法详见 FX$_{3U}$ 系列 PLC 的技术手册。

（3）计数频率　计数器最高计数频率受两个因素限制。一是各个输入端的响应速度，主要是受硬件的限制；二是全部高速计数器的处理时间，这是高速计数器计数频率受限制的

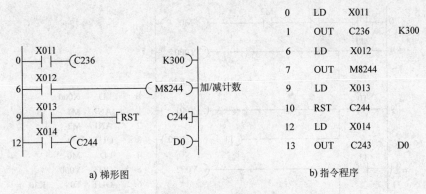

0	LD	X011	
1	OUT	C236	K300
6	LD	X012	
7	OUT	M8244	
9	LD	X013	
10	RST	C244	
12	LD	X014	
13	OUT	C243	D0

a) 梯形图　　　　　　　　　b) 指令程序

图 3-37　单相高速计数器

主要因素。因为高速计数器操作是采用中断方式，故计数器用得越少，则计数频率就高。如果某些计数器用比较低的频率计数，则其他计数器可用较高的频率计数。

四、任务实施

1. PLC 控制系统梯形图和指令程序设计

彩灯循环点亮 PLC 控制系统梯形图和指令程序如图 3-38 所示。

打开开关 SB1，X0 常开触点接通，辅助继电器 M0 线圈接通，输出继电器 Y0 线圈接通，第一只彩灯点亮，接着，Y1、Y2、Y3、Y4、Y5 间隔 3s 依次导通，用定时器 T0 ~ T4 实现彩灯循环点亮间隔 3s 的定时；当彩灯全部点亮后，由定时器 T5 实现延时 5s，彩灯全部熄灭维持 2s，由定时器 T6 实现延时 2s，由 C1 实现循环记数 5 次，彩灯全部熄灭维持 8s，由定时器 T7 实现延时 8s；8s 到后，Y0 ~ Y4 又依次点亮，开始新一轮循环。

只要关闭开关 SB1，X0 常开触点恢复断开，彩灯立即全部熄灭。

2. 运行并调试程序

1）在断电状态下，连接好 PC/PPI 电缆。

2）将 PLC 运行模式选择开关拨到 STOP 位置，此时 PLC 处于停止状态，可以进行程序编写。

3）在作为编程器的计算机上，运行 GX Developer 编程软件。

4）将图 3-38 所示的梯形图程序或指令程序输入到计算机中，进行"程序检查"和"变换"。

5）执行"在线"→"PLC 写入"命令，将程序文件下载到 PLC 中。

6）将 PLC 运行模式的选择开关拨到 RUN 位置，使 PLC 进入运行方式。

7）打开开关 SB1，对程序进行调试运行，观察程序的运行情况。若出现故障，应分别检查硬件电路接线和梯形图是否有误，修改后，应重新调试，直至系统按要求正常工作。

8）记录程序调试的结果。

五、思考与练习

1. 三相异步电动机的循环正反转 PLC 控制系统的控制要求为：电动机正转 3s，暂停 2s，反转 3s，暂停 2s，如此循环 5 个周期，然后自动停止。运行中，可按停止按钮停止，热继电器动作也应停止。试设计 PLC 的外部接线示意图和梯形图。

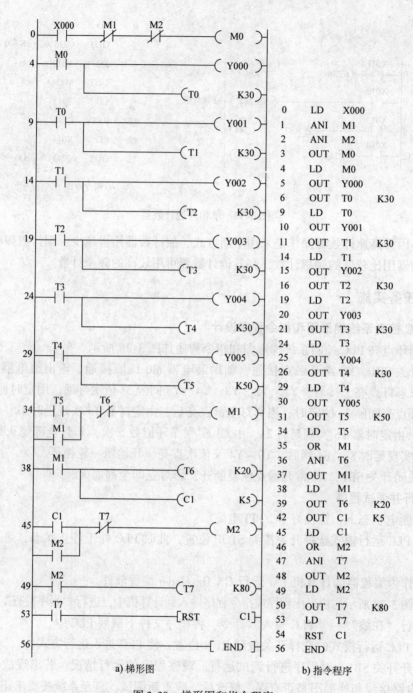

0	LD	X000	
1	ANI	M1	
2	ANI	M2	
3	OUT	M0	
4	LD	M0	
5	OUT	Y000	
6	OUT	T0	K30
9	LD	T0	
10	OUT	Y001	
11	OUT	T1	K30
14	LD	T1	
15	OUT	Y002	
16	OUT	T2	K30
19	LD	T2	
20	OUT	Y003	
21	OUT	T3	K30
24	LD	T3	
25	OUT	Y004	
26	OUT	T4	K30
29	LD	T4	
30	OUT	Y005	
31	OUT	T5	K50
34	LD	T5	
35	OR	M1	
36	ANI	T6	
37	OUT	M1	
38	LD	M1	
39	OUT	T6	K20
42	OUT	C1	K5
45	LD	C1	
46	OR	M2	
47	ANI	T7	
48	OUT	M2	
49	LD	M2	
50	OUT	T7	K80
53	LD	T7	
54	RST	C1	
56	END		

a) 梯形图　　　　　　　　b) 指令程序

图3-38　梯形图和指令程序

2. 有一条生产线，用光电感应开关 X1 检测传送带上通过的产品，有产品通过时，X1 为 ON；如果在连续的 10s 内没有产品通过，则发出灯光报警信号；如果在连续的 20s 内没有产品通过，则灯光报警的同时发出声音报警信号，用 X0 输入端的开关解除报警信号。请设计 PLC 的外部接线示意图和梯形图。

3. 某广告牌上有 6 个字，每个字依次显示 0.5s 后 6 个字一起显示 1s，然后全灭。0.5s

后再从第一个字开始依次显示，重复上述过程。试用 PLC 实现其控制要求（设计 PLC 的外部接线示意图和梯形图）。

4. 用 PLC 的内部定时器设计一个延时电路，按图 3-39 所示功能要求：

① 当 X0 接通时，Y0 延时 10s 后才接通。

② 当 X0 断开时，Y0 延时 5s 后才断开。

试完成以下功能要求：1）列出输入/输出分配表。

2）画出 PLC 的外部接线示意图。

3）编写梯形图和指令程序。

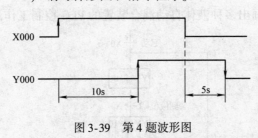

图 3-39　第 4 题波形图

任务 3.4　多种液体自动混合装置的 PLC 控制

一、任务描述

图 3-40 是由 PLC 控制的多种液体自动混合装置，适合如饮料的生产、酒厂的配液、农药厂的配比等。图中，L1、L2、L3 为液位传感器，液面淹没时接通，两种液体的流入和混合液体放液阀门分别由电磁阀 YV1、YV2、YV3 控制，M 为搅拌电动机，控制要求为：

（1）初始状态　装置初始状态为：液体 A、液体 B 阀门关闭（YV1、YV2 为 OFF），放液阀门将容器放空后关闭。

（2）起动操作　按下起动按钮 SB1，液体混合装置开始按下列给定规律操作：

1）YV1 = ON，液体 A 流入容器，液面上升；当液面达到 L2 处时，L2 为 ON，使 YV1 为 OFF，YV2 为 ON，即关闭液体 A 阀

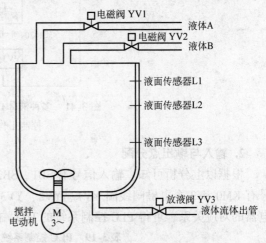

图 3-40　多种液体自动混合装置示意图

门，打开液体 B 阀门，停止液体 A 流入，液体 B 开始流入，液面继续上升。

2）当液面上升达到 L1 处时，L1 为 ON，使 YV2 为 OFF，电动机 M 为 ON，即关闭液体 B 阀门，液体停止流入，开始搅拌。

3）搅拌电动机工作 1min 后，停止搅拌（M 为 OFF），放液阀门打开（YV3 为 ON），开始放液，液面开始下降。

4）当液面下降到 L3 处时，L3 由 ON 变到 OFF，再过 20s，容器放空，使放液阀门 YV3 关闭，开始下一个循环周期。

（3）停止操作 在工作过程中，按下停车按钮 SB2，搅拌器并不立即停止工作，而要将当前容器内的混合工作处理完毕并将容器放空后（当前周期循环到底），才能停止操作，即停在初始位置上，否则会造成浪费。

二、任务分析

1. 工作原理分析

根据控制要求，可画出多种液体自动混合装置的 PLC 控制工作流程图，如图 3-41 所示。

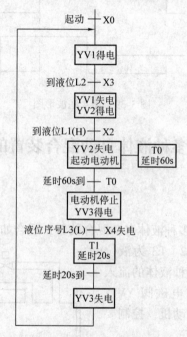

图 3-41 多种液体自动混合装置的 PLC
控制工作流程图

2. 输入与输出点分配

根据以上分析可知：输入信号有 SB1、SB2 和 3 个液位传感器信号 L1、L2、L3；输出信号有 KM0 和 3 个电磁阀线圈 YV1、YV2、YV3。确定它们与 PLC 中的输入继电器和输出继电器的对应关系，可得 PLC 控制系统的 I/O 端口地址分配表，见表 3-19。

表 3-19 PLC 控制系统的 I/O 端口地址分配表

输　　入			输　　出		
设备名称	代号	输入点编号	设备名称	代号	输出点编号
起动按钮	SB1	X0	电动机接触器	KM0	Y0
停止按钮	SB2	X1	电磁阀线圈	YV1	Y1
高液位	L1	X2	电磁阀线圈	YV2	Y2
中液位	L2	X3	电磁阀线圈	YV3	Y3
低液位	L3	X4			

3. PLC 接线示意图

根据 PLC 控制系统 I/O 端口地址分配表，可画出 PLC 的外部接线示意图，如图 3-42 所示。

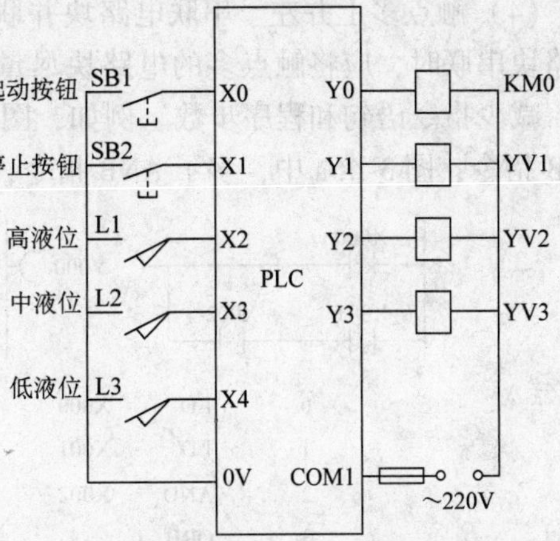

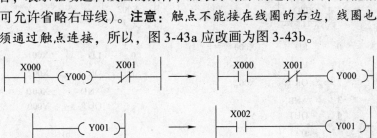

图 3-42　PLC 接线示意图

三、技术要点

1. PLC 梯形图程序设计基本规则

梯形图作为 PLC 程序设计的一种最常用的编程语言，被广泛应用于工程现场的系统设计，为更好地使用梯形图语言，下面介绍梯形图的一些程序设计基本规则。

（1）触点可串可并无限制　触点可以用于串行电路，也可用于并行电路，且使用次数不受限制，所有输出继电器也都可以作为辅助继电器使用。

（2）线圈右边无触点　梯形图中每一逻辑行都是始于左母线，终于右母线。每行的左边是触点的组合，表示驱动逻辑线圈的条件，而表示结果的逻辑线圈、功能指令只能接在右边的母线上（可允许省略右母线）。**注意**：触点不能接在线圈的右边，线圈也不能直接与左母线连接，必须通过触点连接，所以，图 3-43a 应改画为图 3-43b。

图 3-43　线圈右边无触点

（3）触点水平不垂直　触点应画在水平线上，不能画在垂直线上。如图 3-44a 中触点 X4 与其他触点之间的连接关系不能识别，此类桥式电路是不能进行编程的，要将其化为连接关系明确的电路。按从左至右、从上到下的单向性原则，可以看出有 4 条从左母线到达线圈 Y000 的不同支路，于是就可以将图 3-44a 所示不可编程的电路化为在逻辑功能上等效的图 3-44b 所示可编程电路。

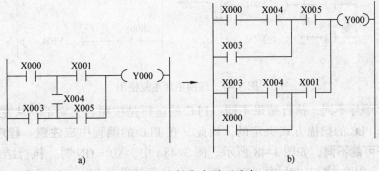

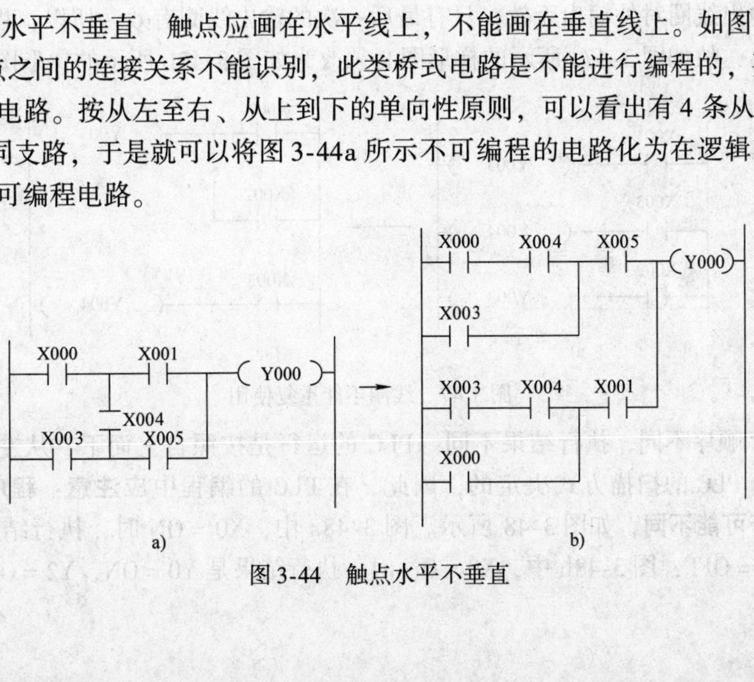

图 3-44　触点水平不垂直

（4）触点多上并左 串联电路块并联时，应将触点多的电路块放梯形图的上方，并联电路块串联时，应将触点多的电路块尽量靠近梯形图的左母线，这样可以使编制的程序简洁，减少指令语句和程序步数。例如，图3-45a中，多了ORB指令，而图3-45b就不需要ORB指令；图3-46a中，多了ANB指令，图3-46b就不需要ANB指令。

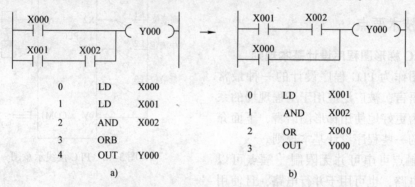

图3-45 串联电路块并联时，触点多的电路块放梯形图的上方

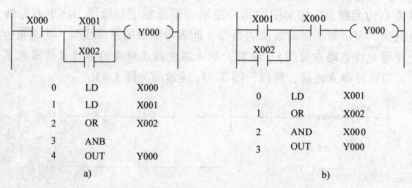

图3-46 并联电路块串联时，触点多的电路块尽量靠近左母线

（5）线圈不能重复使用 在同一个梯形图中，如果同一元件的线圈使用两次或多次，这时前面的输出线圈对外输出无效，只有最后一次的输出线圈有效，所以，程序中一般不出现双线圈输出，故如图3-47a所示的梯形图必须改为如图3-47b所示的梯形图。

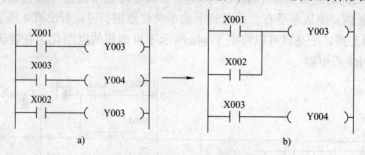

图3-47 线圈不能重复使用

（6）程序顺序不同，执行结果不同 PLC的运行是按照自上而下、从左至右的顺序执行的，这是由PLC的扫描方式决定的，因此，在PLC的编程中应注意，**程序的顺序不同，其执行结果有可能不同**，如图3-48所示。图3-48a中，X0 = ON时，执行结果是Y0 = ON，Y1 = ON，Y2 = OFF；图3-48b中，X0 = ON时，执行结果是Y0 = ON，Y2 = ON，Y1 = OFF。

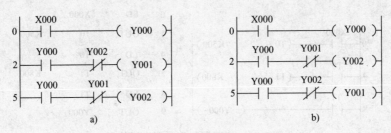

图 3-48 程序不同执行结果不同

（7）程序结束时必须使用 END 指令。

2. 常用基本电路的编程

（1）计时电路

1）得电延时闭合。图 3-49 所示梯形图中，当 X0 为 ON 时，其常开触点闭合，辅助继电器 M0 接通并自保，同时，T0 开始计时，$20 \times 100ms = 2s$ 后，T0 常开触点闭合，Y0 得电动作。

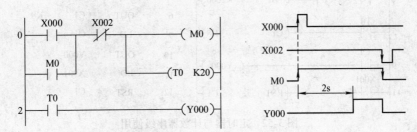

图 3-49 得电延时闭合梯形图及时序图

2）失电延时断开。图 3-50 所示梯形图中，当 X0 为 ON 时，其常开触点闭合，Y0 接通并自保；当 X0 断开时，定时器 T0 开始得电延时，当 X0 断开的时间达到定时器的设定时间 $10 \times 100ms = 1s$ 时，Y0 才由 ON 变为 OFF，实现失电延时断开。

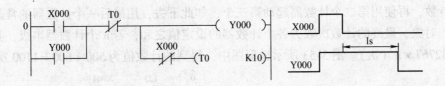

图 3-50 失电延时断开梯形图及时序图

3）长时间计时电路。

① 定时器与定时器串级使用：FX₃ᵤ 系列 PLC 定时器的延时都有一个最大值，如 100ms 的定时器最大延时时间为 3276.7s。若工程中所需要的延时大于选定的定时器的最大值，则可采用多个定时器串级使用进行延时，即先起动一个定时器计时，延时到时，用第一个定时器的常开触点起动第二个定时器延时，再使用第二个定时器起动第三个，如此下去，用最后一个定时器的常开触点去控制被控对象，最终的延时为各个定时器的延时之和，如图 3-51 所示。

② 定时器与计数器串级使用：采用计数器配合定时器也可以获得较长时间的延时，如图 3-52 所示。当 X0 保持接通时，电路工作，定时器 T0 线圈的前面接有定时器 T0 的延时断

```
0   LD   X000
1   OUT  T0    K500
4   LD   T0
5   OUT  T1    K800
8   LD   T1
9   OUT  Y000
```

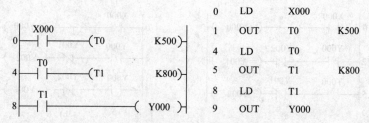

图 3-51 定时器与定时器串级使用

开的常闭触点，它使定时器 T0 每隔 200s 复位一次。同时，定时器 T0 的延时闭合的常开触点每隔 200s 接通一个扫描周期，使计数器 C1 计一次数。当 C1 计到设定值 8 时，将被控对象 Y0 接通，其延时为定时器的设定时间乘以计数器的设定值，即 $t = 200s \times 8 = 1600s$。

```
0   LD   X000
1   ANI  T0
2   OUT  T0    K2000
5   LD   T0
6   OUT  C1    K8
9   LD   C1
10  OUT  Y000
11  LD   X001
12  RST  C1
```

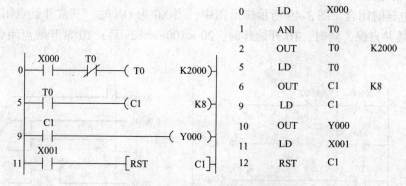

图 3-52 定时器与计数器串级使用

（2）大容量计数电路 FX_{3U}系列 PLC 的 16 位计数器的最大值计数次数为 32767。若工程中所需要的计数次数大于计数器的最大值，则可以采用 32 位计数器，也可采用多个计数器设定值相加串级计数，或采用两个计数器的设定值相乘计数，从而获得较大的计数次数。

1）多个计数器相加串级。采用多个计数器设定值相加串级计数，就是先用计数脉冲起动一个计数器计数，计数次数到时，用第一个计数器的常开触点和计数脉冲串联起动第二个计数器计数，再使用第二个计数器起动第三个，如此下去，用最后一个计数器的常开触点去驱动被控对象，最终的计数次数为各个计数器的设定值之和，若 n 个计数器串级，其最大计数值为 $32767 \times n$（次）。图 3-53 所示梯形图中，得到的计数值为 $500 + 600 = 1100$ 次。

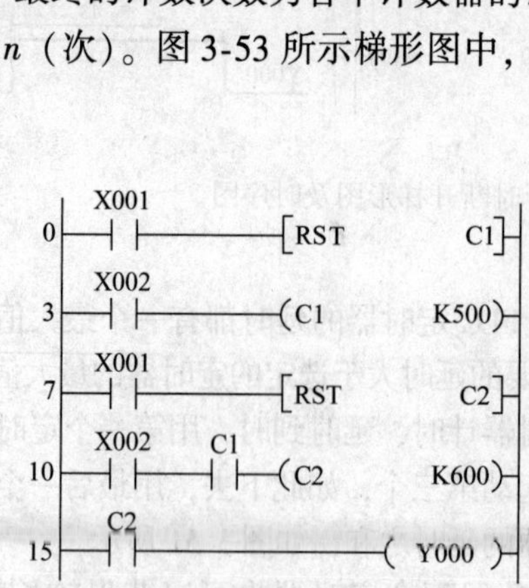

```
0   LD   X001
1   RST  C1
3   LD   X002
4   OUT  C1    K500
7   LD   X001
8   RST  C2
10  LD   X002
11  AND  C1
12  OUT  C2    K600
15  LD   C2
16  OUT  Y000
```

图 3-53 两个计数器相加串级

2）多个计数器相乘串级。采用多个计数器的设定值相乘计数，即第一个计数器 C1 对输入脉冲进行计数，第二个计数器 C2 对第一个计数器 C1 的脉冲进行计数，当 C1 计到设定值时，计数器 C1 的常开触点又复位计数器 C1 的线圈，计数器 C1 又开始计数，再使用第二个计数器计到设定值时，起动第三个，如此下去，用最后一个计数器的常开触点去驱动控制对象，最终的计数次数为各个计数器的设定值之积。若 n 个计数器相乘串级，其最大计数值为 32767^n 次。图 3-54 所示梯形图中，得到的计数值为 $500 \times 600 = 300000$ 次。

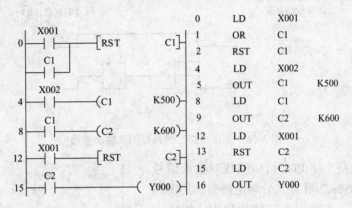

0	LD	X001	
1	OR	C1	
2	RST	C1	
4	LD	X002	
5	OUT	C1	K500
8	LD	C1	
9	OUT	C2	K600
12	LD	X001	
13	RST	C2	
15	LD	C2	
16	OUT	Y000	

图 3-54　两个计数器相乘串级

（3）振荡电路　振荡电路可以产生特定的通断时序脉冲，它应用在脉冲信号源或闪光报警电路中。

1）定时器组成的振荡电路一。如图 3-55 所示，改变 T0、T1 的参数值，可以调整 Y0 输出脉冲宽度。

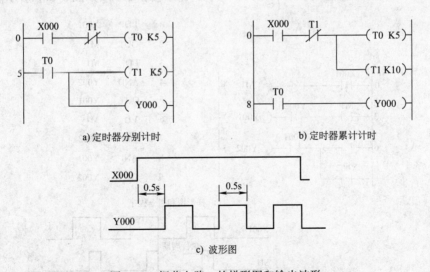

a) 定时器分别计时　　　　　　　b) 定时器累计计时

c) 波形图

图 3-55　振荡电路一的梯形图和输出波形

2）应用组成的振荡电路二如图 3-56 所示。

3）应用 M8013 时钟脉冲产生振荡电路。如图 3-57 所示，M8013 为 1s 的时钟脉冲，所以 Y0 输出脉冲宽度也是 0.5s。

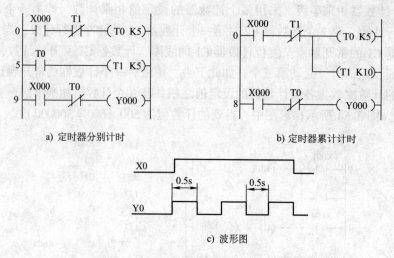

a) 定时器分别计时

b) 定时器累计计时

c) 波形图

图 3-56 振荡电路二的梯形图和输出波形

（4）分频电路 用 PLC 可以实现对输入信号进行分频。图 3-58a 为脉冲二分频电路的梯形图程序，从图中可见，在第一个扫描周期中，将输入脉冲信号加入 X1 端，辅助继电器 M1 线圈接通一个扫描周期 T，使 Y2 线圈接通并自保。经一个扫描周期后，在第二个扫描周期内，第二个输入脉冲来到时，辅助继电器 M1 接通，M1 常开触点使线圈 Y1 接通，Y1 常闭触点打开，使线圈 Y2 断电。上述过程循环往复，使输出 Y2 的频率为输入端信号 X1 的频率的一半，实现了 Y2 输出波形为 X1 输入波形的二分频，二分频的电路时序图如图 3-58b 所示。

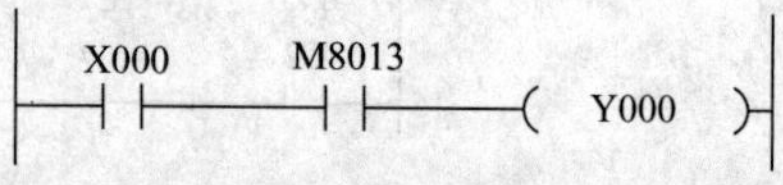

图 3-57 应用 M8013 的振荡电路梯形图

0	LDP	X001
2	OUT	M1
3	LD	M1
4	AND	Y002
5	OUT	Y001
6	LD	M1
7	OR	Y002
8	ANI	Y001
9	OUT	Y002

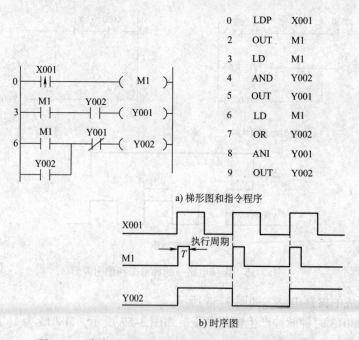

a) 梯形图和指令程序

b) 时序图

图 3-58 脉冲二分频电路的梯形图、指令程序和时序图

四、任务实施

1. PLC控制系统梯形图和指令程序设计

1）根据控制要求，当一个工作循环完成后，应不必按起动按钮就能自动开始下一个循环。下一个循环开始，就是打开电磁阀 YV1，即输出继电器 Y1 应得电，因此，输出继电器 Y1 除受起动按钮 SB1（X0）控制外，还应受上一个循环结束信号控制。上一个循环结束信号，可取自放出混合液时间计时器 T1。当搅拌时间结束，液面下降到 L3 处，延时 20s 到时，T1 输出信号，控制 Y1 得电。

2）根据混合装置的停机控制要求，应将停机信号记忆下来，待一个工作循环结束时再停止工作，因此应选择一个自锁环节将停机信号记忆下来。

停机信号与下一个自动循环控制信号串联再与起动按钮并联，就能实现待一个工作循环结束时再停止工作。

梯形图和指令程序如图 3-59 所示。

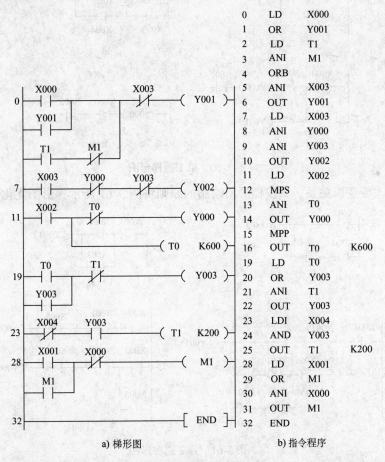

a) 梯形图   b) 指令程序

图 3-59　梯形图和指令程序

2. 运行并调试程序

1）在断电状态下，连接好 PC/PPI 电缆。

2）将 PLC 运行模式选择开关拨到 STOP 位置，此时 PLC 处于停止状态，可以进行程序编写。

3）在作为编程器的计算机上，运行 GX Developer 编程软件。

4）将图 3-59 所示的梯形图程序或指令程序输入到计算机中，并完成"程序检查"和"变换"。

5）执行"在线"→"PLC 写入"命令，将程序文件下载到 PLC 中。

6）将 PLC 运行模式的选择开关拨到 RUN 位置，使 PLC 进入运行方式。

7）按下起动按钮，对程序进行调试运行，观察程序的运行情况。若出现故障，应分别检查硬件电路接线和梯形图是否有误，修改后应重新调试，直至系统按要求正常工作。

8）记录程序调试的结果。

五、思考与练习

1. 指出图 3-60 中所示梯形图的错误，并画出正确的梯形图。

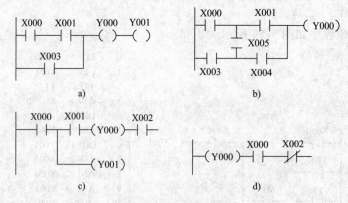

图 3-60　第 1 题梯形图

2. 不能改变逻辑关系，试按梯形图绘制的原则将图 3-61 所示梯形图优化。

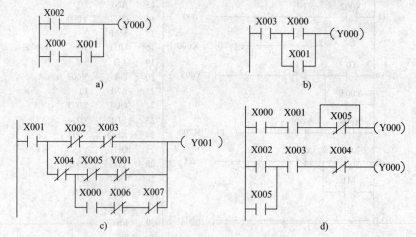

图 3-61　第 2 题梯形图

3. 洗手间小便池在有人使用时光敏开关使得 X0 为 ON，冲水控制系统在使用者开始使用时令 Y0 为 ON，冲水 2s，在使用者使用 4s 后又冲水 2s，使用者离开时再冲水 3s，请设计此 PLC 控制系统。主要完成以下设计内容：

1）列出输入/输出端口地址分配表。

2）画出 PLC 的外部接线示意图。

3）编写梯形图和指令程序。

4. 试用 PLC 设计一个水塔水位控制系统，系统实验面板示意图如图 3-62 所示，控制要求为：当水池水位低于水池低水位界限时（S4 为 ON），进水阀 YV 打开进水，定时器开始定时，4s 后，如果 S4 还不为 OFF，那么进水阀 YV 指示灯闪烁，表示 YV 没有进水，出现故障。当 S3 为 ON 后，YV 关闭。当 S4 为 OFF 且水塔水位低于水塔低水位界限时（S2 为 ON），电动机 M 运转抽水。当水塔水位高于水塔高水位界限时（S1 为 ON），电动机 M 停止。

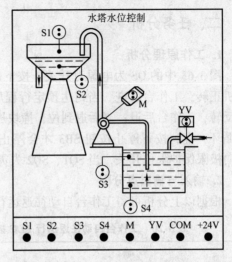

图 3-62　水塔水位控制系统实验面板示意图

任务 3.5　工作台自动往返的 PLC 控制

一、任务描述

某工作台要求在一定范围内能自动往返运行，图 3-63 为工作台自动往返行程控制的接触器继电器控制电路，现要对原系统进行改造，试设计用 PLC 来实现工作台自动往返运行的控制系统。

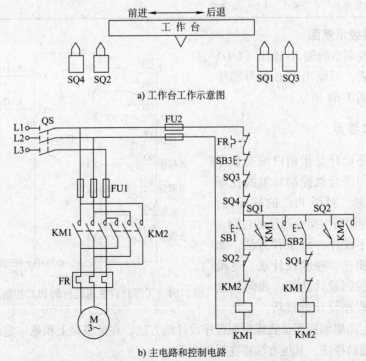

a) 工作台工作示意图

b) 主电路和控制电路

图 3-63　工作台自动往返的继电器接触器控制原理图

二、任务分析

1. 工作原理分析

图 3-63 中的 QS 为电源刀开关，按下起动按钮 SB1，KM1 得电，KM1 主触点闭合，电动机正转，工作台前进。当到达预定行程后，撞块压下 SQ2，反向接触器 KM2 得电，电动机反转，工作台后退；当后退到位，撞块压下 SQ1，工作台又转到正向运动，进行下一个工作循环，直到按下停止按钮 SB3 才会停止。图 3-63 中的限位开关 SQ3、SQ4 分别为正向、反向极限保护限位开关，当 SQ1、SQ2 失灵时，避免工作台因超出极限位置而发生事故。

2. 输入与输出点分配

根据以上分析可得工作台自动往返运行 PLC 控制系统的 I/O 端口地址分配表见表 3-20。

表 3-20 工作台自动往返运行 PLC 控制系统的输入/输出（I/O）端口地址分配表

输	入		输	出	
设备名称	代号	输入点编号	设备名称	代号	输出点编号
正转起动按钮常开触点	SB1	X0	正向运行接触器	KM1	Y0
反转起动按钮常开触点	SB2	X1	反向运行接触器	KM2	Y1
停止按钮	SB3	X2			
热继电器常开触点	FR	X3			
正向限位开关	SQ2	X4			
反向限位开关	SQ1	X5			
正向极限保护限位开关	SQ4	X6			
反向极限保护限位开关	SQ3	X7			

3. PLC 接线示意图

根据 PLC 控制系统输入/输出（I/O）端口地址分配表，可画出 PLC 的外部接线示意图，如图 3-64 所示。

三、技术要点

梯形图程序设计是指用户编写程序的设计过程，即结合被控制对象的控制要求和现场信号，对照 PLC 的软元件，画出梯形图，进而写出指令程序的过程。

梯形图程序设计有许多种方法，如继电器电路转换法、经验设计法、逻辑设计法和顺序控制设计法等。如何从这些方法中掌握程序设计的技巧，不是一

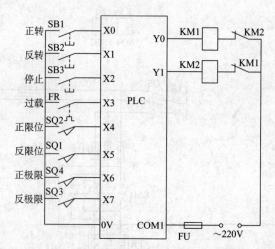

图 3-64 工作台自往返运行的 PLC 控制系统接线示意图

件容易的事，它需要编程人员熟练掌握程序设计的方法，在此基础上积累一定的编程经验。现介绍继电器电路转换法，其他方法将在后面介绍。

继电器电路转换法就是将继电器电路图转换成与原有功能相同的 PLC 内部的梯形图。

这种等效转换是一种简便快捷的编程方法。其主要优点在于：原继电控制系统经过长期使用和考验，已经被证明能完成系统要求的控制功能；继电器电路图与 PLC 的梯形图在表示方法和分析方法上有很多相似之处，因此根据继电器电路图来设计梯形图简便快捷；另外，这种设计方法一般不需要改动控制面板，保持了原有系统的外部特性，操作人员不用改变长期形成的操作习惯。缺点是：用继电器电路转换法设计梯形图的前提是必须有继电器控制电路图，因此，对于没有继电器控制电路图的控制系统，就无法使用这种方法。

1. 基本方法

用继电器电路转换法来设计 PLC 的梯形图时，关键是要抓住继电器控制电路图和 PLC 梯形图之间的一一对应关系，即控制功能、逻辑功能的对应及继电器硬件元件和 PLC 软元件的对应。

2. 继电器电路转换法设计的一般步骤

1）根据继电器电路分析和掌握控制系统的工作原理，熟悉被控设备的工艺过程和机械的动作情况。

2）确定 PLC 的输入信号和输出信号，画出 PLC 的外部接线示意图。继电器电路中的按钮、行程开关、接近开关、控制开关和各种传感器信号等的触点接在 PLC 的输入端，用 PLC 的输入继电器替代，用来给 PLC 提供控制命令和反馈信号；交流接触器和电磁阀等执行机构的硬件线圈接在 PLC 的输出端，用 PLC 的输出继电器来替代。确定输入继电器和输出继电器的元件号，画出 PLC 的外部接线图。

3）确定 PLC 梯形图中的辅助继电器（M）、定时器（T）和计数器（C）的元件号。继电器电路中的中间继电器、时间继电器和计数器的功能用 PLC 内部的辅助继电器（M）、定时器（T）和计数器（C）来替代，并确定其对应关系。

4）根据上述对应关系画出 PLC 的梯形图。前面已建立了继电器电路中的硬件元件和 PLC 梯形图中的软元件之间的对应关系，现可将继电器电路图转换成对应的 PLC 梯形图。

5）根据梯形图编程的基本规则，进一步优化梯形图。

3. 应用举例

例 1　将图 3-65 所示的三相异步电动机正反转控制的继电器电路转换为功能相同的 PLC 外部接线图和梯形图。

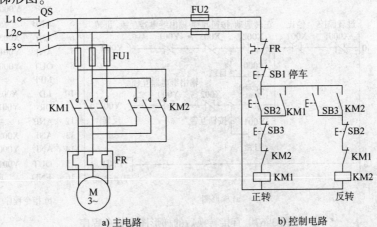

图 3-65　三相异步电动机正反转控制原理图

解: 1)分析控制系统的工作原理。(参见任务 1.2)

2)确定输入/输出信号。根据三相异步电动机正反转控制的要求,即按下正转按钮 SB2,电动机正转,按下反转按钮 SB3,电动机反转,为了防止主电路电源短路,正反转切换时,必须先按下停止按钮 SB1 后再起动。三相异步电动机正反转 PLC 控制系统的输入/输出(I/O)端口地址分配表见表 3-21。

表 3-21 三相异步电动机正反转 PLC 控制系统的输入/输出(I/O)端口地址分配表

输 入			输 出		
设备名称	代号	输入点编号	设备名称	代号	输出点编号
热继电器常开触点	FR	X0	接触器	KM1	Y0
停止按钮	SB1	X1	接触器	KM2	Y1
正转起动按钮	SB2	X2			
反转起动按钮	SB3	X3			

3)画出外部接线示意图,如图 3-66 所示。

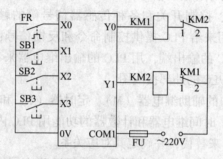

图 3-66 PLC 接线示意图

4)画出直接转换后的梯形图,如图 3-67 所示。

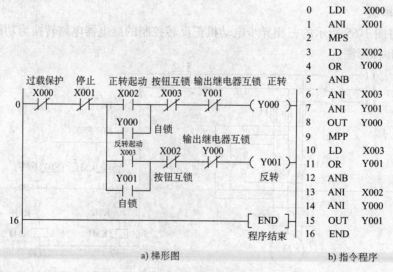

0	LDI	X000
1	ANI	X001
2	MPS	
3	LD	X002
4	OR	Y000
5	ANB	
6	ANI	X003
7	ANI	Y001
8	OUT	Y000
9	MPP	
10	LD	X003
11	OR	Y001
12	ANB	
13	ANI	X002
14	ANI	Y000
15	OUT	Y001
16	END	

a) 梯形图   b) 指令程序

图 3-67 直接转换后的梯形图和指令程序

5）对直接转换后的梯形图进行优化，如图3-68所示。

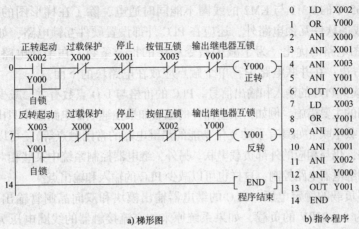

0	LD	X002
1	OR	Y000
2	ANI	X000
3	ANI	X001
4	ANI	X003
5	ANI	Y001
6	OUT	Y000
7	LD	X003
8	OR	Y001
9	ANI	X000
10	ANI	X001
11	ANI	X002
12	ANI	Y000
13	OUT	Y001
14	END	

a) 梯形图　　　　　　b) 指令程序

图3-68　优化后的梯形图和指令程序

4. 设计注意事项

用继电器电路转换法设计梯形图时应注意以下问题：

（1）应遵守梯形图语言中的语法规定　例如在继电器电路图中，触点可以放在线圈的左边，也可以放在线圈的右边，但是在梯形图中，线圈和输出类指令（如 RST、SET 和应用指令等）必须放在梯形图的最右边。

（2）设置中间单元　在梯形图中，若多个线圈都受某一触点（或触点的串并联电路）的控制，在梯形图中可设置用该触点（或电路）控制的辅助继电器简化电路，也可用主控指令简化电路。

（3）分离交织在一起的电路　在继电器电路中，为了减少使用的器件和少用触点，从而节省硬件成本，各个线圈的控制电路往往互相关联，交织在一起。

设计梯形图时应以线圈为单位，分别考虑继电器电路图中每个线圈受到哪些触点和电路的控制，然后画出相应的等效梯形图。

如图3-65不加改动地直接转换为梯形图如图3-67所示，在写指令时，要使用进栈（MPS）和出栈（MPP）指令，但如果将各线圈的控制电路分离开来设计，如图3-68所示，这样处理即使多用一些指令，也不会增加硬件成本，对系统的运行也不会有什么影响。

（4）时间继电器瞬动触点的处理　时间继电器除了有延时动作的触点外，还有在线圈通电或断电时马上动作的瞬动触点。对于有瞬动触点的时间继电器，可以在梯形图中对应的定时器的线圈两端并联辅助继电器的线圈，用辅助继电器的触点来代替时间继电器的瞬动触点。

（5）断电延时的时间继电器的处理　FX 系列 PLC 没有相同功能的定时器，但是，可以用通电延时的定时器来实现断电延时功能，如图3-33所示。

（6）常闭触点提供的输入信号的处理　设计输入电路时，应尽量采用常开触点，以便梯形图中对应触点的常开/常闭类型与继电器电路中的相同。如果只能使用常闭触点，则梯形图中对应触点的常开/常闭类型应与继电器电路中的相反。例如，图3-66 中的 FR 常开触点接在 X0 端子上，所以，继电器电路（图3-65）中的 FR 常闭触点在梯形图图3-67 中对应的是 X0 的常闭触点；如果将图3-66 中的 FR 常开触点改为常闭触点接在 X0 端子上，则继电器电路（图3-65）中的 FR 常闭触点在梯形图（图3-67）中对应的 X0 就应为常开触点。

（7）外部联锁电路的设立　为了防止控制正反转的两个接触器同时动作，造成三相电源短路，图3-65中的KM1与KM2的线圈不能同时通电，除了在梯形图的线圈前串联相应的常闭触点组成的软件互锁电路外，还应在PLC外部设置硬件互锁电路，如图3-66所示。

（8）梯形图电路的优化　为了减少指令程序的指令条数，在串联电路中，单个触点应放在电路块的右边；在并联电路中，单个触点应放在电路块的下面。

（9）尽量减少PLC的输入和输出信号　PLC的价格与I/O点数有关，减少I/O信号的点数是降低硬件费用的主要措施。例如，某些器件的触点如果在继电器电路图中只出现一次，并且与PLC输出端的负载串联（如具有手动复位功能的热继电器的常闭触点等），可以将它们放在PLC外部的输出电路，仍与相应的外部负载串联。另外，继电器控制系统中某些相对独立且比较简单的部分，可以用继电器电路控制，这样也可以减少PLC的输入和输出点。

（10）外部负载的额定电压　PLC的继电器输出模块和双向晶闸管输出模块，一般只能驱动额定电压为AC 220V的负载，如果系统原来的交流接触器的线圈电压为380V时，应换成线圈电压为220V的，或在PLC外部设置中间继电器。

四、任务实施

1. 工作台自动往返运行PLC控制系统梯形图和指令程序设计

（1）直接转换后的梯形图（用堆栈指令和基本指令编程）　运用继电器电路转换法设计的工作台自动往返运行PLC控制系统梯形图和指令程序如图3-69所示。

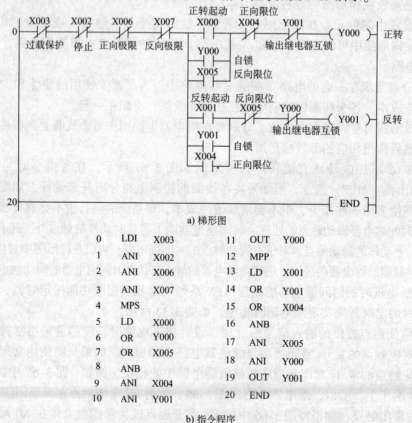

0	LDI	X003
1	ANI	X002
2	ANI	X006
3	ANI	X007
4	MPS	
5	LD	X000
6	OR	Y000
7	OR	X005
8	ANB	
9	ANI	X004
10	ANI	Y001
11	OUT	Y000
12	MPP	
13	LD	X001
14	OR	Y001
15	OR	X004
16	ANB	
17	ANI	X005
18	ANI	Y000
19	OUT	Y001
20	END	

b) 指令程序

图3-69　梯形图和指令程序

（2）优化后的梯形图和指令程序　对直接转换后的梯形图用不同方法进行进一步优化，可分别得到如图 3-70a、b、c 所示的梯形图和指令程序。

2. 运行并调试程序

1）在断电状态下，连接好 PC/PPI 电缆。

2）将 PLC 运行模式选择开关拨到 STOP 位置，此时 PLC 处于停止状态，可以进行程序编写。

3）在作为编程器的计算机上，运行 GX Developer 编程软件。

4）将图 3-70 所示的梯形图程序或指令程序输入到计算机中，并完成"程序检查"和"变换"。

5）执行"在线"→"PLC 写入"命令，将程序文件下载到 PLC 中。

6）将 PLC 运行模式的选择开关拨到 RUN 位置，使 PLC 进入运行方式。

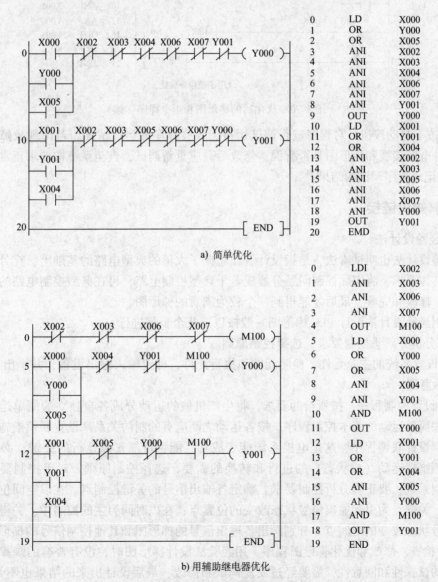

图 3-70　优化后的梯形图和指令程序

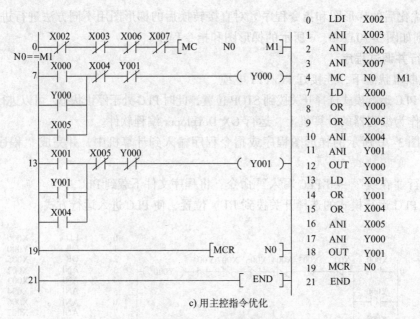

c) 用主控指令优化

图 3-70 优化后的梯形图和指令程序 (续)

7) 按下起动按钮，对程序进行调试运行，观察程序的运行情况。若出现故障，应分别检查硬件电路接线和梯形图是否有误，修改后，应重新调试，直至系统按要求正常工作。

8) 记录程序调试的结果。

五、知识链接

1. 经验设计法

经验设计法也叫试凑法，是指设计者在掌握了大量的典型电路的基础上，充分理解实际系统的具体要求，将实际控制问题分解成若干典型控制电路，再在典型控制电路的基础上不断调试、修改和完善，最后才能得到一个较为满意的梯形图。

采用经验设计法设计 PLC 梯形图一般按以下几个步骤进行：

1) 分析并熟悉控制要求，选择控制原则。

2) 设置系统的主令元件、检测元件和执行元件，确定输入输出设备，并画出 PLC 的 I/O 接线示意图。

3) 设计控制程序。按所给的要求，将生产机械的运动分成各自独立的简单运动，分别设计这些简单运动的基本控制程序。按各运动之间应有的制约关系来设置联锁措施、选择联锁触点、设计联锁程序，这是电控系统能否成功、能否可靠正确运行的关键，必须仔细进行。按照维持运动（或状态）的进行和转换的需要，选择控制原则。对于控制要求比较复杂的控制系统，要正确分析控制要求，确定各输出信号的关键控制点。在以空间位置为主的控制中，关键点为引起输出信号状态改变的位置点；在以时间为主的控制中，关键点为引起输出信号状态改变的时间点。分别画出各输出信号的梯形图和其他控制信号的梯形图。

4) 检查、修改和优化梯形图程序。用经验法设计梯形图时，没有普遍的规律可循，具有很大的试探性和随意性，需要经过反复调试和修改，最后设计出来的结果也不是唯一的，设计所用的时间、设计的质量与设计者的经验有很大的关系，一般用于较简单的梯形图的设计。对于复杂的控制系统，特别是复杂的顺序控制系统，一般采用步进顺控的编程方法。有关步进顺控的编程方法将在项目 4 学习。

2. 逻辑设计法

逻辑设计法就是应用逻辑代数以逻辑组合的方法和形式设计程序。逻辑设计法的一般做法是根据生产过程各工步之间各个检测组件状态的不同组合和变化，确定所需的中间环节，再按照各执行组件所应满足的动作节拍列出真值表，分别写出相应的逻辑表达式。最后，用触点的串并联组合，即通过具体的物理电路实现所需的逻辑表达式。

用逻辑法设计梯形图，必须在逻辑函数表达式与梯形图之间建立一种一一对应关系，即梯形图中常开触点用原变量（元件）表示，常闭触点用反变量（元件上加一小横线）表示。

触点和线圈只有两个取值 "1" 与 "0"，"1" 表示触点接通或线圈有电，"0" 表示触点断开或线圈无电。触点串联用逻辑 "与" 表示，触点并联用逻辑 "或" 表示，其他复杂的触点组合可用组合逻辑表示，它们的对应关系见表 3-22。

表 3-22　逻辑函数表达式与梯形图的对应关系

逻辑函数表达式	梯形图	逻辑函数表达式	梯形图
逻辑 "与" $Y0 = X1 \cdot X2$	X001 X002 —(Y0)	"与" 运算式 $Y0 = X1 \cdot X2 \cdots X_n$	X001 X002 Xn —(Y0)
逻辑 "或" $Y0 = X1 + X2$	X001 / X002 —(Y0)	"或/与" 运算式 $Y0 = (X1 + Y0) \cdot \overline{X2} \cdot X3$	X001 X002 X003 / Y0 —(Y0)
逻辑 "非" $Y0 = \overline{X1}$	X001 / —(Y0)	"与/或" 运算式 $Y0 = (X1 \cdot X2) + (X3 \cdot X4)$	X001 X002 —(Y0) X003 X004

运用逻辑设计法设计梯形图的一般步骤为：

1）分析系统控制要求，明确控制任务和控制内容。

2）确定 PLC 的软元件（输入继电器 X、输出继电器 Y、辅助继电器 M 和定时器 T 等），画出 PLC 的外部接线图。

3）将控制任务、控制要求转换为逻辑函数（线圈）和逻辑变量（触点），分析触点与线圈的逻辑关系，列出真值表。

4）根据真值表写出逻辑函数表达式。

5）根据逻辑函数表达式画出梯形图。

6）优化梯形图。

六、思考与练习

1. 图 3-71 为两台电动机顺序运行的继电器-接触器控制电路，其功能要求为：

1）接上电源，电动机不动作。

2）按 SB2 后，泵电动机动作；再按 SB4 后，主电动机才会动作。

3）未按 SB2，而先按 SB4 时，主电动机不会动作。

4）按 SB3 后，只有主电动机停转，而按 SB1 后，两电动机同时停转。

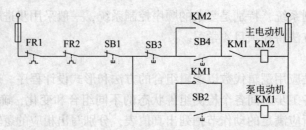

图 3-71 两台电动机顺序运行的继电器-接触器控制电路

试将其改用 PLC 控制系统，编程要求为：

1）列出输入/输出端口分配表。

2）画出梯形图和接线图。

3）写出指令程序。

2. 设计一个两动力头来回往返 PLC 控制系统。图 3-72a 是某机床的运动简图。行程开关 SQ1 为动力头 1 的原位开关，SQ2 为其终点限位开关；限位开关 SQ3 为动力头 2 的原位开关，SQ4 为其终点限位开关。SB2 为工作循环开始的起动按钮，M 是动力头的驱动电动机。试参照图 3-72b 机床工作循环图和图 3-72c 继电器-接触器控制电路图进行设计，要求：

1）列出输入/输出端口分配表。

2）画出梯形图和接线图。

3）写出指令程序。

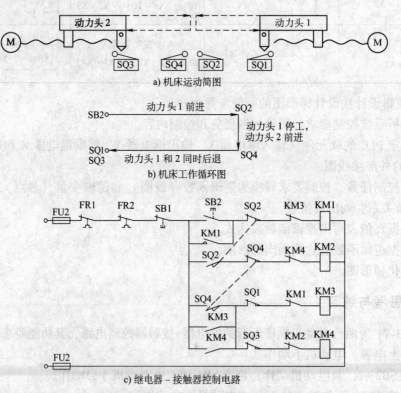

图 3-72 机床两动力头来回往复运动控制

项目四　三菱 FX$_{3U}$ 系列 PLC 的步进顺控指令及其应用

本项目主要介绍专门用于系统顺序控制的步进指令及其编程方法——顺序功能图法（Sequential Function Chart，SFC），也称状态转移图法。通过设计具体的 PLC 控制项目，介绍了状态转移图的特点、设计步骤和单流程结构、选择与并行分支结构的状态编程方法，最后要求能用步进指令灵活地实现从状态转移图到步进梯形图的转换，能熟练地使用三菱公司的编程软件设计步进梯形图和指令程序，并将程序写入 PLC 进行调试运行。

 知识目标

1）掌握 PLC 的另一种编程方法——状态转移图法，掌握状态转移图法的编程步骤。

2）掌握步进指令的编程方法，同时要求能用步进指令灵活地实现从状态转移图到步进梯形图的转换。

3）掌握单流程结构、选择性分支结构和并行分支结构的状态编程。掌握多分支状态转移图与梯形图的转换。

 技能目标

1）能根据项目要求，熟练地画出 PLC 控制系统的状态转移图、步进梯形图，并能写出相应的指令程序。

2）能熟练地使用三菱公司的编程软件设计步进梯形图和指令程序，并写入 PLC 进行调试运行。

任务 4.1　运料小车自动往返控制

一、任务描述

设计一运料小车自动往返控制系统，运行过程如图 4-1 所示。假设小车工作一个周期后，不会自行起动。

二、任务分析

1. 工作原理分析

如图 4-1 所示，小车处于原位时，压下后限位开关，当合上起动按钮时，小车

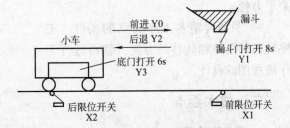

图 4-1　运料小车运行过程示意图

前进，当运行至压下前限位开关后，打开漏斗门，延时 8s 后，漏斗门关上，小车向后运行，到后端时压下后限位开关，打开小车底门（延时 6s 后），底门关上，完成一次动作。

小车的前进、后退由两个接触器控制电动机的正反转进行拖动，漏斗门和小车底门分别由两个电磁铁控制。

2. 输入与输出点分配

通过分析运料小车的运行过程，可得运料小车自动往返 PLC 控制系统的 I/O 端口地址分配表见表 4-1。

表 4-1　运料小车自动往返 PLC 控制系统的 I/O 端口地址分配表

输　入			输　出		
设备名称	代　号	输入点编号	设备名称	代　号	输出点编号
起动按钮	SB1	X0	接触器	KM1	Y0
前限位开关	SQ1	X1	电磁铁	YA1	Y1
后限位开关	SQ2	X2	接触器	KM2	Y2
			电磁铁	YA2	Y3

3. PLC 接线示意图

根据 PLC 控制系统 I/O 端口地址分配表，可画出 PLC 的外部接线示意图，如图 4-2 所示。

4. 工作流程图

将小车的工作过程进行分解，以流程图形式来表示小车每个工序的动作，从而得到了小车的工作流程图，如图 4-3 所示，这就是状态转移图的原型。

从图 4-3 可以看到，该图有以下特点：

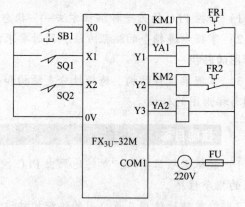

图 4-2　PLC 接线示意图

1）将复杂的任务或过程分解成若干个工序（或状态），能清晰地反映控制系统的全部工艺流程，可读性很强，很容易理解，有利于程序的结构化设计。

2）相对某一个具体的工序来说，控制任务实现了简化，给局部程序的编制带来了方便。

3）只要弄清各工序成立的条件、工序转移的条件和转移的方向，就可进行工作流程图的设计。

三、技术要点

1. 状态转移图

（1）状态转移图编程的特点　使用经验法及基本指令编制的梯形图和指令程序虽然能达到控制要求，但也存在一些问

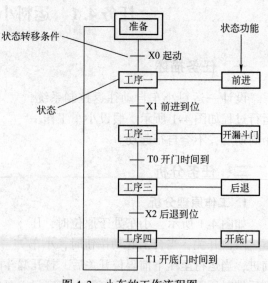

图 4-3　小车的工作流程图

题。例如，工艺动作表达繁琐；梯形图涉及的联锁关系较复杂，处理起来较麻烦；梯形图可读性差，很难从梯形图看出具体控制工艺过程等。为此，人们设计出了一种易于构思、易于理解的图形程序设计工具，它既有流程图的直观，又有利于复杂控制逻辑关系的分解与综合，这种图就是状态转移图，也叫顺序功能图。对于复杂的控制系统，特别是复杂的顺序控制系统，一般采用步进顺控的编程方法。

三菱 FX₃U 系列的小型 PLC 采用 IEC 标准的 SFC 语言，它以流程图的形式表示机械动作过程，可用于编制复杂的顺序控制程序。这种设计法是一种先进的编程方法，很容易掌握，初学者也可以迅速地编制出复杂的顺控程序，对于有经验的工程师，也会提高设计的效率，并且程序的调试、修改和阅读也很方便。

FX₃U 系列的小型 PLC 在基本逻辑指令之外增加了两条简单的步进顺控梯形图指令，同时辅之以大量状态软元件，就可以用状态转移图方式编程。

（2）FX₃U 系列 PLC 的状态软元件分类　FX₃U 系列 PLC 共有 4096 个状态软元件（或称状态寄存器），它们是状态转移图的基本构成因素之一，也是 PLC 的重要软元件之一。FX₃U 系列 PLC 的状态软元件分类及性能见表 4-2。其中，S20 ~ S999 用作 SFC 的中间状态，S0 ~ S999 均为掉电保持状态，即在掉电时也能保存其动作的状态。

表 4-2　FX₃U 系列 PLC 的状态软元件分类及性能

项　目		性　能		
状态软元件	初始状态（一般用）	S0 ~ S9	10 点	可以通过参数变更保持/不保持的设定
	一般用［可变］	S10 ~ S499	490 点	
	保持用［可变］	S500 ~ S899	400 点	
	信号报警器用［可变］	S900 ~ S999	100 点	
	保持用［固定］	S1000 ~ S4095	3096 点	

目标组件 Y、M、S、T、C 和 F（功能指令）均可由状态 S 的触点来驱动，也可由各种触点的组合来驱动。当前状态可由单独触点作为转移条件，也可由各种触点的组合作为转移条件。

（3）状态转移图的设计步骤　状态转移图设计步骤可分为：任务分解、理解每个状态功能、找出每个状态的转移条件及转移方向和设置初始状态 4 个阶段。下面以运料小车为例，分 4 个阶段设计其状态转移图。

1）任务分解。将小车的整个工作过程按工作步序进行分解，如图 4-3 所示，每个工序对应一个状态，其状态分别如下：

初始状态	S0
小车前进	S20
开漏斗门	S21
小车后退	S22
开底门	S23

2）理解每个状态的功能。

状态 S0　　　PLC 上电做好工作准备

状态 S20　　小车前进（输出 Y0，驱动电动机 M 正转）

状态 S21　　打开漏斗（输出 Y1，定时器 T0 开始工作）

状态 S22　　小车后退（输出 Y2，驱动电动机 M 反转）

状态 S23　　开底门（输出 Y3，定时器 T1 开始工作）

各状态的功能是通过 PLC 驱动其各种负载来完成的。负载可由状态元件直接驱动，也可由其他软元件触点的逻辑组合驱动。

3）找出每个状态的转移条件和转移方向。即在什么条件将下一个状态"激活"。状态转移图就是由状态和状态转移条件及转移方向构成的流程图，弄清转移条件当然是必要的。

由工作过程可知，本项目各状态的转移条件为：

状态 S20	X0	起动
状态 S21	X1	前限位
状态 S22	T0	开漏斗门时间
状态 S23	X2	后限位

状态的转移条件可以是单一的，也可以是多个元件的串并联组合。

4）设置初始状态。初始状态可由其他状态驱动，但运行开始必须用其他方法预先做好驱动，否则状态流程不可能向下进行。一般用系统的初始条件，若无初始条件，可用 M8002（PLC 从 STOP→RUN 切换时的初始脉冲）进行驱动。

经过上述 4 步，可得运料小车自动往返控制的状态转移图，如图 4-4 所示。

在状态转移图中，若对应的状态是开启的（即"激活状态"），则状态的负载驱动和转移才有可能。若对应状态是关闭的，则负载驱动和状态转移就不可能发生。因此，除初始状态外，其他所有状态只有在其前一个状态处于激活且转移条件成立时才能开启。同时，下一个状态一旦被"激活"，上一个状态就自动关闭。这样，状态转移图的分析就变得条理十分清楚，无需考虑状态间的繁杂联锁关系。另外，这也方便程序的阅读理解，使程序的试运行、调试、故障检查与排除变得非常容易，这就是运用状态编程思想解决顺序控制问题的优点。

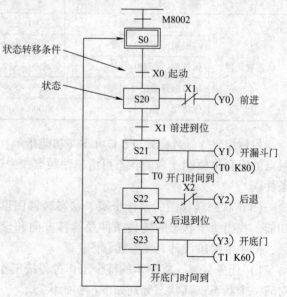

图 4-4　运料小车自动往返控制的状态转移图

可见，状态转移图比较形象、直观，且可读性好，清晰地反映了控制的全过程。而且，它将一个复杂的控制过程，分解成若干个状态，起到了化繁为简的作用，也符合结构化程序设计的特点。

2. 步进指令与单流程步进梯形图编程

（1）步进指令（STL、RET）的指令用法和指令功能说明　步进梯形指令（Step Ladder Instruction）即 STL 指令，简称步进指令，它是利用内部软元件在顺控程序上面进行工序步进式控制的指令。步进指令见表 4-3。

表4-3　步进指令

符号	名称	功能	电路表示及操作元件	程序步
[STL]	步进梯形图	步进梯形图开始	S0　X000　┤STL　S0├ ├──┤├──(Y000)	1
[RET]	返回	步进梯形图结束	├──[RET]┤	1

步进指令的意义为激活某个状态，在梯形图上体现为从主母线上引出的状态触点。该指令有建立子母线的功能，以使该状态的所有操作均在子母线上进行。

返回（RET）是指状态（S）流程结束，用于返回主母线。

（2）单流程步进梯形图编程

1）单流程SFC。单流程的SFC是状态转移图中最基本的结构流程，由按顺序排列、依次有效的状态序列组成，每个状态的后面只跟一个转移条件，每个转移条件后面也只连接一个状态，图4-4所示SFC就是一个单流程的结构。

在图4-4中，当状态S20有效时，若转移条件X1接通，状态将从S20转移到S21，一旦转移完成，S20同时复位。同样，当状态S21有效时，若转移条件T0接通，状态将从S21转移到S22，一旦转移完成，S21同时复位。以此类推，直至流程中的最后一个状态。

2）步进梯形图和指令表编程注意事项：

① 状态编程顺序为先进行负载驱动，再进行状态转移，不能颠倒。

② 对状态处理，编程时必须使用步进触点指令STL。

③ 步进触点须与梯形图左母线连接。步进触点只有常开触点，而没有常闭触点，指令用STL表示；连接步进触点的其他继电器触点用LD或LDI指令表示，使用STL指令后，LD或LDI指令点则被右移，当在程序的最后把LD或LDI点返回母线时，必须使用步进返回指令RET，返回主母线。步进返回指令的用法如图4-5所示。

④ 使用步进指令后的状态寄存器，才具有步进控制功能。只有步进触点闭合时，它后面的电路才能动作；如果步进触点断开，则其后面的电路将全部断开。

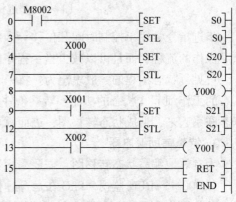

图4-5　步进指令用法之一

⑤ 当使用具有断电保护功能的状态寄存器时，即断电后再次通电，动作从断电时的状态开始。但在某些情况下需要从初始状态开始执行动作，这时需要复位所有的状态。

⑥ 如果不用步进触点时，状态寄存器S可作为普通辅助（中间）继电器M用，这时其功能与M相同。

⑦ 在STL与RET指令之间不能使用MC、MCR指令，但可以使用CJP/EJP指令。

⑧ 在时间顺序步进控制电路中，只要不是相邻步进工序，同一个定时器可在这些步进工序中使用，这可节省定时器。但是，相邻状态使用的T、C元件，编号不能相同。

⑨ 驱动负载使用OUT指令。当同一负载需要连续多个状态驱动，可使用多重输出，也

可使用 SET 指令将负载置位，等到负载不需驱动时用 RST 指令将其复位。如图 4-6 所示，图中只有 S28 接通时，Y20 才断开，即从 S20 接通开始到 S28 接通为止，这段时间为 Y20 持续接通时间。

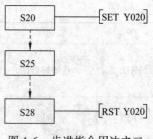

在状态程序中，不同时"激活"的"双线圈"是允许的。另外，负载的驱动、状态转移条件可能为多个元件的逻辑组合，视具体情况，按串、并联关系处理，不能遗漏。

图 4-6 步进指令用法之二

⑩ 若为顺序不连续转移（向上游转移、向非相连的下游转移或向其他流程转移），不能使用 SET 指令进行状态转移，应改用 OUT 指令进行状态转移。

3）步进梯形图程序设计。在设计步进梯形图程序时，在梯形图中使用步进触点指令和步进返回指令后，就可以将状态转移图转换成相应的步进梯形图和指令程序，如图 4-7 所示。状态转移图 4-7a 通过转换可得到步进梯形图 4-7b 和相应的指令程序图 4-7c。

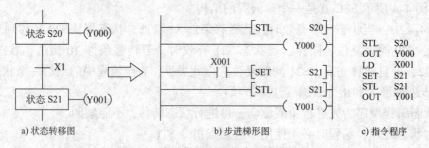

图 4-7 步进梯形图和指令程序的转换

步进指令常用于控制时间和位移等顺序的操作过程。使用步进指令不但可以直观地表示顺序操作的流程，而且可以减少指令程序的条数和容易被人们理解。

可见，状态编程的一般思想为：将一个复杂的控制过程分解为若干个工作状态，弄清各状态的工作细节（状态的功能、转移条件和转移方向），再依据总的控制顺序要求，将这些状态联系起来，形成状态转移图，进而就可编制出步进梯形图和指令程序。

3. 特殊辅助继电器

为有效地编写状态转移图，需要采用数种特殊辅助继电器，较常用的主要有：

M8000——RUN 监视。PLC 在运行过程中，需要一直接通的继电器。可作为驱动程序的输入条件或作为 PLC 运行状态的显示来使用。

M8002——初始脉冲。在 PLC 由 STOP→RUN 时，仅在瞬间（1 个扫描周期）接通的继电器。用于程序的初始设定或初始状态的置位。

M8040——禁止转移。驱动该继电器，则禁止在所有状态之间转移。然而，即使在禁止转移状态下，由于状态内的程序仍然动作，因此，输出线圈等不会自动断开。

其他特殊辅助继电器及其功能请参照各外围设备的手册。

4. 复杂转移条件的程序处理

在转移条件回路中，不能使用 ANB、ORB、MPS、MRD、MPP 指令，图 4-8a 所示复杂转移条件应作相应的处理，如图 4-8b 所示。

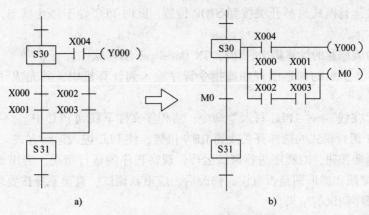

图 4-8 复杂转移条件的程序处理

四、任务实施

1. 小车自动往返控制步进梯形图和指令程序设计

将小车自动往返控制的状态转移图（图 4-4）转换成相应的步进梯形图和指令程序，如图 4-9 所示。

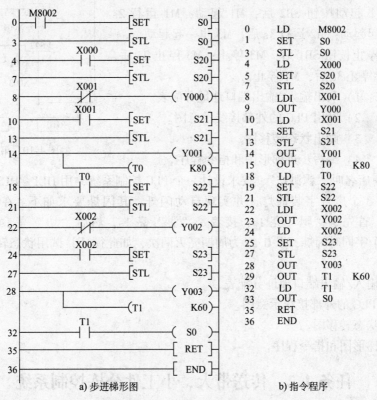

a) 步进梯形图   b) 指令程序

图 4-9 步进梯形图和指令程序

2. 运行并调试程序

1）在断电状态下，连接好 PC/PPI 电缆。

2）将 PLC 运行模式选择开关拨到 STOP 位置，此时 PLC 处于停止状态，可以进行程序编写。

3）在作为编程器的计算机上，运行 GX Developer 编程软件。

4）将图 4-9 所示的梯形图程序或指令程序输入到计算机中，并完成"程序检查"和"变换"。

5）执行"在线"→"PLC 写入"命令，将程序文件下载到 PLC 中。

6）将 PLC 运行模式的选择开关拨到 RUN 位置，使 PLC 进入运行方式。

7）按下起动按钮，对程序进行调试运行，观察程序的运行情况。若出现故障，应分别检查硬件电路接线和梯形图是否有误，修改后，应重新调试，直至系统按要求正常工作。

8）记录程序调试的结果。

五、思考与练习

1. 图 4-10 是某控制系统的状态转移图，请绘出其步进梯形图，并写出指令。

2. 设计一个控制 3 台电动机 M1～M3 顺序起动和停止的 SFC 程序。

1）当按下起动按钮 SB2 后，M1 起动；M1 运行 2s 后，M2 也一起起动；M2 运行 3s 后，M3 也一起起动。

2）按下停止按钮 SB1 后，M3 停止；M3 停止 2s 后，M2 停止；M2 停止 3s 后，M1 停止。

具体要求：1）列出输入/输出端口地址分配表。

2）画出 PLC 的外部接线示意图。

3）画出状态转移图。

4）编写步进梯形图和指令程序。

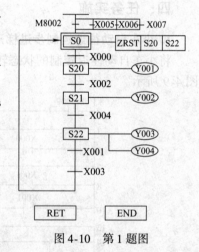

图 4-10 第 1 题图

3. 有一商店名叫"飘渺坊"，要求设计一个 PLC 控制系统，用 HL1～HL3 3 个灯分别点亮"飘渺坊" 3 个广告字装饰灯，并实现自动闪烁。其闪烁要求如下：在按下起动按钮（SB1）以后，首先是"飘"亮 1s，接着是"渺"亮 1s，然后"坊"亮 1s，在这之后使"飘渺坊" 3 个字同时闪烁，以 0.5s 为周期亮灭两次，如此循环，试用状态转移图法完成以下设计内容：

1）列出输入/输出端口地址分配表。

2）画出 PLC 的外部接线示意图。

3）画出状态转移图。

4）编写梯形图和指令程序。

任务 4.2 传送带大、小工件分拣控制系统

一、任务描述

图 4-11 为传送带大、小工件分拣控制系统的示意图。该系统的主要功能是将大工件放在大工件容器中，小工件放在小工件容器中，其动作顺序为下降、吸工件、上升、右行、下

降、释放工件、上升、左行。为保证安全操作，要求机械臂必须在原点状态时（即初始位置：左移到左限位 SQ1，上升到上限位压着 SQ3，磁铁在松开状态）才能起动运行。若不在原点，则通过手动控制使机械臂到达初始位置，要求每次起动运行后，在完成一个工作周期后机械臂回到原点并停止。

二、任务分析

1. 动作过程分析

如图 4-11 所示，左上为原点，机械臂下降（当磁铁压着的是大工件时，限位开关 SQ2 断开，而压着的是小工件时，限位开关 SQ2 接通，以此可判断是大工件还是小工件）。动作顺序依次为下降、吸工件、上升、右行、下降、释放工件、上升、左行。判断是大工件时，将大工件放入大工件容器中；判断是小工件时，将小工件放入小工件容器中。

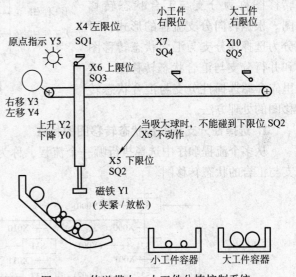

图 4-11　传送带大、小工件分拣控制系统

2. 输入与输出点分配

根据以上分析可知：下降、上升分别由 Y0、Y2 控制，将工件吸住由 Y1 控制，右、左移分别由 Y3、Y4 控制，原点指示由 Y5 控制。可得 PLC 控制系统的输入/输出（I/O）端口地址分配表见表 4-4。

表 4-4　传送带大、小工件分拣 PLC 控制系统输入/输出（I/O）端口地址分配表

输　入			输　出		
设备名称	代号	输入点编号	设备名称	代号	输出点编号
起动按钮	SB1	X0	下降电磁阀线圈	YV1	Y0
总停止按钮	SB2	X1	夹紧/放松电磁铁线圈	YA1	Y1
手动上升按钮	SB3	X2	上升电磁阀线圈	YV2	Y2
手动左移按钮	SB4	X3	接触器线圈右行	KM1	Y3
左限位	SQ1	X4	接触器线圈左行	KM2	Y4
下限位	SQ2	X5	原点指示灯	HL1	Y5
上限位	SQ3	X6			
小工件右限位	SQ4	X7			
大工件右限位	SQ5	X10			

3. PLC 接线示意图

根据表 4-4，可画出 PLC 的外部接线示意图，如图 4-12 所示。

三、技术要点

在步进顺序控制过程中，有时需要将同一控制条件转向多条支路，或把不同条件转向同一支路，或跳过某些工序，或重复某些操作，以上这些称之为多分支状态转移图。像这种多种工作顺序的状态转移图称为分支与汇合状态转移图。根据转向分支流程的形式，可分为选择性分支与汇合状态转移图和并行分支与汇合状态转移图。这里先介绍选择性分支与汇合状态转移图的处理方法。

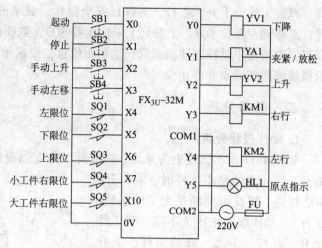

图 4-12　PLC 的外部接线示意图

1. 选择性分支与汇合状态转移图的特点

从多个流程顺序中选择执行哪一个流程，称为选择性分支。图 4-13 就是一个选择性分支与汇合的状态转移图。

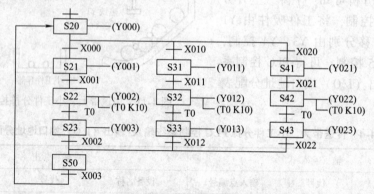

图 4-13　选择性分支与汇合状态转移图

1）该状态转移图有 3 个流程顺序，见图 4-14 所示。

2）S20 为分支状态。根据不同的条件（X0，X10，X20），选择且只能选择执行其中的一个流程。X0 为 ON 时执行图 4-14a，X10 为 ON 时执行图 4-14b，X20 为 ON 时执行图 4-14c。X0、X10 与 X20 不能同时为 ON。

3）S50 为汇合状态，可由 S23、S33、S43 任一状态驱动。

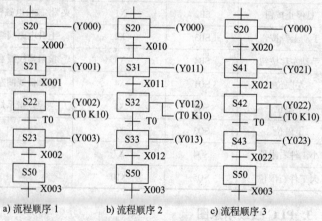

a) 流程顺序 1　　　　b) 流程顺序 2　　　　c) 流程顺序 3

图 4-14　选择性分支与汇合状态转移图的 3 个流程顺序

2. 选择性分支与汇合状态转移图与步进梯形图的转换

在进行选择性分支与汇合状态转移图与步进梯形图的转换时，首先进行分支状态元件的处理（分支状态的处理方法是：首先进行分支状态的输出连接，然后依次按照转移条件置位各转移分支的首转移状态元件），再依顺序进行各分支的连接，最后进行汇合状态的处理（汇合状态的处理方法是：先进行汇合前的驱动连接，再依顺序进行汇合状态的连接）。图4-13所对应的选择性分支梯形图如图4-15所示。

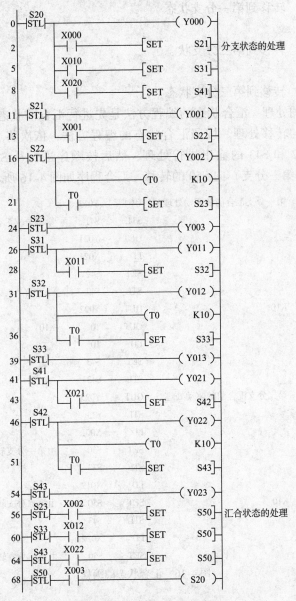

图4-15　选择性分支梯形图

3. 选择性分支与汇合状态转移图的指令编程方法

选择性分支与汇合状态转移图的指令编程原则是：先集中处理分支状态，然后再集中处理汇合状态。

（1）分支状态的处理 分支状态的编程方法是先进行分支状态的驱动处理，再依顺序进行转移处理。按分支状态的编程方法，首先对 S20 进行驱动处理（OUT Y0），然后按 S21、S31、S41 的顺序进行转移处理。程序如下：

```
STL     S20
OUT     Y000    驱动处理
LD      X000
SET     S21     转移到第一分支状态
LD      X010
SET     S31     转移到第二分支状态
LD      X020
SET     S41     转移到第三分支状态
```

（2）汇合状态的处理 汇合状态的编程方法是先进行汇合前状态的驱动处理，再依顺序进行向汇合状态的转移处理。按照汇合状态的编程方法，依次将 S21、S22、S23、S31、S32、S33、S41、S42 和 S43 的输出进行处理，然后按顺序进行从 S23（第一分支）、S33（第二分支）、S43（第三分支）向 S50 的转移。汇合程序如图 4-16 所示。

```
STL     S21     第一分支汇合前的驱动处理        OUT     Y013
OUT     Y001                                  STL     S41     第三分支汇合前的驱动处理
LD      X001                                  OUT     Y021
SET     S22                                   LD      X021
STL     S22                                   SET     S42
OUT     Y002                                  STL     S42
OUT     T0      K10                           OUT     Y022
LD      T0                                    OUT     T0      K10
SET     S23                                   LD      T0
STL     S23                                   SET     S43
OUT     Y003                                  STL     S43
STL     S31     第二分支汇合前的驱动处理        OUT     Y023
OUT     Y011                                  STL     S23
LD      X011                                  LD      X002
SET     S32                                   SET     S50     由第一分支转移到汇合点
STL     S32                                   STL     S33
OUT     Y012                                  LD      X012
OUT     T0      K10                           SET     S50     由第二分支转移到汇合点
LD      T0                                    STL     S43
SET     S33                                   LD      X022
STL     S33                                   SET     S50     由第三分支转移到汇合点
```

图 4-16 汇合状态的编程

四、任务实施

1. 状态转移图的编制

根据工艺要求，该控制流程可根据 SQ2 的状态（即对应大、小工件）有两个分支，此处应为分支点，且属于选择性分支。分支在机械臂下降之后根据 SQ2 的通断，分别将工件吸住、上升、右行到 SQ4 或 SQ5 处下降，此处应为汇合点，然后再释放、上升、左移到原点。在初始状态 S0 处，设置了手动回原点的程序，其状态转移图如图 4-17 所示。

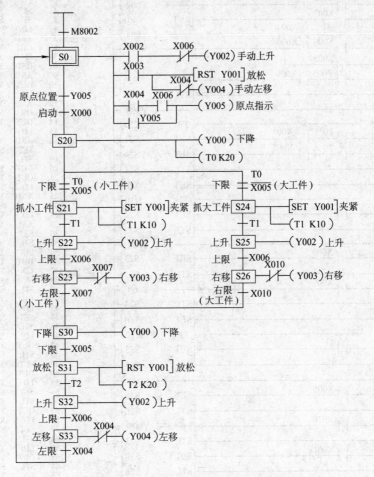

图 4-17 大、小工件分拣控制系统状态转移图

2. 步进梯形图和步进指令程序的编写

根据控制系统的状态转移图可画出相应的步进梯形图和指令程序，如图 4-18 所示。

3. 运行并调试程序

1）在断电状态下，连接好 PC/PPI 电缆。

2）将 PLC 运行模式选择开关拨到 STOP 位置，此时 PLC 处于停止状态，可以进行程序编写。

3）在作为编程器的计算机上，运行 GX Developer 编程软件。

4）将图 4-18 所示的梯形图程序输入到计算机中，并完成"程序检查"和"变换"。

5）执行"在线"→"PLC 写入"命令，将程序文件下载到 PLC 中。

6）将 PLC 运行模式的选择开关拨到 RUN 位置，使 PLC 进入运行方式。

7）按下起动按钮，对程序进行调试运行，观察程序的运行情况。若出现故障，应分别检查硬件电路接线和梯形图是否有误，修改后，应重新调试，直至系统按要求正常工作。

8）记录程序调试的结果。

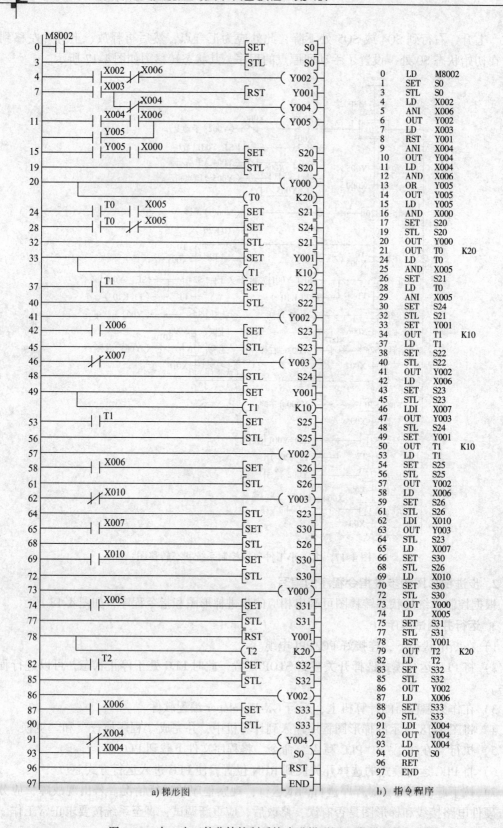

0	LD	M8002	
1	SET	S0	
3	STL	S0	
4	LD	X002	
5	ANI	X006	
6	OUT	Y002	
7	LD	X003	
8	RST	Y001	
9	ANI	X004	
10	OUT	Y004	
11	LD	X004	
12	AND	X006	
13	OR	Y005	
14	OUT	Y005	
15	LD	X005	
16	AND	X000	
17	SET	S20	
19	STL	S20	
20	OUT	Y000	
21	OUT	T0	K20
24	LD	T0	
25	AND	X005	
26	SET	S21	
28	LD	T0	
29	ANI	X005	
30	SET	S24	
32	STL	S21	
33	SET	Y001	
34	OUT	T1	K10
37	LD	T1	
38	SET	S22	
40	STL	S22	
41	OUT	Y002	
42	LD	X006	
43	SET	S23	
45	STL	S23	
46	LDI	X007	
47	OUT	Y003	
48	STL	S24	
49	SET	Y001	
50	OUT	T1	K10
53	LD	T1	
54	SET	S25	
56	STL	S25	
57	OUT	Y002	
58	LD	X006	
59	SET	S26	
61	STL	S26	
62	LDI	X010	
63	OUT	Y003	
64	STL	S23	
65	LD	X007	
66	SET	S30	
68	STL	S26	
69	LD	X010	
70	SET	S30	
72	STL	S30	
73	OUT	Y000	
74	LD	X005	
75	SET	S31	
77	STL	S31	
78	RST	Y001	
79	OUT	T2	K20
82	LD	T2	
83	SET	S32	
85	STL	S32	
86	OUT	Y002	
87	LD	X006	
88	SET	S33	
90	STL	S33	
91	LDI	X004	
92	OUT	Y004	
93	LD	X004	
94	OUT	S0	
96	RET		
97	END		

a) 梯形图　　　　　　b) 指令程序

图4-18　大、小工件分拣控制系统步进梯形图和步进指令

4. 思考

若要求控制系统在按下停止按钮 SB2（X1）后，机械臂立即停止工作，请思考梯形图程序该如何修改。

五、知识链接

1. 选择性分支汇合后的选择性分支的编程

图 4-19a 是一个选择性分支汇合后的选择性分支的状态转移图，要对这种状态转移图进行编程，必须要在选择性分支汇合后和选择性分支前插入一个虚拟状态（如 S100），如图 4-19b 所示，对应的步进梯形图和指令程序如图 4-19c、d 所示。

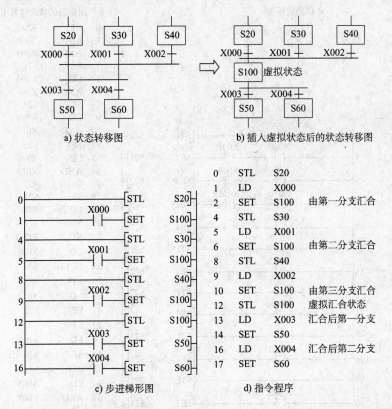

图 4-19　选择性分支汇合后的选择性分支的状态转移图、步进梯形图和指令程序

2. 复杂选择性流程的编程

当选择性分支下又有新的选择性分支，或者选择性分支汇合后又与另一选择性分支汇合组成新的选择性分支的汇合时，可以采用重写转移条件的办法重新进行组合，如图 4-20a、b 所示，相应的步进梯形图和指令程序如图 4-20c、d 所示。

六、思考与练习

1. 在任务 4.2 中，若起动运行后，要求控制系统能连续循环工作，当按下停止按钮后，须在完成当前工作周期后，回到原点才停止，试设计其梯形图。

2. 将图 4-21 所示的状态转移图转换成步进梯形图和指令程序。

a) 状态转移图   b) 重新组合后的状态转移图

c) 步进梯形图   d) 指令程序

图 4-20 复杂选择性流程的状态转移图、步进梯形图和指令程序

3. 设计一个给咖啡发放 3 种不同量糖的 SFC 程序并要求转换成梯形图和指令程序。这是咖啡机控制程序中的加糖部分，具体功能要求为：

1）使用一个运行按钮，每按一次，咖啡机运行一个加糖周期。

2）咖啡机能发放 3 种不同量的糖：不加、1 份、2 份。在其操作面板上设置 3 个按钮：NONE、1Sugar、2Sugar 分别来选择上述 3 种放糖量，如图 4-22 所示。

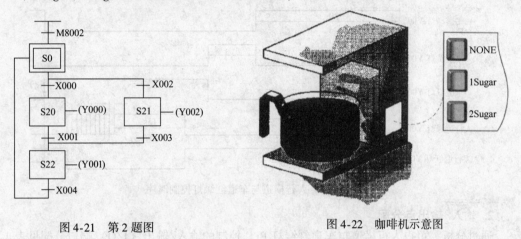

图 4-21 第 2 题图

图 4-22 咖啡机示意图

3）加糖动作由进料电磁阀完成。当需加 1 份糖时，进料电磁阀导通 1s；当需加 2 份糖时，进料电磁阀导通 2s。

任务 4.3 公路交通信号灯控制

一、任务描述

设计一个用于行人通过公路人行横道的按钮式红绿灯交通管理的 PLC 控制系统，如图 4-23 所示。

其工作过程如下：正常情况下，汽车通行，即车道灯亮绿灯（Y2），人行横道灯亮红灯（Y3）。当行人想过马路时，则按下按钮 SB0（X0）或 SB1（X1），过 30s 后，主干道交通灯由绿变黄，黄灯亮 10s 后，红灯亮，过 5s 后，人行横道的绿灯亮，15s 以后，人行横道绿灯开始闪烁，

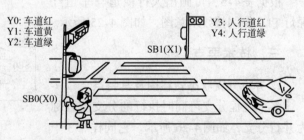

图 4-23 人行横道与公路车道红绿灯控制

设定值为 5 次，闪 5 次后，同时人行横道红灯亮，过 5s，主干道绿灯亮，恢复正常。

二、任务分析

这是一个经典的时间顺序控制问题。

1. 控制要求分析

通常情况为车道常开绿灯，人行横道常开红灯。若行人想要过马路时，按下人行横道按钮SB0或SB1后，红绿灯的变化时序如图4-24所示。

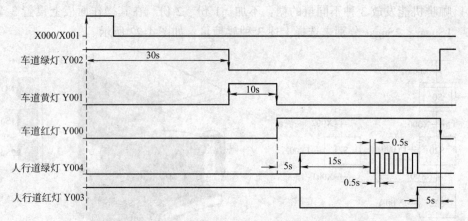

图4-24 人行横道与车道红绿灯控制时序

2. 输入/输出点分配

通过分析，可得人行横道与车道红绿灯PLC控制的输入/输出（I/O）端口分配见表4-5。

表4-5 人行横道与车道红绿灯PLC控制的输入/输出（I/O）端口分配表

输 入 信 号			输 出 信 号		
设备名称	代号	输入点编号	设备名称	代号	输出点编号
按钮1	SB0	X0	车道红灯	HL0、HL1	Y0
按钮2	SB1	X1	车道黄灯	HL2、HL3	Y1
			车道绿灯	HL4、HL5	Y2
			人行横道红灯	HL6、HL7	Y3
			人行横道绿灯	HL8、HL9	Y4

3. PLC接线示意图

根据表4-5，可画出人行横道与车道红绿灯PLC控制接线示意图，如图4-25所示。

三、技术要点

1. 并行分支状态转移图及其特点

多个流程分支可同时执行的分支流程称为并行分支，如图4-26所示。它同样有3个顺序，如图4-27所示。

2. 并行分支与汇合状态转移图与步进梯形图的转换

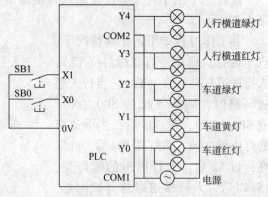

图4-25 人行横道与车道红绿灯PLC控制接线示意图

在进行并行分支与汇合状态转移图与步进梯形图的转换时，首先进行分支状态元件的处理，再依顺序进行各分支的连接，最后进行汇合状态的处理。分支状态的处理方法是：首先进行分支状态的输出连接，然后依次按照转移条件置位各转移分支的首转移状态元件；汇合

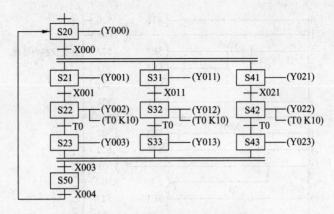

图 4-26 并行分支状态转移图

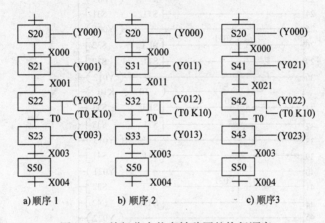

a)顺序 1　　　　　 b)顺序 2　　　　　 c)顺序3

图 4-27 并行分支状态转移图的执行顺序

状态的处理方法是：先进行汇合前的驱动连接，再依顺序进行汇合状态的连接。图 4-26 所对应的梯形图如图 4-28 所示。

3. 并行分支与汇合状态转移图的指令编程方法

并行分支与汇合状态转移图的指令编程原则是先集中处理分支状态，然后再集中处理汇合状态。

（1）分支状态的处理　分支状态的编程方法是先进行分支状态的驱动处理，再依顺序进行转移处理。按分支状态的编程方法，首先对 S20 进行驱动处理（OUT Y0），然后按 S21、S31、S41 的顺序进行转移处理，指令程序如下：

STL　S20

OUT　Y000　　驱动处理

LD　　X000

SET　S21　　　向第一分支转移

SET　S31　　　向第二分支转移

SET　S41　　　向第三分支转移

（2）汇合状态的处理　汇合状态的编程方法是先进行汇合前状态的驱动处理，再依顺序进行向汇合状态的转移处理。按照汇合状态的编程方法，依次将 S21、S22、S23、S31、

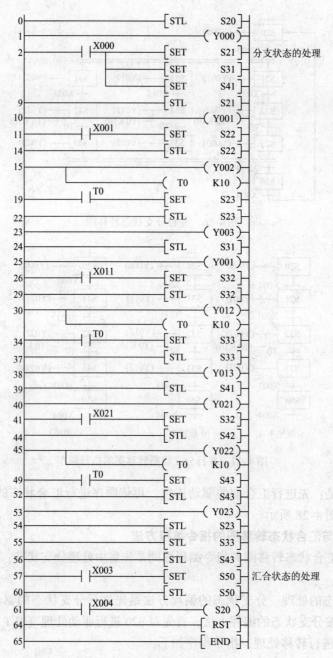

图 4-28 并行分支梯形图

S32、S33、S41、S42、S43 的输出进行处理，然后按顺序进行从 S23（第一分支）、S33（第二分支）、S43（第三分支）向 S50 的转移。

指令程序如下：

STL S21 第一分支汇合前的驱动处理
OUT Y001
LD X001
SET S22

STL	S22			
OUT	Y002			
OUT	T0	K10	STL S41	第三分支汇合前的驱动处理
LD	T0		OUT Y021	
SET	S23		LD X021	
STL	S23		SET S42	
OUT	Y003		STL S42	
STL	S31	第二分支汇合前的驱动处理	OUT Y022	
OUT	Y011		OUT T0 K10	
LD	X011		LD T0	
SET	S32		SET S43	
STL	S32		STL S43	
OUT	Y012		OUT Y023	
OUT	T0	K10	STL S23	汇合状态的处理
LD	T0		STL S33	
SET	S33		STL S43	
STL	S33		LD X003	
OUT	Y013		SET S50	

4. 分支、汇合的组合流程及虚拟状态

运用状态编程思想解决问题时，当设计出状态转移图后，发现有些状态转移图不单单是某一种分支、汇合流程，而是若干个或若干类分支、汇合流程的组合。例如，并行分支、汇合中存在选择性分支，只要严格按照分支、汇合的原则和方法，就能对其编程；但有些分支、汇合的组合流程不能直接编程，需转换后才能进行编程。

另外，还有一些分支、汇合组合的状态转移图，它们连续地直接从汇合线移到下一个分支线，而没有中间状态。这样的流程组合既不能直接编程，又不能采用上述办法先转换后编程。这时，需在汇合线到分支线之间插入一个状态，以改变直接从汇合线到下一个分支线的状态转移。但在实际工艺中，这个状态并不存在，所以只能虚设，这种状态称为虚拟状态。加入虚拟状态之后的状态转移图就可以进行编程了。

四、任务实施

1. 状态表

根据控制要求，可列出人行横道与车道红绿灯 PLC 控制的状态表，见表 4-6。

表 4-6　人行横道与车道红绿灯 PLC 控制的状态表

状态号	状态输出/状态功能	状态转移条件	状态转移方向
状态 S0	Y2 得电，车道绿灯亮 Y3 得电，人行横道红灯亮	X0（或 X1）	S0→S20 S0→S30
状态 S20	Y2 得电，车道绿灯亮 T0 计时 30s	T0	S20→S21
状态 S21	Y1 得电，车道黄灯亮 T1 计时 10s	T1	S21→S22

（续）

状态号	状态输出/状态功能	状态转移条件	状态转移方向
状态 S22	Y0 得电，车道红灯亮 T2 计时 5s	T6	S22→S0
状态 S30	Y3 得电，人行横道红灯亮	T2	S30→S31
状态 S31	Y4 得电，人行横道绿灯亮 T3 计时 15s	T3	S31→S32
状态 S32	Y4 失电，人行横道绿灯暗 T4 计时 0.5s	T4	S32→S33
状态 S33	Y4 得电，人行横道绿灯亮 T5 计时 0.5s C0 计数	T5 C0 计数未满 5 次	S33→S32
		T5 C0 计数满 5 次	S33→S34
状态 S34	Y3 得电，人行横道红灯亮 T6 计时 5s	T6	S34→S0

2. 状态转移图

根据表 4-6，本项目可以用并行分支与汇合流程状态转移图来实现，可画出等效的并行结构状态转移图，如图 4-29 所示。

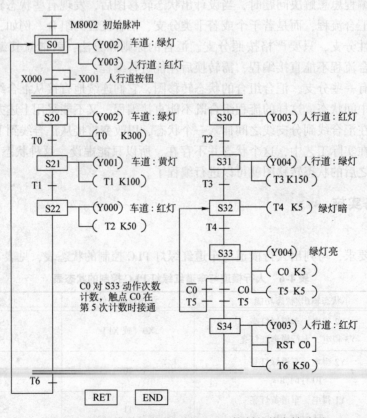

图 4-29　人行横道与车道红绿灯 PLC 控制的状态转移图

1）在系统开始运行时，通过 M8002 使初始状态 S0 动作，车道灯为绿，人行横道灯为红。

2）按下按钮 X0 或 X1，从状态 S0 并行转移到状态 S20 和 S30，继续保持车道灯为绿，人行横道灯为红。

3）S20 用 T0 计时，使车道绿灯保持 30s 后，控制状态转移到 S21，Y1 得电，车道黄灯亮。

4）S21 用 T1 计时，使车道黄灯保持 10s 后，控制状态转移到 S22，Y0 得电，车道红灯亮。

5）S22 用 T2 计时 5s，使车道红灯亮 5s 后，才控制右边并行分支的 S30 转移到 S31，Y4 得电，人行横道绿灯亮。而 S22 本身返回原位 S0，则是受右边并行分支中的 T6 控制。

6）S31 用 T3 定时，使人行横道绿灯保持 15s 后，控制状态转移到 S32，人行横道绿灯变暗；S32 用 T4 计时，0.5s 后，控制从状态 S32 转移到状态 S33，Y4 得电，人行横道绿灯又亮。S33 用 T5 计时，0.5s 后，控制从状态 S33 跳转到 S32，人行横道绿灯又变暗。用计数器 C0 控制绿灯闪烁次数，C0 对 S33 动作次数计数，在第 5 次计数时 C0 常开接通，状态转移到 S34，使计数器 C0 复位，绿灯闪烁 5 次结束，同时 Y3 得电，人行横道恢复红灯。

7）S34 用 T6 计时，5s 后与 S22 同时返回初始状态 S0。

在状态转移过程中，即使按动人行横道按钮 X0、X1 也无效。

3. 步进梯形图和指令程序设计

将图 4-29 转换成步进梯形图，如图 4-30 所示。

4. 运行并调试程序

1）在断电状态下，连接好 PC/PPI 电缆。

2）将 PLC 运行模式选择开关拨到 STOP 位置，此时 PLC 处于停止状态，可以进行程序编写。

3）在作为编程器的计算机上，运行 GX Developer 编程软件。

4）将图 4-30 所示的梯形图程序输入到计算机中，并完成"程序检查"和"变换"。

5）执行"在线"→"PLC 写入"命令，将程序文件下载到 PLC 中。

6）将 PLC 运行模式的选择开关拨到 RUN 位置，使 PLC 进入运行方式。

7）分别按下按钮 SB0 或 SB1 对程序进行调试运行，观察程序的运行情况。若出现故障，应分别检查硬件电路接线和梯形图是否有误，修改后，应重新调试，直至系统按要求正常工作。

8）记录程序调试的结果。

五、知识链接

1. 并行性汇合后的并行性分支的编程

图 4-31a 是一个并行性汇合后的并行性分支的状态转移图，要对这种转移图进行编程，可参照选择性汇合后的选择性分支的编程方法，即在并行性汇合后和并行性分支前插入一个虚拟状态（如 S101），如图 4-31b 所示，相应的步进梯形图和指令程序如图 4-31c、d 所示。

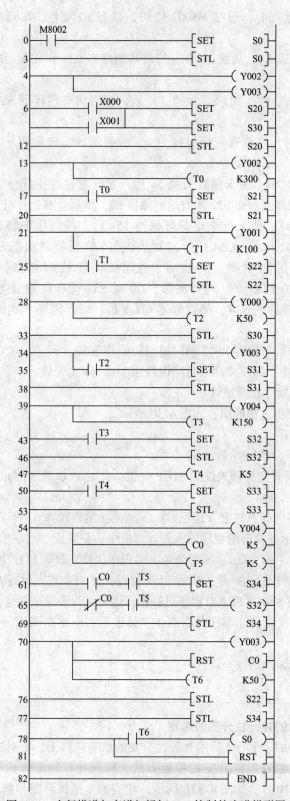

图4-30 人行横道与车道红绿灯 PLC 控制的步进梯形图

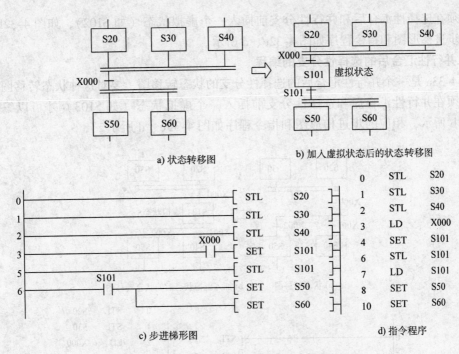

a) 状态转移图　　b) 加入虚拟状态后的状态转移图

c) 步进梯形图

0	STL	S20
1	STL	S30
2	STL	S40
3	LD	X000
4	SET	S101
6	STL	S101
7	LD	S101
8	SET	S50
10	SET	S60

d) 指令程序

图 4-31　并行性汇合后的并行性分支的编程

2. 选择性汇合后的并行性分支的编程

图 4-32a 是一个选择性汇合后的并行性分支的状态转移图，要对这种状态转移图进行编

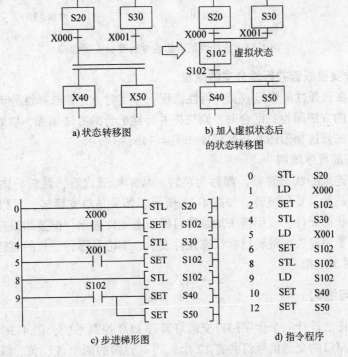

a) 状态转移图　　b) 加入虚拟状态后的状态转移图

c) 步进梯形图

0	STL	S20
1	LD	X000
2	SET	S102
4	STL	S30
5	LD	X001
6	SET	S102
8	STL	S102
9	LD	S102
10	SET	S40
12	SET	S50

d) 指令程序

图 4-32　选择性汇合后的并行性分支的编程

程，必须在选择性汇合后和并行性分支前插入一个虚拟状态（如S102），如图4-32b所示，相应的步进梯形图和指令程序如图4-32c、d所示。

3. 并行性汇合后的选择性分支的编程

图4-33a是一个并行性汇合后的选择性分支的状态转移图，要对这种状态转移图进行编程，必须在并行性汇合后和选择性分支前插入一个虚拟状态（如S103）才可以编程，如图4-33b所示，相应的步进梯形图和指令程序如图4-33c、d所示。

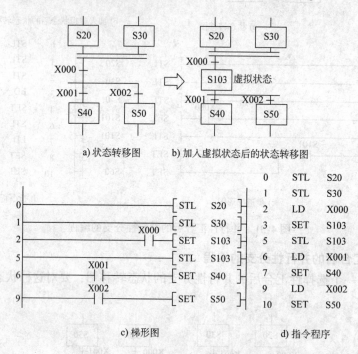

a) 状态转移图　　　　b) 加入虚拟状态后的状态转移图

c) 梯形图　　　　　　　　d) 指令程序

图4-33　选择性汇合后的并行性分支的编程

4. 选择性分支里嵌套并行性分支的编程

图4-34a是在选择性流程里嵌套并行性流程。分支时，先按选择性分支的方法编程，然后按并行性分支的方法编程；汇合时，则先按并行性汇合的方法编程，然后按选择性汇合的方法编程，相应的步进梯形图和指令程序如图4-34b、c所示。

5. 跳转流程的程序编制

凡是顺序不连续的状态转移，都称为跳转。从结构形式看，跳转分向后跳转、向前跳转、向另外程序跳转及复位跳转，如图4-35所示。如果是单支跳转，可以直接用箭头连线到所跳转的目标状态元件，或用箭头加跳转目标状态元件表示。但是如果有两支跳转，因为不能交叉，所以要用箭头加跳转目标状态元件表示。不论是哪种形式的跳转流程，凡是跳转都用OUT而不用SET指令。

六、思考与练习

用状态转移图法设计一个十字路口交通灯管理PLC控制系统，图4-36为十字路口交通灯示意图，十字路口的交通信号灯共有12个，同一方向的两个红、黄、绿灯的变化规律相

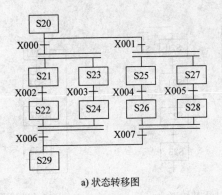

a) 状态转移图

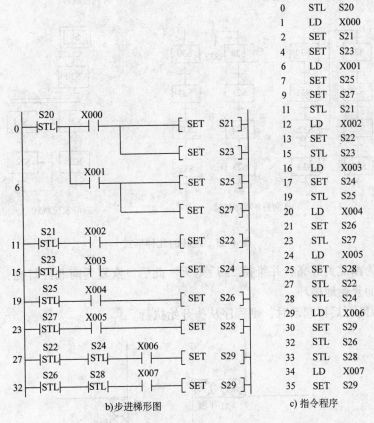

0	STL	S20
1	LD	X000
2	SET	S21
4	SET	S23
6	LD	X001
7	SET	S25
9	SET	S27
11	STL	S21
12	LD	X002
13	SET	S22
15	STL	S23
16	LD	X003
17	SET	S24
19	STL	S25
20	LD	X004
21	SET	S26
23	STL	S27
24	LD	X005
25	SET	S28
27	STL	S22
28	STL	S24
29	LD	X006
30	SET	S29
32	STL	S26
33	STL	S28
34	LD	X007
35	SET	S29

b)步进梯形图　　　　c)指令程序

图 4-34 选择性分支里嵌套并行性分支的编程

同，所以，十字路口的交通灯的控制就是一双向（两组）红、黄、绿灯控制，称之为 1 绿、1 黄、1 红和 2 绿、2 黄、2 红。图 4-37 为其控制时序图。具体控制要求如下：

1）设置一个起动开关。

2）当合上起动开关时，南北红灯亮并维持 25s，同时东西绿灯也亮，并维持 20s。此后，东西绿灯闪烁（亮暗间隔各为 0.5s）3 次后熄灭。

3）接着，东西黄灯亮，维持 2s 后熄灭，变为东西红灯亮；同时南北红灯熄灭，变为南北绿灯亮。

4）东西红灯亮将维持 30s，而南北绿灯亮维持 25s 后，再闪烁（亮暗间隔各为 0.5s）3

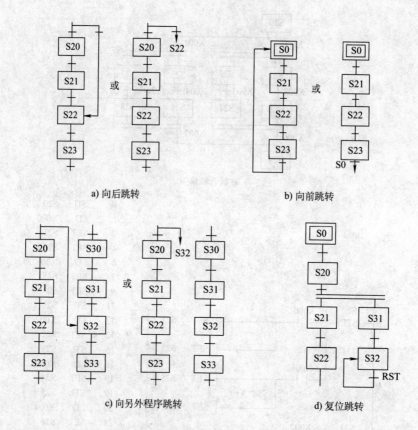

a) 向后跳转   b) 向前跳转

c) 向另外程序跳转   d) 复位跳转

图 4-35 跳转的几种形式

次后熄灭，变为南北黄灯亮，并维持 2s 后熄灭。此后，恢复为南北红灯亮，同时东西绿灯也亮。如此周而复始地循环。

5）当电源断开后再起动时，则程序从头开始执行。

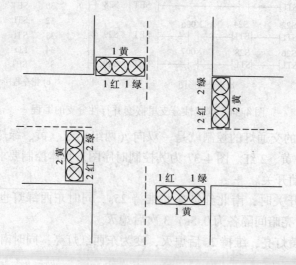

图 4-36 十字路口交通灯示意图

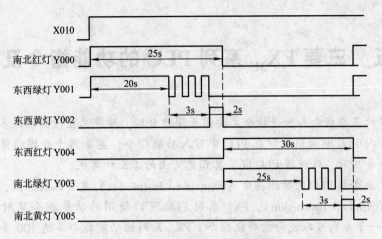

图 4-37 交通灯控制时序图

项目五　三菱 FX$_{3U}$ 系列 PLC 的功能指令及其应用

　　前面学习的基本指令和步进指令主要用于逻辑处理，现代工业控制在许多场合需要进行数据处理，因而 PLC 制造商逐步在 PLC 中引入功能指令，主要用于数据的传送、运算、变换及程序控制等功能，这使得 PLC 成了真正意义上的工业计算机。

　　本项目主要介绍 PLC 的功能指令（Functional Instruction）及其编程方法，功能指令也称为应用指令（Applied Instruction），FX$_{3U}$ 系列 PLC 可以使用的功能指令见附录 D，表中的"○"表示某一子系列可以使用该功能指令。FX$_{3U}$ 系列的功能指令多达 100 多条，依据功能不同可分为程序流程、传送与比较、算术与逻辑运算、循环与移位、数据处理、高速处理、方便指令、外围设备 I/O、外围设备 SER、浮点数、定位、时钟运算、外围设备、触点比较等。对于具体的控制对象，选择合适的功能指令，将使编程更加方便和快捷。限于篇幅，本项目只介绍较常用的功能指令，其余指令的使用可参阅相关的编程手册。

知识目标

　　1）掌握功能指令的基本规则、表示方式、数据长度、位组件、执行方式和变址操作等。

　　2）掌握各类功能指令及运用功能指令编程的方法。

　　3）掌握 PLC 控制系统的设计原则和设计步骤。

　　4）学会用 PLC 解决实际问题的思路，进一步熟悉编程软件的使用方法，通过练习，提高编程技巧。

技能目标

　　1）学会根据项目要求进行 PLC 的选型、硬件配置，设计出 PLC 控制系统的接线图。

　　2）能熟练地运用基本指令和功能指令设计 PLC 控制系统的梯形图和指令程序，并写入 PLC 进行调试运行。

　　3）能熟练运用 PLC 解决实际工程问题。

任务 5.1　自动送料车的 PLC 控制

一、任务描述

　　某车间有 6 个工作台，自动送料车往返于工作台之间送料，如图 5-1 所示。每个工作台设有一个到位开关（SQ1 ~ SQ6）和一个呼叫按钮（SB1 ~ SB6）。具体控制要求如下：

　　1）送料车开始应能准确停留在 6 个工作台中任意一个到位开关的位置上。

　　2）设送料车现暂停于 m 号工作台（SQm 为 ON）处，这时 n 号工作台呼叫（SBn 为 ON），若：

① $m > n$，送料车左行，直至 SQn 动作，到位停车。即送料车所停位置 SQ 的编号大于呼叫按钮 SB 的编号时，送料车往左运行至呼叫位置后停止。

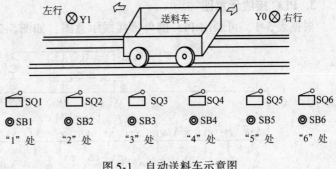

图 5-1 自动送料车示意图

② $m < n$，送料车右行，直至 SQn 动作，到位停车。即送料车所停位置 SQ 的编号小于呼叫按钮 SB 的编号时，送料车往右运行至呼叫位置后停止。

③ $m = n$，送料车原位不动。即送料车所停位置 SQ 的编号与呼叫按钮 SB 的编号相同时，送料车不动。

二、任务分析

1. 工作原理分析

设送料车停靠的工作台编号为 m，呼叫按钮编号为 n，按下起动按钮时，若 $m > n$，则要求送料车左行；若 $m < n$，则要求送料车右行；若 $m = n$，送料车停在原位不动。送料车的左、右运行可通过接触器 KM1、KM2 控制电动机的正反转来实现，呼叫信号由按钮 SB1 ~ SB6 实现，到位停止由限位开关 SQ1 ~ SQ6 实现。

2. 输入与输出点分配

根据以上分析可得，自动送料车 PLC 控制系统输入/输出（I/O）端口地址分配表见表 5-1。

表 5-1 自动送料车 PLC 控制系统输入/输出（I/O）端口地址分配表

输 入			输 出		
设备名称	代号	输入点编号	设备名称	代号	输出点编号
起动按钮	SB0	X0	接触器（右行）	KM1	Y0
1 号呼叫按钮	SB1	X1	接触器（左行）	KM2	Y1
2 号呼叫按钮	SB2	X2			
3 号呼叫按钮	SB3	X3			
4 号呼叫按钮	SB4	X4			
5 号呼叫按钮	SB5	X5			
6 号呼叫按钮	SB6	X6			
停止按钮	SB7	X7			
限位开关	SQ1	X11			
限位开关	SQ2	X12			
限位开关	SQ3	X13			
限位开关	SQ4	X14			
限位开关	SQ5	X15			
限位开关	SQ6	X16			

3. PLC 接线示意图

根据表 5-1，可画出 PLC 的外部接线示意图，如图 5-2 所示。

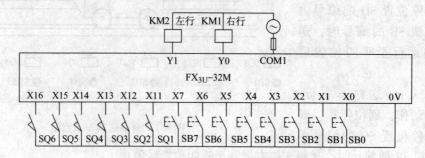

图 5-2　自动送料车 PLC 控制接线示意图

三、技术要点

一条基本逻辑指令只完成一个特定的操作，而一条功能指令却能完成一系列的操作，相当于执行了一个子程序，所以功能指令的功能更加强大，使编程更加精练。基本指令和其梯形图符号之间是互相对应的；而功能指令采用梯形图和助记符相结合的形式，意在表达本指令要做什么。

1. 功能指令的表示

（1）功能指令的要素描述　为描述方便，所有功能指令除了给出功能指令的梯形图外，对功能指令的要素描述将按表图的格式给出，如 BMOV 指令的要素描述见表 5-2。

表 5-2　BMOV 指令要素

成批传送指令	操　作　数		程序步
FNC 15 BMOV（P） 16 位	字元件	$\overbrace{S\cdot}$ $\underset{\overset{\longleftarrow}{n}}{\boxed{K,H}}\,\underset{}{\boxed{KnX}}\,\underset{}{\boxed{KnY}}\,\underset{}{\boxed{KnM}}\,\underset{}{\boxed{KnS}}\,\underset{}{\boxed{T}}\,\underset{}{\boxed{C}}\,\underset{\overset{\longleftarrow}{n}}{\boxed{D}}\,\underset{}{\boxed{V,Z}}$ $\underbrace{\qquad\qquad\qquad}_{D\cdot}$ $n\leqslant 512$	16 位：7 步
	位元件	$\boxed{X}\;\boxed{Y}\;\boxed{M}\;\boxed{S}$	

表 5-2 中使用符号的说明：

1）成批传送指令：指令的名称。

2）FNC15：指令的功能号。

3）BMOV：指令的助记符，即指令的操作码。

4）P：指令的执行形式，（P）表示可使用脉冲执行方式，在执行条件满足时仅执行一个扫描周期；默认为连续执行。

5）16 位：指令的数据长度为 16 位，若指令前面有（D），则说明指令的数据长度可为 32 位，默认为 16 位。

6）$\overset{\frown}{S\cdot}$：源操作数，简称源，指令执行后不改变其内容的操作数。当源操作数不止一个时，用 $\widehat{S1\bullet}$ 、$\widehat{S2\bullet}$ 等来表示。有"·"表示能使用变址方式，默认为无"·"，表示不能使用变址方式。

7）$\widehat{D\bullet}$：目标操作数，简称目，指令执行后将改变其内容的操作数。当目标操作数不止一个时，用 $\widehat{D1\bullet}$ 、$\widehat{D2\bullet}$ 等来表示。有"·"表示能使用变址方式，默认为无"·"，表示不能使用变址方式。

8）n：其他操作数，常用来表示常数或对源和目标操作数作出补充说明。表示常数时，K 后跟的为十进制数，H 后跟的为十六进制数。

9）程序步指令执行所需的步数。一般来说，功能指令的功能号和助记符占一步，每个操作数占 2~4 步（16 位操作数是 2 步，32 位操作数是 4 步）。因此，一般 16 位指令为 7 步，32 位指令为 13 步。

注意： 在指令后面加"（P）"，仅仅表示这条指令还有脉冲执行方式；在指令前面加"（D）"，也仅仅表示这条指令还有 32 位操作方式。但是在编程软件中输入这条指令时，加在前后缀的括号是不必输入的。本书中，以这种方式表达的所有其他功能指令都要这样来理解。

（2）功能指令的梯形图表示　FX₃ᵤ系列 PLC 功能指令的梯形图表示方法如图 5-3 所示，即在功能指令中用通用的助记符形式来表示，如图 5-3a 所示，该指令的含义如图 5-3b 所示。

图 5-3a 中 X000 常开触点是功能指令的执行条件，其后的方括号内即为功能指令。功能指令是由操作码和操作数两大部分组成。

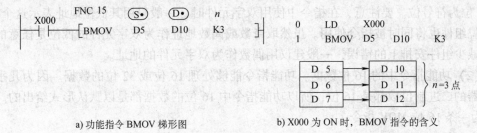

a) 功能指令 BMOV 梯形图　　　　b) X000 为 ON 时，BMOV 指令的含义

图 5-3　功能指令 BMOV 举例

1）操作码部分。功能指令的第一段即为操作码部分，表达了该指令做什么。一般功能指令都是以指定的功能号来表示，如 FNC15。但是，为了便于记忆，每个功能指令都有一个助记符，对应 FNC15 的助记符是 BMOV，表示"成批传送"。这样表示比较直观，也便于记忆。在编程软件中输入功能指令时，可输入功能号 FNC15，也可直接输入助记符 BMOV，但显示的都是助记符 BMOV。

注意： 本书在介绍各功能指令时，将以图 5-3a 的形式同时给出功能号和对应的助记符，但实际使用时在编程软件中输入功能指令时，只要输入其中一个就行了。

2）操作数部分。功能指令的第一段之后都为操作数部分，表达了参加指令操作的操作数在哪里。功能指令中的操作数是指操作数本身或操作数的地址。

操作数部分依次由"源操作数"（源）、"目标操作数"（目）和"数据个数"3 部分组成。图 5-3a 中的源操作数应是 D5、D6 和 D7，这是因为数据个数为 K3，表示源有 3 个；而目标操作数则应是 D10、D11 和 D12。当 X000 接通时，BMOV 指令的含义如图 5-3b 所示，即要取出 D5～D7 的连续 3 个数据寄存器中的内容成批传送至 D10～D12 寄存器中。当 X000 断开时，此指令不执行。

有些功能指令需要操作数，也有的功能指令不需要操作数，有些功能指令还要求多个操作数。但是，无论操作数有多少，其排列次序总是：源在前，目标在后，数据个数在最后。

2. 功能指令的数据长度

（1）字元件与双字元件

1）字元件。字元件是 FX_{3U} 系列 PLC 数据类组件的基本结构，1 个字元件是由 16 位的存储单元构成，第 0～14 位为数值位，最高位（第 15 位）为符号位。图 5-4 为 16 位数据寄存器 D0 的存储单元。

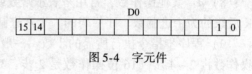

图 5-4　字元件

2）双字元件。双字元件由两个字元件组成，以组成 32 位数据操作数。双字元件是由相邻的寄存器组成的，在图 5-5 中由 D11 和 D10 组成。

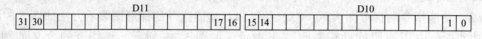

图 5-5　双字元件

由图 5-5 可见，低位组件 D10 中存储了 32 位数据的低 16 位，高位组件 D11 中存储了 32 位数据的高 16 位，存放原则是："低对低，高对高"。双字元件中第 0～30 位为数值位，第 31 位为符号位。要注意，在指令中使用双字元件时，一般只用其低位地址表示这个组件，但高位组件也将同时被指令使用。虽然取奇数或偶数地址作为双字元件的低位是任意的，但为了减少组件安排上的错误，一般建议用偶数作为双字元件的地址。

（2）功能指令中的 16 位数据　功能指令能够处理 16 位或 32 位的数据。因为几乎所有寄存器的二进制位数都是 16 位，所以功能指令中 16 位的数据都是以默认形式给出的。图 5-6 即为一条 16 位 MOV 指令。

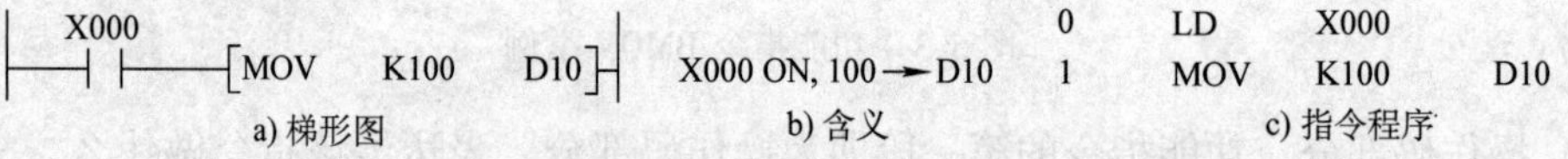

X000	0　　LD　　　X000
├─┤├─[MOV　K100　D10]─	X000 ON, 100→D10　　1　　MOV　K100　　D10
a）梯形图	b）含义　　　　　　　c）指令程序

图 5-6　16 位 MOV 指令

上述 MOV 指令的含义是：当 X000 接通时，将十进制数 100 传送到 16 位的数据寄存器 D10 中去；当 X000 断开时，该指令被跳过不执行，源和目的内容都不变。

（3）功能指令中的 32 位数据　功能指令也能处理 32 位数据，这时需要加指令前缀符号（D），图 5-7 即为一条 32 位 DMOV 指令。

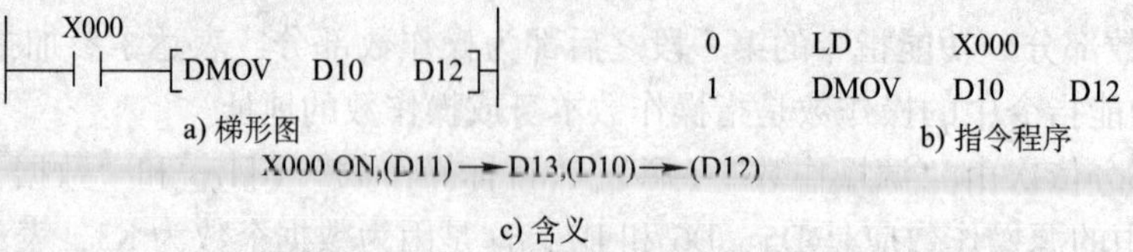

X000	0　　LD　　　X000
├─┤├─[DMOV　D10　D12]─	1　　DMOV　D10　　D12
a）梯形图	b）指令程序
X000 ON,(D11)→D13,(D10)→(D12)	
c）含义	

图 5-7　32 位 DMOV 指令

凡是有前缀显示符号（D）的功能指令，就能处理 32 位数据。32 位数据是由两个相邻寄存器构成的，但在指令中写出的是低位地址，源和目都是这样表达的。所以，对图 5-7 所示 32 位 DMOV 指令的含义应该这样来理解：当 X000 接通时，将由 D11 和 D10 组成的 32 位源数据传送到由 D13 和 D12 组成的目标地址中去；当 X000 为断开时，该指令被跳过不执行，源和目的内容都不变。

由于指令中对 32 位数据只给出低位地址，高位地址被隐藏了，所以要避免出现类似图 5-8 所示指令的错误。

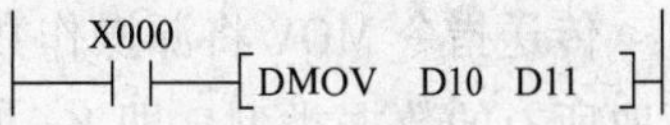

```
    X000
────┤ ├────┤DMOV  D10  D11├
```
图 5-8　错误的 32 位 DMOV 指令

指令中的源地址是由 D11 和 D10 组成的，而目标地址由 D12 和 D11 组成，这里 D11 是源、目重复使用，就会引起出错。所以在前面已经建议 32 位数据的首地址都用偶地址，这样就能防止上述错误出现。

注意： FX₃ᵤ系列 PLC 中的 32 位计数器 C200 ~ C255 的当前值寄存器不能作为 16 位数据的操作数，只能用作 32 位数据的操作数。

3. 功能指令中的位组件

只具有 ON 或 OFF 两种状态，用一个二进制位就能表达的组件，称为位组件，如 X、Y、M、S 等均为位组件。功能指令中除了能用 D、T、C 等含有 16 个 bit 的字元件外，也能使用由只含一个 bit 的位组件及位组件组合。

为此，PLC 专门设置了将位组件组合成位组件组合的方法，将多个位组件按 4 位一组的原则来组合，也就是说，用 4 位 BCD 码来表示 1 位十进制数，这样就能在程序中使用十进制数据了。组合方法的助记符是：

$$K_n + 最低位位组件号$$

如 KnX、KnY、KnM 即是位组件组合，其中"K"表示后面跟的是十进制数，"n"表示 4 位一组的组数，16 位数据用 K1 ~ K4，32 位数据用 K1 ~ K8。数据中的最高位是符号位。如 K2M0 表示由 M0 ~ M3 和 M4 ~ M7 两组位组件组成一个 8 位数据，其中 M7 是最高位，M0 是最低位。同样，K4M10 表示由 M10 ~ M25 4 组位组件组成一个 16 位数据，其中 M25 是最高位，M10 是最低位。

要注意的是：

1) 当一个 16 位数据传送到目标组件 K1M0 ~ K3M0 时，由于目标组件不到 16 位，所以将只传送 16 位数据中的相应低位数据，相应高位数据将不传送。32 位数据传送也一样。

2) 由于数据只能是 16 位或 32 位这两种格式，因此当用 K1 ~ K3 组成字元件时，其高位不足 16 位部分均作 0 处理。如执行图 5-9 所示指令时，源数据只有 12 位，而目标寄存器 D10 是 16 位的，传送结果 D10 的高 4 位自动添 0，如图 5-10 所示。这时最高位的符号位必然是 0，也就是说，只能是正数（符号位的判别是：正 0 负 1）。

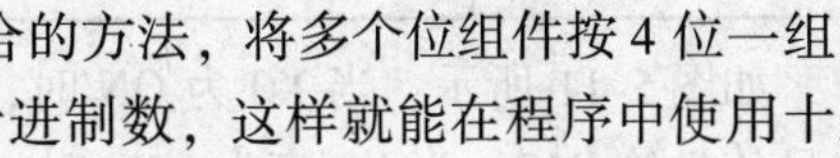

```
    X000
────┤ ├────┤MOV   K3M0   D10├
```
图 5-9　源数据不足 16 位

K3M0	M11	M10	M9	M8	M7	M6	M5	M4	M3	M2	M1	M0

⇓

D10	0	0	0	0	M11	M10	M9	M8	M7	M6	M5	M4	M3	M2	M1	M0

图 5-10　高 4 位自动添 0

3）由位组件组成组合位组件时，最低位组件号可以任意给定，如 X000、X001 和 Y005 均可。但习惯上采用以 0 结尾的位组件，如 X000、X010 和 Y020 等。

4. 数据传送指令

数据传送指令包括 MOV（传送）、BMOV（数据块传送）、BCD（BCD 转换）、BIN（BIN 转换）。这里主要介绍 MOV（传送）指令。

传送指令 MOV 将源操作数据传送到指定目标，其指令代码为 FNC12，源操作数 $(S\bullet)$ 可取所有的数据类型，即 K、H、KnX、KnY、KnM、KnS、T、C、D、V、Z，其目标操作数 $(D\bullet)$ 为 KnY、KnM、KnS、T、C、D、V、Z。传送指令的要素描述见表 5-3。

表 5-3 传送指令（MOV）的要素描述

传送指令	操作数		程序步
FNC 12 （D）MOV（P） 16 位/32 位	字元件	$(S\bullet)$ K,H KnX KnY KnM KnS T C D V,Z $(D\bullet)$	16 位：5 步 32 位：9 步
	位元件	X Y M S	

如图 5-11 所示，当 X0 为 ON 时，执行连续执行型指令，数据 100 被自动转换成二进制数且传送给 D10；当 X0 变为 OFF 时，不执行指令，但 D10 中的数据保持不变；当 X1 为 ON 时，T0 当前值被读出且传送给 D20；当 X2 为 ON 时，数据 100 传送给 D30；当 M0 闭合时，T20 开始计时，定时器 T20 的设定值被间接指定为 $100 \times 100ms = 10s$；MOV（P）为脉冲执行型指令，当 X5 由 OFF 变为 ON 时指令执行一次，D10 的数据传送给 D12，其他时刻不执行，当 X5 变为 OFF 时，指令不执行，但数据也不会发生变化；X3 为 ON 时，（D1、D0）的数据传送给（D11、D10），当 X4 为 ON 时，将（C235）的当前值传送给（D21、D20）。

注意：32 位输出的功能指令、32 位二进制立即数及 32 位高速计数器当前值等数据的传送，必须使用 DMOV 或 DMOVP 指令。

如图 5-12 所示，MOV 指令也可用于等效实现由 X0～X3 对 Y0～Y3 的顺序控制，如图 5-12 所示。

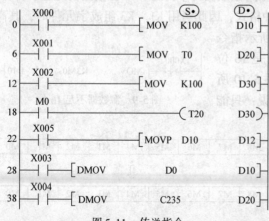

图 5-11　传送指令

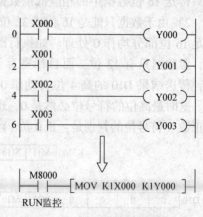

图 5-12　数据块传送指令

5. 比较指令

比较指令有比较（CMP）、区域比较（ZCP）两种，CMP 的指令代码为 FNC10，ZCP 的指令代码为 FNC11，两者待比较的源操作数 $(S\bullet)$ 均为 K、H、KnX、KnY、KnM、KnS、T、C、D、V、Z，其目标操作数 $(D\bullet)$ 均为 Y、M、S。

比较指令（CMP）的功能是将源操作数 $(S1\bullet)$ 和 $(S2\bullet)$ 的数据进行比较，结果送到目标操作元件 $(D\bullet)$ 中。CMP 指令的要素描述见表5-4。

表5-4　比较指令（CMP）的要素描述

比较指令	操 作 数		程序步
FNC 10 （D）CMP（P） 16位/32位	字元件	$(S1\bullet)$ $(S2\bullet)$ K,H | KnX | KnY | KnM | KnS | T | C | D | V,Z	16位：7步 32位：13步
	位元件	X | Y | M | S　$(D\bullet)$ 占3点 $(D\bullet)$	

在图5-13中，当X1为ON时，将十进制数200与计数器C2的当前值比较，比较结果送到M0～M2中，若200＞C2的当前值时，M0为ON；若200＝C2的当前值时，M1为ON；若200＜C2的当前值时，M2为ON。当X0为OFF时，不进行比较，M0～M2的状态保持不变。

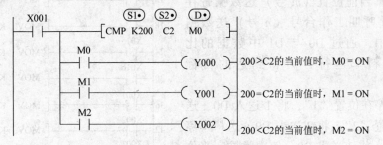

图5-13　比较指令 CMP 的使用

区域比较指令（ZCP）的功能是将一个源操作数 $(S\bullet)$ 的数值与另两个源操作数 $(S1\bullet)$ 和 $(S2\bullet)$ 的数据进行比较，结果送到目标操作元件 $(D\bullet)$ 中，源数据 $(S1\bullet)$ 不能大于 $(S2\bullet)$。ZCP 指令的要素描述见表5-5。

表5-5　区域比较指令（ZCP）的要素描述

比较指令	操 作 数		程序步
FNC 11 （D）ZCP（P） 16位/32位	字元件	$(S1\bullet)$ $(S2\bullet)$ $(S\bullet)$ K,H | KnX | KnY | KnM | KnS | T | C | D | V,Z	16位：9步 32位：17步
	位元件	X | Y | M | S　$(D\bullet)$ 占3点 $(D\bullet)$	

在图 5-14 中，当 X1 为 ON 时，执行 ZCP 指令，将 T2 的当前值与 10 和 20 比较，比较结果送到 M3 ~ M5 中，若 10 > T2 的当前值时，M3 为 ON；若 10 ≤ T2 的当前值 ≤ 20 时，M4 为 ON，若 20 < T2 的当前值时，M5 为 ON。当 X1 为 OFF 时，ZCP 指令不执行，M3 ~ M5 的状态保持不变。

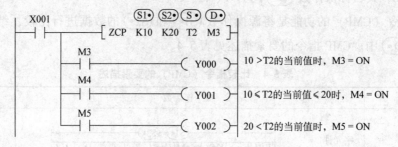

图 5-14　区域比较指令 ZCP 的使用

四、任务实施

1. 画出送料车往返控制梯形图

送料车往返控制梯形图如图 5-15 所示。通过 MOV 和 CMP 两条功能指令，使程序简洁明了，条理清晰。

将送料车当前位置（m 号）送数据寄存器 D0 中，将呼叫工作台号（n 号）送数据寄存器 D1 中，通过 D0 与 D1 中数据的比较，决定送料车运行方向和到达的目标位置。

送料车停在位置"1"，将 1 送入 D0，送料车停在位置"2"，将 2 送入 D0，送料车停在位置"3"，将 3 送入 D0，依次类推；当位置"1"有呼叫时，将 1 送入 D1，当位置"2"有呼叫时，将 2 送入 D1，当位置"3"有呼叫时，将 3 送入 D1，依次类推。然后，将 D1（呼叫 n）与 D0（位置 m）相比较，当 m < n 时，M10 接通，则 Y0 接通，送料车右行；当 m = n 时，送料车停在原处不动，当 m > n 时，M11 接通，则 Y1 接通，送料车左行。

2. 运行并调试程序

1）在断电状态下，连接好 PC/PPI 电缆。

2）将 PLC 运行模式选择开关拨到 STOP 位置，此时 PLC 处于停止状态，可以进行程序编写。

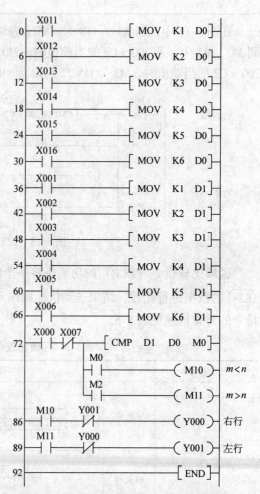

图 5-15　用功能指令控制送料车的梯形图

3）在作为编程器的计算机上，运行 GX Developer 编程软件。

4）将图 5-15 所示的梯形图程序输入到计算机中，并完成"程序检查"和"变换"。

5）执行"在线"→"PLC 写入"命令，将程序文件下载到 PLC 中。

6）将 PLC 运行模式的选择开关拨到 RUN 位置，使 PLC 进入运行方式。

7）依次按下按钮 SB1、SB2、SB3、…、SB6，对程序进行调试运行，观察程序的运行情况。若出现故障，应分别检查硬件电路接线和梯形图是否有误，修改后，应重新调试，直至系统按要求正常工作。

8）记录程序调试的结果，完成项目训练报告。

五、知识链接

1. 控制系统选用 PLC 控制的一般条件

在确定控制系统方案时，一般在下列几种情况下可以考虑使用 PLC：

1）系统所需的 I/O 点数较多，控制要求较复杂，如果用继电器控制，需要大量的中间继电器、时间继电器和计数器等器件。

2）系统对可靠性的要求特别高，继电器控制不能满足要求。

3）系统的工艺流程和加工的产品种类经常变化，需要经常改变控制电路结构和修改多项控制参数或控制系统功能有扩充的可能。

4）可以用一台 PLC 控制多台设备的系统。

5）需要与其他设备实现通信或联网的系统。

对于新设计的较复杂的机械设备，与继电器控制系统相比，使用 PLC 可以节省大量的元器件，减少控制柜内部的硬接线和安装工作量，提高系统可靠性。

2. PLC 控制系统设计的内容和原则

PLC 控制系统设计包括硬件设计和软件设计两部分。设计时可采用硬件与软件并行开发的设计方法，这样可以加快整个系统的开发速度。

系统设计的内容与原则如下：

（1）硬件设计　硬件设计内容包括 PLC 机型的选择、输入/输出设备的选择以及各种图样（如电气控制电路图、PLC 输入/输出接线图等）的绘制。

硬件设计应遵循的原则：

1）经济性　在最大限度地保证系统控制要求的前提下，力求使控制系统简单、经济、可靠，对所选择的器件和设备应充分考虑其性价比，降低设计、使用和维护成本。

2）可靠性和安全性　控制设备在运行过程中的故障率应为最低。

3）先进性及可扩展性　在满足前面两个条件的前提下，应保证系统在一定时期内具有先进性，并且根据生产工艺的要求留有扩展功能的余地，以免重新设计整个系统。

（2）软件设计　软件设计就是编写满足生产控制要求的 PLC 用户程序，即绘制梯形图或编写指令程序。

软件设计应遵循的原则：

1）逻辑关系要简单明了，编制的程序要具有可读性，避免使用不必要的触点。

2）编程时，在保证程序功能的前提下尽量减少指令，运用各种技巧，来减少程序的运行时间。

（3）PLC 控制系统的设计流程和步骤　PLC 控制系统的设计流程图如图 5-16 所示，其具体步骤如下：

1）分析系统控制要求，确定控制方案　设计前，要深入现场进行实地考察，全面详细地了解和分析被控制对象（机械设备、生产线和生产过程等）的特点和生产工艺过程，了解机械运动与电气执行组件之间的关系，并与有关的机械设计人员和实际操作人员相互交流和探讨，分析系统控制要求，确定控制系统的工作方式（如手动、半自动、全自动、单机运行、多机联合运行等）和系统应有的其他功能（如故障检测、诊断与显示报警、紧急情况的处理、联网通信功能等），最后制定出控制方案，绘出控制系统的流程图。

2）选定 PLC 的型号，确定系统硬件配置　根据系统的控制要求，确定系统所需的输入设备（如按钮、行程开关、转换开关等）和输出设备（如接触器、电磁阀、信号指示灯）的数量及种类，据此确定合适的 PLC 机型，以及其他的各种硬件设备（电动机、电磁阀等）。

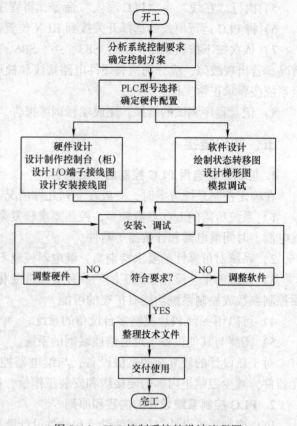

图 5-16　PLC 控制系统的设计流程图

PLC 产品的种类很多，不同生产厂家生产的不同系列不同型号的 PLC 其性能各有不同，适用场合也各有侧重，价格上也有较大差异。因此，应合理选择 PLC，在满足控制要求的前提下，选型时应选择最佳的性能价格比。PLC 的选型一般应含有机型的选择、容量的选择、I/O 模块的选择等几个方面。

3）PLC 的硬件设计　PLC 控制系统的硬件设计主要是完成系统电气控制电路图的设计，包括：

① 绘制控制系统主电路及 PLC 外部的其他控制电路图。

② 绘制 PLC 的输入/输出（I/O）接线图。

③ 设备供电系统图、电气控制柜结构及电气设备安装图等。

其中，最主要的是根据 PLC 型号，根据生产设备现场需要，确定控制按钮、行程开关、接近开关等输入设备和接触器、电磁阀、信号灯等输出设备的型号和数量。具体列写输入/输出设备与 PLC 的 I/O 地址对照表，绘制出输入/输出接线图。

4）PLC 的软件设计　软件设计是整个控制系统设计的核心。主要包括程序框图、状态转移图、梯形图、指令语句表等内容的设计。

软件设计的主要过程是编写用户程序，它是控制功能的具体实现过程。PLC 的控制功能以程序的形式来体现，PLC 在逻辑控制系统中的程序设计方法主要有经验设计法、顺序控制设计法和继电器电路转换法 3 种。

较简单系统的梯形图可用经验法设计；对于比较复杂的系统，一般采用顺序控制设计法；若已知系统的继电器控制原理图，可采用继电器电路转换法，根据继电器控制电路的逻辑关系，按照一一对应的方式进行"转换"，并进行优化处理，得到 PLC 控制系统的梯形图。这些方法分别在任务 3.5 和项目四中作了详细介绍。

若系统具有多种工作方式，如手动和自动（连续、单周期、单步）等，其程序设计基本思路如下：

① 将系统的程序按工作方式和功能分成若干部分，如公共程序、手动程序、自动程序等部分。用跳转指令将它们分开，用工作方式的选择信号作为跳转的条件。如图 5-17 所示，它是一个典型复杂系统的程序结构形式。先确定系统程序的结构形式，再分别对每一部分程序进行设计。

② 公共程序和手动程序相对较为简单，一般采用经验设计法设计。

③ 自动程序相对比较复杂，对于顺序控制系统一般采用顺序控制设计法设计，先画出其自动工作过程的状态转移图，再编写步进梯形图程序，也可将其转换成指令语句表。

硬件和软件的设计可同时进行，这样有利于及时发现相互之间配合方面的一些问题，尽早地改进有关设计，提高设计效率。

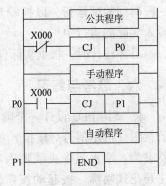

图 5-17　典型复杂系统的
程序结构形式

5）进行安装、调试　任何控制系统的软硬件设计在定型前，都需要多次调试，从而不断发现和改进设计中的不足。一般先要进行模拟调试，然后再实现联机统调。

① 模拟调试。将设计好的软件程序传送到 PLC 内部后，在实验室里进行模拟调试，改正程序设计中的逻辑、语法、数据错误或输入过程中的按键及传输错误等。

模拟调试时，输入信号可以用按钮来模拟，各输出量的通/断状态用 PLC 上的发光二极管来显示，观察在各种可能的情况下各个输入量、输出量之间的变化关系是否符合设计要求，发现问题及时修改，直到完全满足控制要求为止。

一般在进行程序设计和模拟调试的同时，可同时进行控制台或控制柜的设计、制作以及 PLC 之外其他硬件的安装和接线工作。

② 联机统调。程序模拟调试通过后，将 PLC 安装在控制现场进行联机调试。开始时，先进行空载调试，即只接上输出设备（接触器线圈、信号指示灯等），不接负载进行调试。当各部分都调试正常后，再带上实际负载运行。

在统调过程中，若发现问题，则要及时对硬件和软件的设计做出修改和调整，直到完全满足设计要求为止。全部调试结束后，可以将程序长久保存在有记忆功能的 EPROM 或 EEPROM 中。

6）整理技术文件　系统调试结束后，应根据调试的最终结果编写技术文件，并提供给用户，以利于系统的正确使用、维修和改进。

技术文件主要包括：

① PLC 的外部接线图和其他电气图样，包括与 PLC 的连接电路、各种运行方式（手动、半自动、自动、紧急停止等）的电气原理图、安装图、电源系统及接地系统等器件明细表。

② PLC 的编程元件表，包括程序中使用的输入/输出继电器、辅助继电器、定时器、计数器、状态寄存器等的元件号、名称、功能，以及定时器、计数器的设定值等。

③ 如果梯形图是用顺序控制设计法编写的，应提供状态转移图。

④ 带注释的梯形图和必要的文字说明。

⑤ 设计说明书、使用说明书等。

7）完成 PLC 控制系统的设计，交付使用，投入运行　联机统调通过后，系统还要经过一段时间的试运行，以检验其可靠性。至此，就可以将调试好的 PLC 控制系统交付使用，投入实际的运行中。

具体设计时，根据实际任务，上述内容可适当调整。

六、思考与练习

1. 试用 PLC 设计一个喷水池模拟系统，系统示意图（可用信号灯模拟）如图 5-18 所示，控制要求为：喷水池中央喷嘴为高水柱，周围为低水柱开花式喷嘴。按起动按钮，应实现如下花式喷水：高水柱 3s→停 1s→低水柱 2s→停 1s→双水柱 1s→停 1s，重复上述过程。按停止按钮后，系统停止工作。

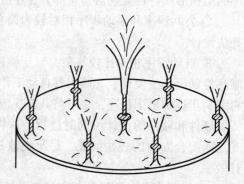

图 5-18　喷水池模拟系统示意图

2. 利用 PLC 实现密码锁控制。密码锁有 3 个置数开关（12 个按钮），分别代表 3 个十进制数，如所拨数据与密码锁设定值相符，则 3s 后开启锁，20s 后重新上锁。

3. 试编写变频空调控制室温的梯形图。数据寄存器 D10 中是室温的当前值。当室温低于 18℃时，加热标志 M10 被激活，Y000 接通并驱动空调加热；当室温高于 25℃时，制冷标志 M12 被激活，Y002 接通并驱动空调制冷。只要空调开了（X000 有效），将驱动 ZCP 指令对室温进行判断。在所有温度情况下，Y001 接通并驱动电扇运行。

任务5.2　步进电动机的 PLC 控制

一、任务描述

利用 PLC 控制两相步进电动机带动工作台运行。工作台初始位置在右侧，控制要求为：按下起动按钮，步进电动机以 1000Hz 的频率驱动工作台向左运行 60mm，停 2s 后，再以 1500Hz 的频率驱动工作台向右运行 60mm。运行过程中，按下停止按钮，即能立即停止，松开停止按钮，工作台能够继续运行。

二、任务分析

1. 步进电动机控制原理分析

步进电动机是一种专门用于位置和速度精确控制的特种电动机。由于其工作原理易学易用，成本低、电动机和驱动器不易损坏，近年来在各行各业的控制设备中获得了越来越广泛的应用。图 5-19 为步进电动机外型。

图 5-19　步进电动机外型

步进电动机是一种将电脉冲转化为角位移的开环控制元件。当步进驱动器接收到一个脉冲信号，它就驱动步进电动机按设定的方向转动一个固定的角度（称为"步距角"），它的旋转是以固定的角度一步一步运行的。其输出的角位移与输入的脉冲数成正比，可以通过控制脉冲个数来控制角位移量，从而达到准确定位的目的；同时可以通过控制脉冲频率来控制电动机转动的速度和加速度，从而达到调速的目的。步进电动机在自动控制系统中通常用作执行元件，但必须由环形脉冲信号、功率驱动电路等组成控制系统方可使用。

步进电动机的相数是指电动机内部的线圈组数，目前常用的有两相、三相、四相、五相步进电动机。电动机相数不同，其步距角也不同，一般两相电动机的步距角为 0.9°/1.8°、三相的为 0.75°/1.5°、五相的为 0.36°/0.72°。在没有细分驱动器时，用户主要靠选择不同相数的步进电动机来满足自己步距角的要求。如果使用细分驱动器，则"相数"将变得没有意义，用户只需在驱动器上改变细分数，就可以改变步距角。

采用步进电动机的定位控制系统需要以下功能：

1）具有脉冲发生器的功能，可以产生可调频率，可以准确计数控制的脉冲串。

2）具有脉冲分配功能，可以将脉冲发生器送来的脉冲依一定的规律分配给电动机的各个绕组。

3）具有脉冲放大功能，可以将脉冲发生器送来的脉冲放大到电动机所需的功率。

以 PLC 为中心的步进电动机控制系统中，以上三项功能中第一项是 PLC 完成的，而第二项和第三项则一般需使用步进电动机驱动器。图 5-20 为步进电动机驱动器外型图。

步进电动机驱动器是与步进电动机配套使用的一种电子装置，是步进系统中的核心组件之一，它是按照控制器发来的脉冲/方向指令对电动机线圈电流进行控制，从而控制电动机转轴的位置和速度。除了完成脉冲的放大及分配外，一般还具有调整步进电动机步距角及改变步进电动机转向等功能。

图5-20 步进电动机驱动器外型图

步进电动机驱动器是把控制系统发出的脉冲信号转换为步进电动机的角位移，控制系统发出一个脉冲信号，通过驱动器使步进电动机旋转一步距角，步进电动机的转速与脉冲信号的频率成正比，所以，控制步进脉冲信号的频率就可以对电动机精确地调速，控制步进脉冲的个数，就可以对电动机精确定位。

图5-21为DP-308D细分型步进电动机驱动器接口和功能示意图。仅可驱动任何3.0A以下4、6、8线42、57系列两相混合式步进电动机，但为了使电动机运转效果最佳，通常要选择合适的电动机与驱动器相配。

该产品采用纯正弦波电流控制技术，使电动机运行平稳，噪声小，适用于各种中小型和自动化设备及仪器，如：气动打标机、贴标机、割字机、激光打标机、绘图仪、小型雕刻机、数控机床、拿放装置等。在用户期望低振动、小噪声、高精度、高速度的小型设备中效果尤佳。

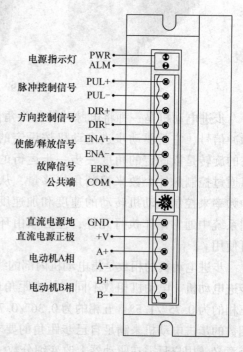

图5-21 DP-308D细分型步进电动机驱动器接口和功能示意图

DP-308D细分型步进电动机驱动器引脚功能说明见表5-6。

表5-6 引脚功能说明

引　脚	功　能	说　明
PUL +	脉冲控制信号	上升沿有效，每次脉冲信号由低变高时，电动机运行一步。PUL高电平时24V（DP-308D-L为5V），低电平时0~0.5V
PUL -		
DIR +	方向控制信号	高/低电平状态，高电平时24V（DP-308D-L为5V），低电平时0~0.5V。对应电动机转动的两个方向，若改变信号状态，电动机运转方向也随之发生变化。电动机的初始运行方向取决于电动机的接线，互换任意一相可改变电动机的初始运行方向
DIR -		

（续）

引　脚	功　能	说　明
ENA + ENA -	使能/释放信号	用于释放电动机，当 ENA + 接 24V（DP - 308D - L 为 5V），ENA - 接低电平时，驱动器将切断电动机各相电流而处于自由状态，步进脉冲将不被响应。此时，驱动器和电动机的发热和温升将降低。不用时，将电动机释放信号端悬空
ERR COM	故障输出信号	当驱动器出现过电压、过电流或短路时，由 ERR、COM 端子输出故障信号
GND	直流电源地	直流电源地
+ V	直流电源正极	介于供电电压最小值 ~ 最大值间（DC20 ~ 80V），宜采用推荐值
A +，A -	电动机 A 相	互换 A +、A -，可改变电动机运转方向
B +，B -	电动机 B 相	互换 B +、B -，可改变电机运转方向

　　FX₃ᵤ系列可编程序控制器通过本机（晶体管输出型）特定的输出口（Y0、Y1）可输出指定频率及数量的脉冲串，用于简单的定位控制及模拟量控制。由于采用步进电动机驱动方案，可编程序控制器只能选用晶体管输出型的。

　　细分精度由 SW2 ~ SW5 四位拨码开关控制，详细设置见表5-7。

表 5-7　细分精度设置表

细 分 倍 数	步数/圈 (1.8°/整步)	SW2	SW3	SW4	SW5
1	200	OFF	OFF	OFF	OFF
2	400	OFF	OFF	OFF	ON
4	800	OFF	OFF	ON	OFF
8	1600	OFF	OFF	ON	ON
16	3200	OFF	ON	OFF	OFF
32	6400	OFF	ON	OFF	ON
64	12800	OFF	ON	ON	OFF
128	25600	OFF	ON	ON	ON
5	1000	ON	OFF	OFF	OFF
10	2000	ON	OFF	OFF	ON
20	4000	ON	OFF	ON	OFF
25	5000	ON	OFF	ON	ON
40	8000	ON	ON	OFF	OFF
50	10000	ON	ON	OFF	ON
100	20000	ON	ON	ON	OFF
200	40000	ON	ON	ON	ON

2. 输入与输出点分配

SB1 为起动按钮，SB2 为停止按钮。步进电动机驱动器的脉冲控制信号 PUL – 和方向控制信号 DIR – 分别接 Y0 和 Y2。两相步进电动机 PLC 控制系统 I/O 端口地址分配表见表 5-8。

表 5-8　步进电动机 PLC 控制系统 I/O 端口地址分配表

输　入			输　出		
设备名称	代号	输入点编号	设备名称	代号	输出点编号
起动按钮	SB1	X1	步进电动机驱动器	PUL –	Y0
停止按钮	SB2	X2	步进电动机驱动器	DIR –	Y2

3. PLC 接线示意图

根据 I/O 端口地址分配表，可画出 PLC、步进驱动器和步进电动机的外部接线示意图。如图 5-22 所示。PLC 选用三菱 FX_{3U} – 32MT 机型，步进驱动器选用 DP – 308D 细分型步进电动机驱动器。

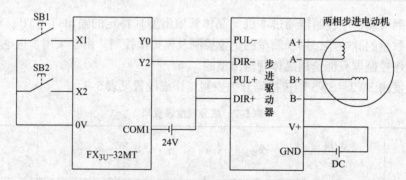

图 5-22　PLC、步进电动机驱动器和步进电动机的接线图

三、技术要点

1. 功能指令的执行方式

FX_{3U} 系列 PLC 的功能指令有两种执行方式，即连续执行方式和脉冲执行方式。

（1）功能指令的连续执行方式　在默认情况下，功能指令的执行方式为连续执行方式，如图 5-23 所示。PLC 是以循环扫描方式工作的，如果执行条件 X000 接通，MOV 指令在每个扫描周期中都要被重复执行一次，这种情况对大多数指令都是允许的。

（2）功能指令的脉冲执行方式　对于某些功能指令，如 XCH、INC 和 DEC 等，用连续执行方式在实用中可能会带来问题。如图 5-24 所示是一条 INC 指令，是对目标组件（D10、D11）进行加 1 操作的。

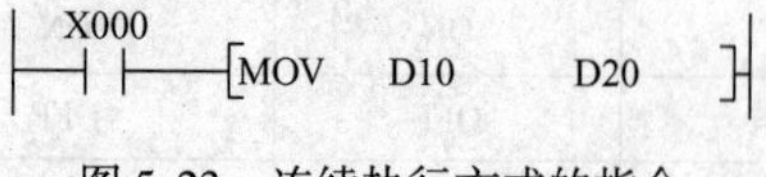

```
    X000
 ——| |———[MOV   D10   D20 ]——|
```
图 5-23　连续执行方式的指令

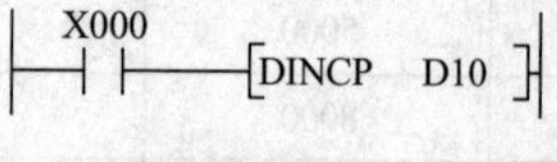

```
    X000
 ——| |———[DINCP  D10 ]——
```
图 5-24　脉冲执行方式的 INC 指令

假设该指令以连续方式工作的话，那么只要 X000 是接通的，则每个扫描周期都会对目标组件加 1，而这在许多实际的控制中是不允许的。为了解决这类问题，设置了指令的脉冲

执行方式，并在指令助记符的后面加后缀符号"P"来表示此方式，如图5-24所示。

在脉冲执行方式下，指令INC只在条件X000从断开变为接通时才执行一次对目标组件的加1操作。也就是说，每当X000来了一个上升沿，才会执行加1；而在其他情况下，即使X000始终是接通的，都不会执行加1指令，所以图5-24所示INC（P）指令的含义应该这样来理解：每当X000由断开到接通时，目标组件就被加1一次；而在其他情况下，无论X000保持接通，还是断开，或者由接通变为断开，都不再执行加1。

由此可见，在不需要每个扫描周期都执行指令时，可以采用脉冲执行方式的指令，这样还能缩短程序的执行时间。

2. 脉冲输出指令（PLSY 或 DPLSY）

下面简单介绍用于输出脉冲串的脉冲输出指令（PLSY 或 DPLSY）。表5-9为脉冲输出指令要素描述。

表5-9　脉冲输出指令要素描述

脉冲输出指令	操　作　数		程　序　步
FNC57 PLSY/（D）PLSY 16位/32位	字元件 （S1·）（S2·） K,H KnX KnY KnM KnS T C D V,Z		PLSY：7步 （D）PLSY：13步
	位元件 X Y M S （D·）只能指定晶体管型Y0及Y1		

该指令可用于指定频率，产生定量脉冲输出的场合。指令使用说明如图5-25所示。

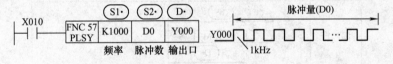

图5-25　PLSY 指令使用说明

图中（S1·）用于指定频率，范围为2～20kHz；（S2·）用于指定产生脉冲的数量，16位指令指定范围为1～32767，32位指令指定范围为1～2147483647；（D·）用以指定输出脉冲的输出端口号（仅限于晶体管型机 Y0、Y1），输出脉冲的高低电平各占50%。

指令的执行条件X010接通时，脉冲串开始输出，X010中途中断时，脉冲输出中止，再次接通时，重新从零开始输出。设定脉冲量输出结束时，指令执行结束标志M8029置1。X010从ON变为OFF时，M8029复位。

设置输出脉冲数为K0时为连续脉冲输出。（S1·）中的内容在指令执行中可以变更，但（S2·）的内容不能变更。

3. 循环移位指令

循环移位指令包括位右移（SFTR）、位左移（SFTL）、位移写入（SFWR）、位移读出（SFRD）等。下面主要介绍位组件右移和左移指令。

（1）指令用法

位组件右移指令：SFTR 代码为 FNC34 $(S\bullet)$ $(D\bullet)$ $n1$ $n2$

位组件左移指令：SFTL 代码为 FNC35 $(S\bullet)$ $(D\bullet)$ $n1$ $n2$

其中，$(S\bullet)$ 为移位的源位组件首地址；$(D\bullet)$ 为移位的目标位组件首地址；$n1$ 为目标位组件个数，$n2$ 为源位组件移位个数。

位右移是对 $n1$ 位的位元件进行 $n2$ 位的位右移，即将源位组件的低位从目标位组件的高位移入，目标位组件向右移 $n2$ 位，源位组件中的数据保持不变。位右移指令执行后，$n2$ 个源位组件中的数被传送到了目标位组件的高 $n2$ 位中，目标位组件中的低 $n2$ 位数从其低端溢出。

位左移指令的功能与位右移相反，对 $n1$ 位的位元件进行 $n2$ 位的位左移。

（2）指令说明 位组件右/左移指令的助记符、功能号、操作数和程序步等指令要素描述见表 5-10。

由表 5-10 可见，能够充当源操作数的是各类继电器和状态组件，如表中 $(S\bullet)$ 所指定的范围内的软组件。能够充当目标操作数的为输出继电器、辅助继电器及状态组件，如表中 $(D\bullet)$ 所指定的范围内的软组件。能够充当 $n1$ 和 $n2$ 的只有常数 K 和 H，而且要求满足 $n2\leqslant n1\leqslant 1024$。

表 5-10 位右移/位左移指令要素描述

位右移/位左移指令	操 作 数									程 序 步
FNC 34/ FNC 35 SFTR(P)/ SFTL(P) 16 位	字元件	$n1, n2$ K,H KnX KnY KnM KnS T C D V,Z								16 位：9 步
	位元件	$(S\bullet)$ X Y M S $(D\bullet)$			$n2\leqslant n1\leqslant 1024$					

图 5-26 所示为位组件右移指令示例梯形图，对应指令为 SFTR X000 M0 K16 K4。

在图 5-26 中，如果 X000 断开，则不执行这条 SFTR 指令，源位组件、目标位组件中的数据均保持不变。

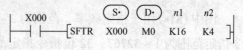

图 5-26 位组件右移指令 SFTR 举例

如果 X000 接通，则将执行位组件右移操作，即源位组件中 X003 ~ X000 位数据将被传送到目标位组件中的 M15 ~ M12，目标位组件中 M15 ~ M0 共 16 位数据将右移 4 位，M3 ~ M0 位数据从目标位组件的低位端移出，所以 M3 ~ M0 中原来的内容将会丢失，但源位组件中 X003 ~ X000 的数据保持不变。执行上述位组件右移指令的示意图如图 5-27 所示。

图 5-28 所示为位组件左移指令示例梯形图，对应指令为 SFTL X000 M0 K16 K4。执行该位组件左移指令的示意图如图 5-29 所示。

在使用上述连续指令时，每个扫描周期都会进行一次位组件右移或左移，实际控制中常

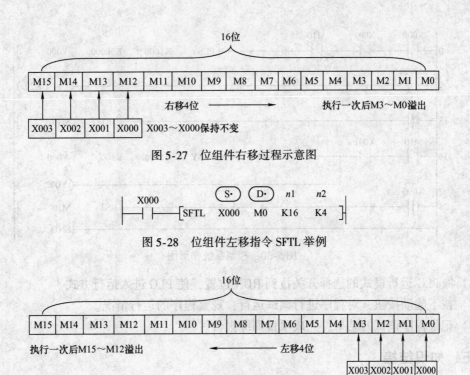

图 5-27　位组件右移过程示意图

图 5-28　位组件左移指令 SFTL 举例

图 5-29　位组件左移过程示意图

常要求驱动条件 X000 由 OFF→ON 时才进行一次位组件右移或左移。解决的办法是使用后缀（P），改用脉冲方式。将上述这条指令改为脉冲操作方式时，指令格式为 SFTRP X000 M0 K16 K4 或 SFTLP X000 M0 K16 K4。

四、任务实施

1. 画出控制系统梯形图。

根据步进电动机控制要求，设计的 PLC 控制系统梯形图如图 5-30 所示。当 X0 接通时，PLC 输出脉冲串频率为 1000Hz，输出脉冲串数量为 30000 个（步进电动机带动丝杠运动，电动机转动 1 圈，丝杠移动螺距为 2mm，工作台向左移动 60mm，则需要转 30 圈，细分倍数选择 5，即 1000 步/圈，则需要输出脉冲数为 1000 步/圈 × 30 圈 = 30000 步）。停止 2s 后，以 1500Hz 的频率驱动工作台向右移动 60mm。

2. 运行并调试程序

1）在断电状态下，连接好 PC/PPI 电缆。

2）将 PLC 运行模式选择开关拨到 STOP 位置，此时 PLC 处于停止状态，可以进行程序编写。

3）在作为编程器的计算机上，运行 GX Developer 编程软件。

4）将图 5-30 所示的梯形图程序或指令程序输入到计算机中，并完成"程序检查"和"变换"。

5）执行"在线"→"PLC 写入"命令，将程序文件下载到 PLC 中。

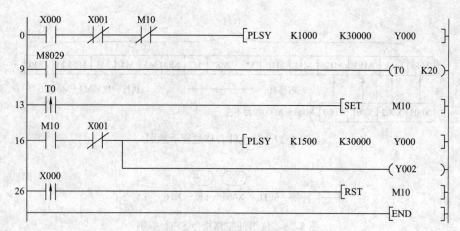

图 5-30　控制系统梯形图

6）将 PLC 运行模式的选择开关拨到 RUN 位置，使 PLC 进入运行方式。

7）按下起动按钮，对程序进行调试运行，观察程序的运行情况。

8）记录程序调试的结果，完成项目训练报告。

五、知识链接

下面以一台三相六极步进电动机来说明步进电动机的通电方式。步进电动机工作时以电脉冲向 A、B、C 三相控制绕组轮流通过电流，转子就向一个方向一步一步地转动。每改变一次通电方式叫作一拍。如果每拍只有一相绕组通电，称为"单"通电；如果每拍有两相绕组通电，称为"双"通电，通电方式分为：

① 三相单三拍，通电顺序若 A→B→C→A……为正转，则 A→C→B→A……为反转，三拍为一个循环。

② 三相单双六拍，通电顺序若 A→AB→B→BC→C→CA→A……为正转，则 A→AC→C→CB→B→BA→A……为反转，六拍为一循环。

PLC 输出方式选用晶体管输出模式，以适应步进电动机速度的要求。

（1）转速控制　由脉冲发生器产生不同周期 T 的控制脉冲，通过脉冲控制器的选择，再通过三相六拍环形分配器使三个输出继电器 Y0、Y1 和 Y2 按照单三拍的通电方式接通，其接通顺序为：

$$Y0 \xrightarrow{T} Y1 \xrightarrow{T} Y2$$

该过程对应于三相步进电动机的通电顺序是：

$$U \xrightarrow{T} V \xrightarrow{T} W$$

选择不同的脉冲周期 T，可以获得不同频率的控制脉冲，实现对步进电动机的调速。

（2）正反转控制　通过调换相序，即改变 Y0、Y1 和 Y2 接通的顺序，以实现步进电动机的正、反转控制。即

正转：Y0 ⟶ Y1 ⟶ Y2

反转：Y1 ⟶ Y0 ⟶ Y2

（3）步数控制 通过脉冲计数器，控制脉冲的个数，实现对步进电动机步数的控制。

下面我们来设计一个三相六极步进电动机的 PLC 控制系统，要求三相步进电动机按三相单三拍的通电方式实现，并可实现正、反转控制，及慢速、中速和快速三档速度控制和步数控制。

1. 输入与输出点分配

慢速、中速和快速三档速度控制分别通过开关 SB1、SB2 和 SB3 选择；正、反转控制由开关 SB4、SB5 选择；步数控制分单步、8 步二档，分别通过按钮 SB6 和 SB7 选择，SB0 为起动按钮。

三相步进电动机 PLC 控制系统 I/O 端口地址分配表见表 5-11。

表 5-11 三相步进电动机 PLC 控制系统 I/O 端口地址分配表

输 入			输 出		
设备名称	代号	输入点编号	设备名称	代号	输出点编号
起动按钮	SB0	X0	接触器	KM1	Y0
慢速	SB1	X1	接触器	KM2	Y1
中速	SB2	X2	接触器	KM3	Y2
快速	SB3	X3			
正转	SB4	X4			
反转	SB5	X5			
单步	SB6	X6			
10 步	SB7	X7			
停止	SB8	X10			

2. PLC 接线示意图

根据 I/O 端口地址分配表，可画出 PLC 的外部接线示意图，如图 5-31 所示。

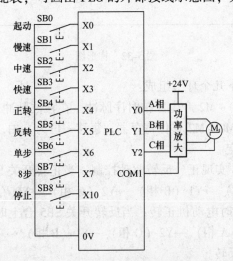

图 5-31 三相步进电动机的 PLC 控制接线示意图

根据步进电动机控制要求，设计的 PLC 的梯形图如图 5-32 所示。

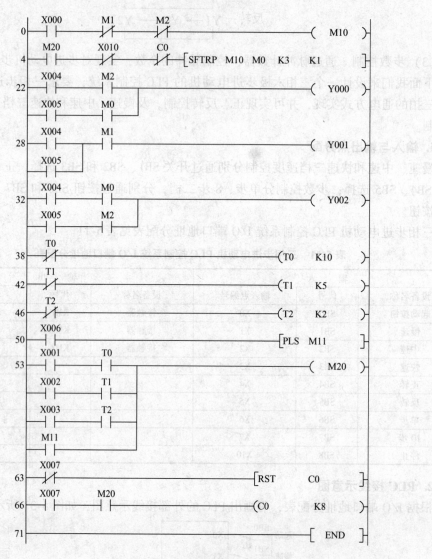

图 5-32 梯形图

PLC 梯形图由以下几个环节组成：

（1）用移位寄存器 M0～M2 产生三拍时序脉冲 在移位脉冲信号（由 M20 产生）作用下，将输入信号依次移入 M0～M2 移位寄存器，每移一位为一拍，三拍为一循环。移位的速度由移位脉冲信号频率决定。

（2）由 Y0、Y1 和 Y2 实现正、反转驱动控制 当正转开关 SB4 合上时，输入点 X4 接通，通电顺序是 Y0（A 相）→Y1（B 相）→Y2（C 相）→Y0（A 相）……（即接通相序为 A→B→C→A……），此时电动机正转；当反转开关 SB5 合上时，输入点 X5 接通，通电次序是 Y1（B 相）→Y0（A 相）→Y2（C 相）→Y1（B 相）……（即接通相序为 B→A→C→B……），此时电动机反转。

起动时，合上开关 SB0，输入点 X0 接通，就可以实现三相单三拍通电。这时 PLC 各继电器的状态见表 5-12。

表 5-12 PLC 各继电器的状态表

拍数	M0	M1	M2	X4 闭合（正转）			X5 闭合（反转）		
				Y0 A 相	Y1 B 相	Y2 C 相	Y0 A 相	Y1 B 相	Y2 C 相
第 1 拍	0	0	1	1	0	0	0	0	1
第 2 拍	0	1	0	0	1	0	0	1	0
第 3 拍	1	0	0	0	0	1	1	0	0

（3）由 M11、T0、T1、T2 和 M20 组成脉冲控制器 脉冲频率控制分为 3 档：快速、中速、慢速分别由时间继电器 T0、T1、T2 的常闭触点及其线圈组成的振荡器实现。振荡器产生的快速振荡脉冲，其周期为 1s、0.5 s、0.2 s，用点动按钮 SB6 和对应的输入点 X6，采用微分指令 PLS，由中间辅助继电器 M11 产生单步脉冲，其脉冲频率由 SB6 控制。

脉冲控制器控制 M20 产生不同频率的脉冲，作为移位寄存器的移位信号。

（4）由计数器 C0 实现步数控制 当 SB7 合上，输入点 X7 接通时，电动机运行 8 步后自动停止。改变计数器的设定值，可改变控制的步数。

另外，还设置了暂停控制。当 SB8 合上时，输入点 X10 接通，断开移位寄存器的移位输入端，移位寄存器停止移位，步进电动机暂停在某一拍上。

1）转速控制。选择慢速（接通 SB1），接通起动开关 SB0。脉冲控制器产生周期为 1s 的控制脉冲，使 M0 ~ M2 的状态随脉冲向右移位，产生三拍时序脉冲，并通过三相单三拍环形分配器使 Y0、Y1 和 Y2 按照单三拍的通电方式接通，步进电动机开始慢速步进运行。

断开 SB1、SB0；接通 SB2、SB0 或 SB3、SB0，观察步进电动机的转速，并说明每步间隔的时间。

2）正反转控制。分别接通正转开关 SB4 和反转开关 SB5，再重复上述转速控制操作，观察步进电动机的运行情况。

3）步数控制

选择慢速（接通 SB1）；选择 8 步（接通 SB7）；接通起动开关 SB0。三拍时序脉冲及三相单三拍环形分配器开始工作；计数器开始计数。当走完预定步数时，计数器动作，其常闭触点断开移位驱动电路，步进电动机停转。

在选择慢速的前提下，再选择单步或 8 步重复上述操作，观察步进电动机的运行情况。

若出现故障，应分别检查硬件电路接线和梯形图是否有误，修改后，应重新调试，直至系统按要求正常工作。

六、思考与练习

1. 在任务 5.2 中，若要求三相步进电动机按三相单双六拍的通电方式运行，试设计该 PLC 控制系统的梯形图。

2. 用 PLC 构成天塔之光控制系统。系统实验面板图如图 5-33 所示，控制要求如下：

合上起动按钮后，按以下规律显示：L1、L2、L9→L1、L5、L8→L1、L4、L7→L1、L3、L6→L1→L2、L3、L4、L5→L6、L7、L8、L9→L1、L2、L6→L1、L3、L7→L1、L4、

L8→L1、L5、L9→L1→L2、L3、L4、L5→L6、L7、L8、L9→L1、L2、L9……，如此循环，周而复始，每一步之间间隔为2s。

3. 设计一个LED数码显示控制系统，系统实验面板图如图5-34所示，其控制要求为：

按下起动按钮后，由8组LED（发光二极管）模拟的八段数码管开始显示：先是一段段显示，显示次序是A、B、C、D、E、F、G、H；随后显示数字及字符，显示次序是0、1、2、3、4、5、6、7、8、9、A、B、C、D、E、F；再返回初始显示，并循环不止。

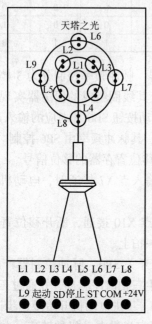

图5-33 实验面板图

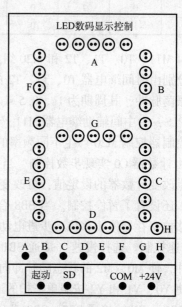

图5-34 实验面板图

任务5.3 舞台装饰彩灯的PLC控制

一、任务描述

某大型舞台现场设有变换类彩灯负载4处，舞台流水灯7组，大型标语牌底色流水灯4组及长通类负载（不通过PLC控制）。其中，变换类负载一个周期（20s）内的接通要求见表5-13。舞台流水灯要求正序依次亮灯至全亮，反序熄灯至全熄，节拍为100ms，全熄后，停2s再循环。标语牌底色灯节拍为100ms，工作方式为正向单组流动1周后，停1s再循环。PLC输入口上加接有开关，由操作人员控制。

表5-13 变换类负载接通安排表

时间区间	负载4（Y13）	负载3（Y12）	负载2（Y11）	负载1（Y10）
0～5s	1	0	1	1
6～10s	1	1	1	1
11～15s	0	1	0	1
16～20s	0	1	1	1

二、任务分析

1. 输入与输出点分配

按照舞台装饰彩灯 PLC 控制系统要求,写出系统的输入/输出 (I/O) 端口地址分配表 (表 5-14)。

表 5-14 舞台装饰彩灯 PLC 控制系统输入/输出 (I/O) 端口地址分配表

输 入			输 出		
设备名称	代号	输入点编号	设备名称	代号	输出点编号
按钮	SB1	X0	舞台流水灯	HL1 ~ HL7	Y0 ~ Y6
			变换类彩灯	HL8 ~ HL11	Y10 ~ Y13
			标语牌底色流水灯	HL12 ~ HL19	Y14 ~ Y17

2. PLC 接线示意图

根据表 5-14,可画出 PLC 接线示意图,如图 5-35 所示。

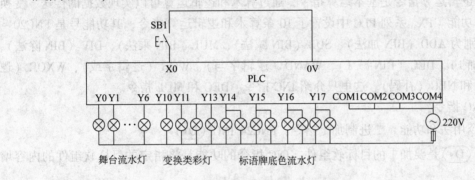

图 5-35 PLC 接线示意图

三、技术要点

1. 变址操作

变址寄存器 V 和 Z 是两个 16 位的寄存器,除了和通用数据寄存器一样用作数值数据读、写之外,主要还用于运算操作数地址的修改,在传送、比较等指令中用来改变操作对象的组件地址,变址方法是将 V、Z 放在各种寄存器的后面,充当操作数地址的偏移量。操作数的实际地址就是寄存器的当前值以及 V 或 Z 内容的相加后的和。

当源或目标寄存器用 Ⓢ• 或 Ⓓ• 表示时,就能进行变址操作。当进行 32 位数据操作时,要将 V、Z 组合成 32 位 (V, Z) 来使用,这时 Z 为低 16 位,而 V 充当高 16 位。可以用变址寄存器进行变址的软组件是 X、Y、M、S、P、T、C、D、K、H、KnX、KnY、KnM、KnS。

例 5.1 如图 5-36 所示的梯形图中,求执行加法操作后源和目操作数的实际地址。

解:第 1 行指令执行:5→V;

第 2 行指令执行:10→Z,所以变址寄存器的值为:V→5,Z→10;

第 3 行指令执行 (D5V) + (D15Z) → (D40Z)。

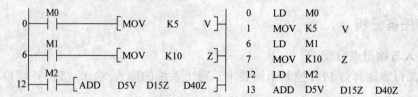

图 5-36 变址操作举例

(S1•) 为 D5V：D（5+5）→D10（源操作数 1 的实际地址）；

(S2•) 为 D15Z：D（15+10）→D25（源操作数 2 的实际地址）；

(D•) 为 D40Z：D（40+10）→D50（目操作数的实际地址）；

所以，第 3 行指令实际执行（D10）+（D25）→（D50），即 D10 的内容和 D25 的内容相加，结果送入 D50 中去。

2. 算术和逻辑运算指令

算术和逻辑运算指令是基本运算指令，通过算术和逻辑运算可以实现数据的传送、变换及其他控制功能。FX_{3U} 系列 PLC 中设置了 10 条算术和逻辑运算指令，其功能号是 FNC20 ～ FNC29，分别为 ADD（BIN 加法）、SUB（BIN 减法）、MUL（BIN 乘法）、DIV（BIN 除法）、INC（BIN 加 1）、DEC（BIN 减 1）、WAND（逻辑字与）、WOR（逻辑字或）、WXOR（逻辑字异或）和 NEG（补码）。这里只介绍 INC 指令、DEC 和 MUL 指令。

（1）INC 指令

1）指令用法和功能。二进制加 1 指令：FNC24 INC (D•)

其中，(D•) 是要加 1 的目标软组件。INC 指令的功能是将指定的目标软组件的内容增加 1。

2）指令说明。二进制加 1 指令的指令要素描述见表 5-15。

表 5-15　BIN 加 1 指令要素描述

BIN 加 1 指令		操 作 数	程序步
FNC24 （D）INC（P） 16 位/32 位	字元件	K,H | KnX | KnY | KnM | KnS | T | C | D | V,Z (D•)	16 位：3 步 32 位：5 步
	位元件	X | Y | M | S	

由表 5-15 可见，能够充当目操作数的软组件要除去常数 K、H 和输入继电器位组合，如表中 (D•) 所指定的范围内的软组件。

图 5-37 为 INC 指令的示例梯形图，对应的指令为 INCP D10。

实际的控制中，一般不允许每个扫描周期目标组件都要加 1 的连续执行方式，所以，INC 指令经常使用的是脉冲操作方式。在图 5-37 中，如果 X010 由 OFF→ON 时，则将执行一次加 1 运算，即将原来的 D10 内容加 1 后作为新的 D10 内容。

如果 X010 在非上升沿情况下，则不执行这条 INC 指令，目标组件中的数据保持不变。

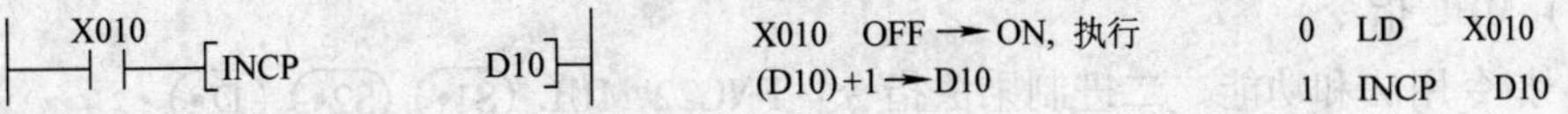

```
   X010
───┤ ├───[ INCP        D10 ]        X010 OFF → ON, 执行        0    LD    X010
                                     (D10)+1 → D10             1    INCP  D10
```

图 5-37　INC 指令举例

INC 指令不影响标志位。比如，用 INC 指令进行 16 位操作时，当正数 32767 再加 1 时，将会变为 – 32768；在进行 32 位操作时，当正数 2147483647 再加 1 时，将会变为 – 2147483648。这两种情况下进位或借位标志都不受影响。

INC 指令最常用于循环次数、变址操作等情况。

（2）DEC 指令

1）指令用法和功能。二进制减 1 指令：FNC25 DEC (D•)

其中，(D•) 是要减 1 的目标软组件。DEC 指令的功能是将指定的目标软组件的内容减 1。

2）指令说明

DEC 指令的指令要素见表 5-16。

由表 5-16 可见，能够充当目标操作数的软组件要除去常数 K、H 和输入继电器位组合，如表中 (D•) 所指定的范围内的软组件。

表 5-16　BIN 减 1 指令要素描述

BIN 减 1 指令	操　作　数		程序步
FNC25 （D）DEC（P） 16 位/32 位	字元件	K,H | KnX | KnY | KnM | KnS | T | C | D | V,Z (D•)	16 位：3 步 32 位：5 步
	位元件	X | Y | M | S	

图 5-38 为 DEC 指令的示例梯形图，对应的指令为 DECP D20。

与 INC 指令类似，实际的控制中一般不允许每个扫描周期目标组件都要减 1 的连续执行方式，所以，DEC 指令经常使用的是脉冲操作方式。在图 5-38 中，如果 X000 由 OFF→ON 时，则将执行一次减 1 运算，即将老的 D20 内容减 1 后作为新的 D20 内容。如果 X000 在非上升沿情况下，则不执行这条 DEC 指令，目标操作数中的数据保持不变。

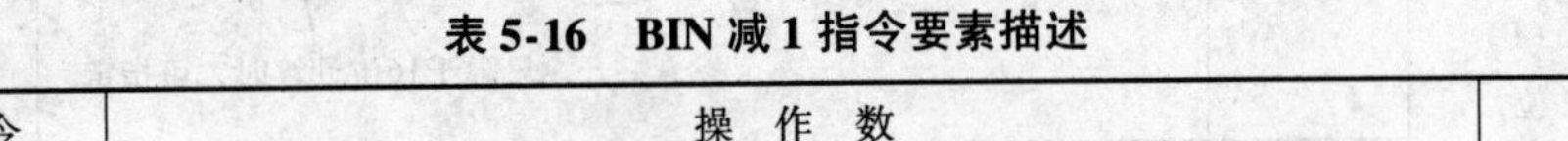

```
   X000
───┤ ├───[ DECP        D20 ]        X000 OFF → ON, 执行        0    LD    X000
                                     (D20) - 1 → D20           1    DECP  D20
```

图 5-38　DEC 指令举例

DEC 指令不影响标志位。比如，用 DEC 指令进行 16 位操作时，当负数 – 32768 再减 1 时，将会变为 32767；在进行 32 位操作时，当负数 – 2147483648 再减 1 时，将会变为 2147483647。这两种情况下进位或借位标志都不受影响。

DEC 指令也常用于循环次数、变址操作等情况。

（3）MUL 指令

1）指令用法和功能。二进制乘法指令：FNC22 MUL （S1·）（S2·）（D·）

其中，（S1·）（S2·）分别为作为被乘数和乘数的源软组件；（D·）为存取相乘积的目标软组件的首地址。MUL 指令的功能是将指定的两个源软组件中的数进行二进制有符号数乘法运算，然后将相乘的积送入指定的目标软组件中。

2）指令说明。MUL 指令的指令要素见表 5-17。

由表 5-17 可见，能够充当源操作数的软组件如表中（S1·）（S2·）所指定的范围内的所有软元件，能够充当目操作数的软组件要除去常数 K、H 和输入继电器位组合，如表中（D·）所指定的范围内的软组件。

V 和 Z 中只有 Z 可以用于 16 位乘法的目标软元件，其他情况不能用 V、Z 来指明存放乘积的软组件。

表 5-17　MUL 指令要素描述

MUL 指令	操　作　数			程序步
FNC22 （D）MUL（P） 16 位/32 位	字元件	（S1·）（S2·） K,H　KnX　KnY　KnM　KnS　T　C　D　V,Z （D·） 只限于16位计算时，可指定		16 位：7 步 32 位：13 步
	位元件	X　Y　M　S		

MUL 指令进行的是有符号数乘法，被乘数和乘数的最高位是符号位。MUL 指令分为 16 位和 32 位操作两种情况。

① 16 位二进制乘法运算。16 位二进制数乘法运算的源都是 16 位的，但是积却是 32 位的。积将按照"高对高，低对低"的原则存放到目软组件中，即积的低 16 位存放到指令中给出的低地址目软组件中，高 16 位存放到高一号地址的目软组件中，结果的最高位为符号位。如果积用位组件（Y、M、S）组合来存放，则目软组件要用 K8 来给定，小于 K8 将得不到 32 位的积，如用 K4 则只能得到低 16 位。图 5-39 为 MUL 指令的示例梯形图，对应的指令为 MUL D0 D2 D4。在图 5-39 中，如果 X0 断开，则不执行这条 MUL 指令，源、目中的数据均保持不变。如果 X0 接通，则将执行有符号数乘法运算，即将 D0 与 D2 中的两内容相乘，积送入 D4 和 D5 中两个目标单元中去。

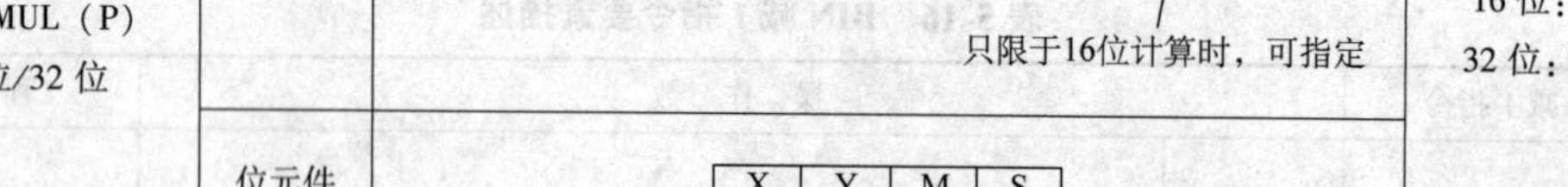

```
  X000        （S1·）（S2·）（D·）    BIN  BIN  BIN
  ─┤├──────[MUL  D0   D2   D4 ]   (D0)×(D2)→(D5,D4)   0   LD   X000
                                  16位 16位  32位      1   MUL  D0   D2   D4
```

图 5-39　16 位 MUL 指令

② 32 位运算的使用说明。两个源指定的软元件内容的乘积，以 64 位数据的形式存入目指定的元件（低位）和紧接其后的 3 个元件中，结果的最高位为符号位，如图 5-40 所示。但必须注意：目标元件为位元件组合时，只能得到低 32 位的结果，不能得到高 32 位的结果，解决的办法是先把运算目标指定为字元件，再将字元件的内容通过传送指令送到位元件组合中。

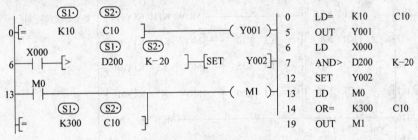

```
    X001
───┤ ├───┤DMUL  D0   D2   D4 ├─
```

(S1·) D0 (S2·) D2 (D·) D4

BIN　　BIN　　　　BIN
(D1,D0)×(D3,D2) → (D7,D6,D5,D4)
32位　　32位　　　　64位

```
0    LD     X001
1    DMUL   D0    D2    D4
```

图 5-40　32 位乘法指令

3. 触点比较指令

触点比较指令的功能号为 FNC224 ~ FNC246，包括 LD 开始的、AND 开始的和 OR 开始的触点比较指令。触点比较指令（LD 指令）要素描述见表 5-18。

表 5-18　LD 指令要素描述

LD 指令	操　作　数		程序步
FNC224-230 LD 16 位/32 位	字元件	(S1·) (S2·) K,H | KnX | KnY | KnM | KnS | T | C | D | V,Z	6 位：5 步 32 位：9 步
	位元件	X | Y | M | S	

LD 开始的 LD 指令接在左母线上，ADD 开始的 LD 指令串联在别的触点后面，OR 开始的 LD 指令与别的触点并联，如图 5-41 所示。当 C10 的当前值等于 20 时，Y1 被驱动；当 X0 为 ON 且 D200 的值大于 –20 时，Y2 被 SET 指令置位；当 M0 为 ON 或 C10 的当前值等于 300 时，M1 被驱动，各种触点型比较指令的助记符和意义见附录 D。

```
     (S1·)  (S2·)
0 ─┤= K10   C10├──────────( Y001 )
     X000  (S1·)  (S2·)
6 ─┤├─┤> D200  K-20├──[SET  Y002]
     M0
13 ─┤├──────────────────( M1 )
     (S1·)  (S2·)
   ─┤= K300  C10├─
```

```
0    LD=   K10   C10
5    OUT   Y001
6    LD    X000
7    AND>  D200  K-20
12   SET   Y002
13   LD    M0
14   OR=   K300  C10
19   OUT   M1
```

图 5-41　触点型比较指令

四、任务实施

1. 画出舞台装饰彩灯控制系统的梯形图

从控制对象来说，有变换类负载、舞台流水灯及标语牌背景流水灯 3 类，这 3 类负载是同时工作的。从控制的时间节奏来说有 1s 及 100ms，都取自机内时钟，使 3 类灯的控制计时统一而方便。舞台装饰彩灯控制系统的梯形图程序如图 5-42 所示。

3 类灯的软件实现策略均不相同。变换类负载控制时间点无规律，采用 1s 时钟计数，LD 指令控制时间范围，用传送指令实现输出口控制。舞台流水灯是采用向变址寄存器 Z 加 1 的方法实现 K2Y000Z 的依次变化，并向变化的 K2Y000Z 中依次加 1，使 Y0、Y1、Y2、……Y6 依次变为 1，形成接在输出口上的彩灯逐一点亮的结果，减 1 的过程也相似。M0 和 M1 为亮灯和

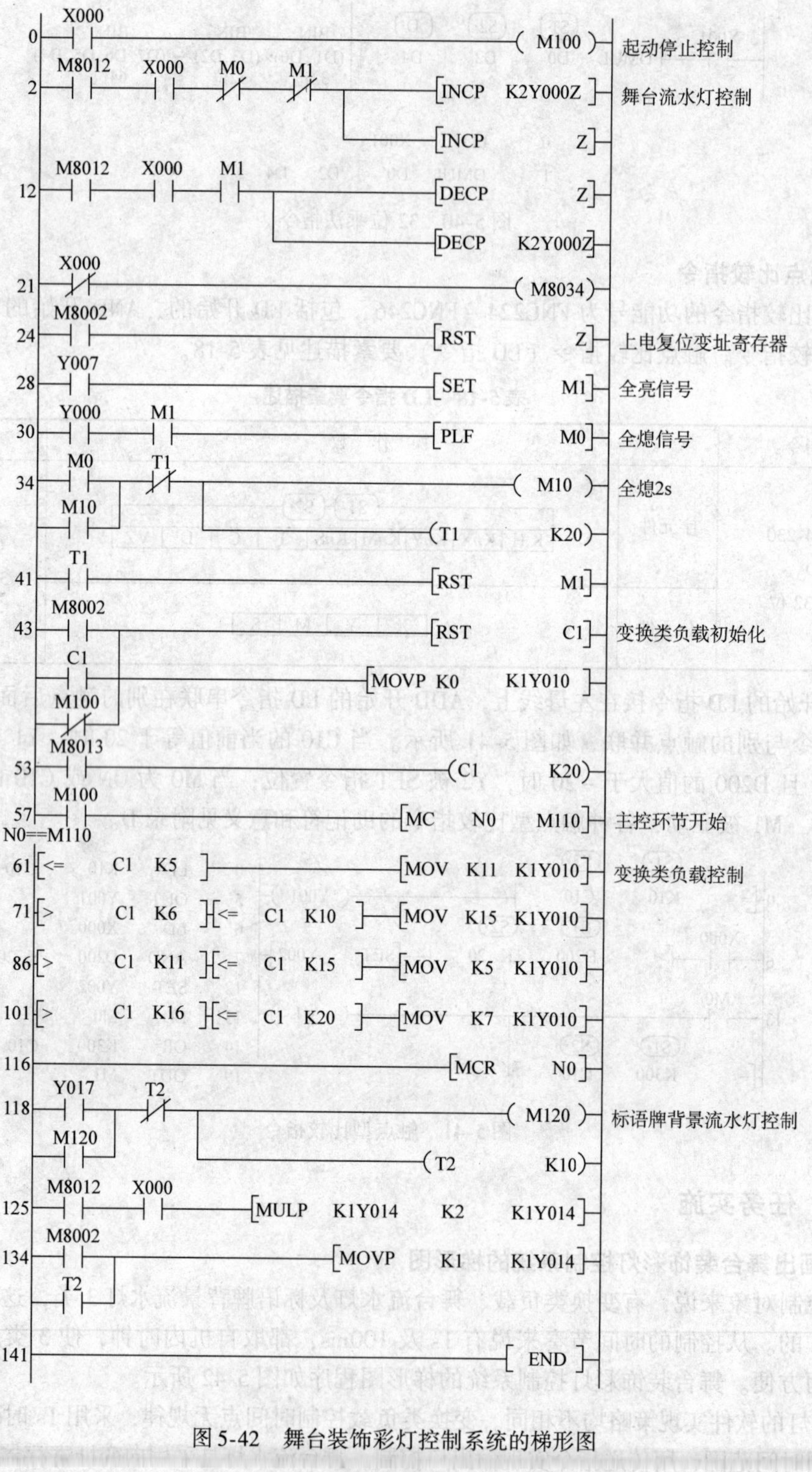

```
0   X000                                              ( M100 )   起动停止控制
    ┤├

2   M8012  X000   M0   M1                    ┌INCP  K2Y000Z┐   舞台流水灯控制
    ┤├     ┤├    ┤/├  ┤/├              ┌──┤         │
                                       │    └INCP     Z┐
                                       │

12  M8012  X000   M1                     ┌DECP      Z┐
    ┤├     ┤├    ┤├                ┌──┤         │
                                   │    └DECP  K2Y000Z┐

21  X000                                              ( M8034 )
    ┤/├

24  M8002                                  ┌RST      Z┐   上电复位变址寄存器
    ┤├

28  Y007                                   ┌SET     M1┐   全亮信号
    ┤├

30  Y000   M1                              ┌PLF     M0┐   全熄信号
    ┤├    ┤├

34  M0    T1                                          ( M10 )   全熄2s
    ┤├   ┤/├
    M10
    ┤├                                                ( T1    K20 )

41  T1                                     ┌RST     M1┐
    ┤├

43  M8002                                  ┌RST     C1┐   变换类负载初始化
    ┤├
    C1                            ┌MOVP  K0   K1Y010┐
    ┤/├
    M100
    ┤/├
    M8013
53  ┤├                                               ( C1    K20 )

57  M100                                  ┌MC   N0    M110┐   主控环节开始
    ┤├

N0==M110
61  ┤<=  C1   K5 ┤              ┌MOV  K11  K1Y010┐   变换类负载控制

71  ┤>   C1   K6 ├┤<=  C1   K10 ├─┤MOV  K15  K1Y010┐

86  ┤>   C1   K11├┤<=  C1   K15 ├─┤MOV  K5   K1Y010┐

101 ┤>   C1   K16├┤<=  C1   K20 ├─┤MOV  K7   K1Y010┐

116                                       ┌MCR      N0┐

118 Y017   T2                                         ( M120 )   标语牌背景流水灯控制
    ┤├    ┤/├
    M120
    ┤├                                                ( T2    K10 )

125 M8012  X000            ┌MULP  K1Y014   K2   K1Y014┐
    ┤├     ┤├

134 M8002                  ┌MOVP  K1   K1Y014┐
    ┤├
    T2
    ┤├

141                                                   ┌END┐
```

图 5-42　舞台装饰彩灯控制系统的梯形图

熄灯转换控制用继电器。标语牌背景流水灯采用乘法运算指令实现彩灯移位再循环的方法，由于 $1+1=$ 进位 1，而 $1×2=$ 进位 1，从而产生彩灯向前移位的效果。

2. 运行并调试程序

1）在断电状态下，连接好 PC/PPI 电缆。

2）将 PLC 运行模式选择开关拨到 STOP 位置，此时 PLC 处于停止状态。

3）在作为编程器的计算机上，运行 GX Developer 编程软件。

4）将图 5-42 所示的梯形图程序输入到计算机中，并完成"程序检查"和"变换"。

5）执行"在线"→"PLC 写入"命令，将程序文件下载到 PLC 中。

6）将 PLC 运行模式的选择开关拨到 RUN 位置，使 PLC 进入运行方式。

7）将开关打开，对程序进行调试运行，观察程序的运行情况。若出现故障，应分别检查硬件电路接线和梯形图是否有误，修改后，应重新调试，直至系统按要求正常工作。

8）记录程序调试的结果，完成项目训练报告。

五、知识链接

在工程设计中常常会遇到控制系统信号太多而 PLC 输入或输出点数不够用的情况，需要进行扩展，而增加扩展单元，则体积变大，硬件投资需要追加。因此，在满足控制要求的前提下，合理使用 I/O 点数，尽量减少所需的 I/O 点数，是降低系统硬件费用的主要措施。

（1）减少所需输入点数的方法

1）分组输入。一般控制系统都要有"自动"和"手动"控制两种工作方式，自动程序和手动程序不会同时执行，将自动和手动信号叠加起来，按不同控制状态要求分成两组输入到 PLC 中，可以节省输入点数。

分组输入电路如图 5-43 所示，工作方式选择开关 SA 用来切换"自动"和"手动"信号的输入，并通过 X0 让 PLC 识别，从而选择执行自动程序或手动程序。SB11～SB17 为"自动"输入信号，SB1～SB7 为"手动"输入信号，两组输入信号共用 PLC 的输入点 X1～X7。按钮 SB11 和 SB1 虽然都使用 X1 输入端，但实际代表的逻辑意义不同。

图 5-43 中二极管是用来切断寄生电路的，从而避免使 PLC 产生错误的输入信号。假如没有这些二极管，系统处于自动状态时，即 SA 在"自动"位置，若 SB1、SB2、SB11 闭合，SB12 断开，这时，将有电流从端子 X2 流出，经 SB2→SB1→SB11→COM 形成寄生回路，使输入继电器 X1 接通。但是，这时 SB12 并未闭合，所以是一个错误的输入信号。各开关电路中串入二极管后，切断了寄生电流回路，避免了错误输入信号的产生。

2）输入触点的合并。修改外部电路，将某些功能相同的常闭触点串联或将常开触点并联后再输入 PLC，这些信号就只占用 PLC 一个输入点了。串联时，几个开关同时闭合有效。并联时，其中任何一个触点闭合都有效。一些保护电路和报警电路就常常采用这种方式输入。

例如：有一个两地起动、三地停止的继电器-接触器控制系统，在改为 PLC 控制电路时，可将三地停止按钮串联接一个输入点，将两地起动按钮并联接一个输入点，这样所占用的输入点数大大减少，而实现的功能完全一样，如图 5-44 所示。

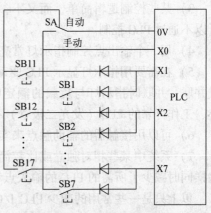

图 5-43　输入端分组输入

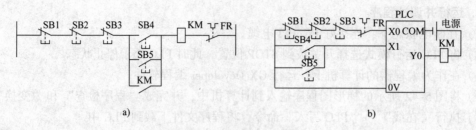

图 5-44 输入端分组输入

3）充分利用 PLC 的内部功能。利用转移指令在一个输入端上接一开关，作为手动/自动方式转换开关，运用转移指令可将手动和自动操作加以区别。利用计数指令或者位移寄存器，也可利用交替输出指令实现单按钮的起动和停止。

使用 KEY 指令，只需 4 个输入点、4 个输出点就可以输入 10 个数字键和 6 个功能键；使用 DSW 指令，只需 4 个或 8 个输入点，4 个输出点就可以读入一个或两个 4 位 BCD 码数字相关信息。

4）将某些输入信号设置在 PLC 之外。系统中有些功能简单的输入信号，如某些手动操作按钮、过载保护动作后需手动复位的电动机热继电器 FR 的常闭触点等提供的信号，没有必要作为 PLC 的输入，将它们设置在 PLC 外部的硬件电路中（见图 5-45），同样可满足要求。

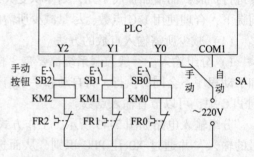

图 5-45 某些输入信号设在 PLC 之外

（2）减少所需输出点数的方法

1）并联输出。在 PLC 的输出功率允许的条件下，通断状态完全相同的多个负载并联后，可以共用 PLC 的一个输出点，即一个输出端点可以控制多个负载。如果多个负载的总电流超出输出点的容量，可以用一个中间继电器，再控制其他负载。

2）分组输出。通过外部的或 PLC 控制的转换开关的切换，一个输出端点可以控制两个或多个不同时工作的负载。与外部元件的触点配合，可以用一个输出点控制两个或多个有不同要求的负载。

3）某些控制逻辑简单，而又不参加工作循环，或在工作循环开始之前必须起动的电器可以不通过 PLC 控制。

4）用一个输出点控制指示灯常亮或闪烁，可以显示两种不同的信息。

5）在需要用指示灯显示 PLC 驱动的负载（如接触器线圈）状态时，可以将指示灯与负载并联，并联时指示灯与负载的额定电压应相同，总电流不应超过允许的值。可选用电流小、工作可靠的 LED（发光二极管）指示灯。

6）可以用接触器的辅助触点来实现 PLC 外部的硬件联锁。

7）系统中某些相对独立或比较简单的部分，可以不进 PLC，直接用继电器电路来控制，这样同时减少了所需的 PLC 的输入点和输出点。

以上只是一些常用的减少 PLC I/O 点数的措施，在实际应用中，利用 PLC 编程灵活的功能，还有许多方法，在此不一一叙述。

六、思考与练习

1. 求图 5-46 所示 ADD 指令执行后，源操作数和目标操作数的实际地址。

2. 试用循环移位指令实现任务 5.3 中舞台流水灯的控制。

3. 某控制系统中要进行以下算式的运算：$Y = \dfrac{6X}{5} + 2$，试用 PLC 完成式中的加、乘、除运算。

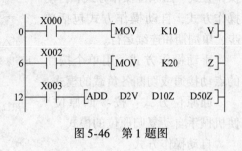

图 5-46　第 1 题图

任务 5.4　搬运机械手的顺序控制

一、任务描述

搬运机械手的动作示意图如图 5-47 所示，它是一个水平/垂直位移的机械设备，设计一个 PLC 控制系统，用来将工件由左工作台搬到右工作台。

机械手的全部动作均由气缸驱动，而气缸又由相应的电磁阀控制。其中，上升/下降和左移/右移分别由双线圈两位置电磁阀控制。例如，当下降电

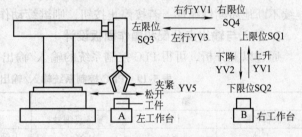

图 5-47　机械手动作示意图

磁阀通电时，机械手下降；当下降电磁阀断电时，机械手下降停止。只有当上升电磁阀通电时，机械手才上升；当上升电磁阀断电时，机械手上升停止。同样，左移/右移分别由左移电磁阀和右移电磁阀控制。机械手的放松/夹紧由一个单线圈两位置电磁阀（称为夹紧电磁阀）控制。当该线圈通电时，机械手夹紧，该线圈断电时，机械手放松。

二、任务分析

1. 机械手的动作过程

机械手动作过程如图 5-48 所示，从原点开始，按下起动按钮时，下降电磁阀通电，机械手下降。下降到底时，碰到下限位开关，下降电磁阀断电，下降停止；同时接通夹紧电磁阀，机械手夹紧。夹紧后，上升电磁阀通电，机械手上升。上升到顶时，碰到上限位开关，上升电磁阀断电，上升停止；同时接通右移电磁阀，机械手右移。右移到位时，碰到右限位开关，右移电磁阀断电，右移停止。若此时右工作台上无工件，则光敏开关接通，下降电磁阀通电，机械手下降。下降到底时，碰到下限位开关，下降电磁阀断电，下降停止；同时夹紧电磁阀断电，机械手放松。放松后，上升电磁阀通电，机械手上升。上升到顶时，碰到上限位开关，上升电磁阀断电，上升停止；同时接通左移电磁阀，机械手左移。左移到原点时，碰到左限位开关，左移电磁阀断电，左移停止。至此，机械手经过 8 步动作完成了一个周期（下降—夹紧—上升—右行—下降—松开—上升—左行）。

机械手的操作方式分为手动操作方式、回原位操作方式和自动操作方式，自动操作方式包括单步、单周期和连续运行。

手动操作方式：用单个按钮的点动接通或切断各负载的模式。

回原位方式：按"回原位"使机械手自动复归原位的模式。

自动操作方式：

① 单步工作方式。每次按起动按钮，机械手前进一个工序。

② 单周期工作方式。在原点

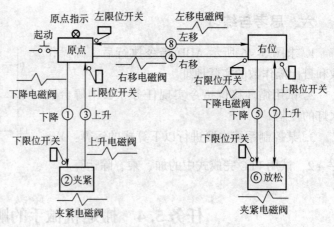

图 5-48 机械手动作过程

位置上，每次按起动按钮时，机械手进行一次循环的自动运行并在原位停止。

③ 连续运行工作方式。在原点位置上，只要按起动按钮时，机械手的动作将自动地、连续不断地周期性循环。若按停止按钮，则继续动作至原位后停止。

2. 输入与输出点分配和操作面板设计

通过以上分析，可得 PLC 控制系统的输入/输出（I/O）端口分配见表 5-19。

表 5-19　PLC 控制系统输入/输出（I/O）端口分配

输　　入			输　　出		
设备名称	代号	输入点编号	设备名称	代号	输出点编号
手动	SA	X0	上升电磁阀线圈	YV1	Y0
回原位	SA	X1	下降电磁阀线圈	YV2	Y1
单步	SA	X2	左行电磁阀线圈	YV3	Y2
单周期	SA	X3	右行电磁阀线圈	YV4	Y3
连续	SA	X4	夹紧/放松电磁阀线圈	YV5	Y4
回原位	SB1	X5			
自动起动按钮	SB2	X6			
停止按钮	SB3	X7			
上升按钮	SB4	X10			
下降按钮	SB5	X11			
左行按钮	SB6	X12			
右行按钮	SB7	X13			
夹紧按钮	SB8	X14			
松开按钮	SB9	X15			
上限位开关	SQ1	X16			
下限位开关	SQ2	X17			
左限位开关	SQ3	X20			
右限位开关	SQ4	X21			

操作面板设计如图 5-49 所示。

3. PLC 接线示意图

根据表 5-19，可画出 PLC 的外部接线示意图，如图 5-50 所示。

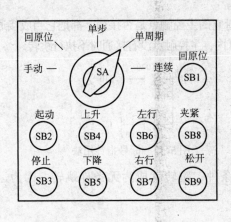

图 5-49　机械手操作面板示意图

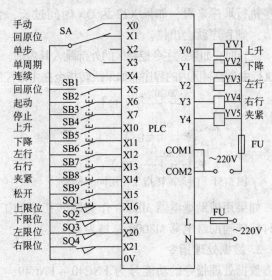

图 5-50　机械手控制系统 PLC 的 I/O 接线图

三、技术要点

1. 程序流程指令

程序流向控制指令的功能号为 FNC00 ~ FNC09。主要包括 CJ（条件跳转）指令、CALL（子程序调用）指令、SRET（子程序返回）指令、IRET（中断返回）指令、EI（中断许可）指令、DI（中断禁止）指令、FEND（主程序结束）指令、WDT（监控定时器）指令、FOR（循环范围开始）指令、NEXT（循环范围终了）指令等。这里主要介绍 CJ（条件跳转）指令。

条件跳转（Conditional Jump，CJ）指令的功能指令编号为 FNC00，操作数为 P0 ~ P127，其中 P63 即 END，无需再标号。该指令占 3 个程序步，标号占 1 个程序步。CJ 指令的要素描述见表 5-20。

表 5-20　CJ 指令的要素描述

CJ 指令	操作数		程序步
FNC 00 CJ（P） 16 位	字元件	无	16 位：3 步
	位元件	无	

CJ 和 CJ（P）指令用于跳过顺序程序中的某一部分，以减少扫描时间。跳转指针标号一般在 CJ 指令之后，如图 5-51 所示。如果 X20 为 ON，程序跳到 P2 处；如果 X20 为 OFF，不执行跳转，程序按原顺序执行。跳转时，不执行被跳过的那部分指令。如果被跳过程序段中包含时间继电器和计数器，无论其是否具有掉电保持功能，由于相关程序停止执行，它们的现实值寄存器被锁定，跳转发生后其计数、计时值保持不变，在跳转中止时，计时、计数将继续进行。另外，计时、计数器的复位指令具有优先权，即使复位指令位于被跳过的程序段中，执行条件满足时，复位工作也将执行。

在一个程序中一个标号只能出现一次，如出现两次或两次以上，则会出现错误。但同一程序中两条跳转指令可以使用相同的标号，如图 5-51 所示。

值得说明的是，跳转指针标号也可出现在跳转指令之前，如图 5-52 所示，但要注意从程序执行顺序来看，如果 X22 为 ON 时间过长，会造成该程序的执行时间超过了警戒时钟设定值，则程序就会出错。

跳转时，如果从主令控制区的外部跳入其内部，不管它的主控触点是否接通，都把它当成接通来执行主令控制区内的程序。如果跳转指令在主令控制区内，主控触点没有接通时不执行跳转。

图 5-51　两条跳转指令使用同一标号　　　图 5-52　标号指针用法

如果用辅助继电器 M8000 作为跳转指令的工作条件，跳转就成为无条件跳转，因为运行时特殊辅助继电器 M8000 总是为 ON。

2. 数据处理指令

数据处理指令的功能号为 FNC40 ~ FNC49，主要包括 ZRST（区间复位）指令、DECO（译码）指令、ENCO（编码）指令等。这里主要介绍 ZRST 指令。

区间复位（Zone Reset，ZRST）指令也称为成批复位指令，其功能指令编号为 FNC40，目标操作数可取 T、C 和 D（字元件）或 Y、M、S（位元件）。该指令只有 16 位运算，占 5 个程序步。ZRST 指令的要素描述见表 5-21。

表 5-21　ZRST 指令的要素描述

区间复位 ZRST 指令		操　作　数	程序步
FNC40 ZRST（P） 16 位	字元件	K,H ∣ KnX ∣ KnY ∣ KnM ∣ KnS ∣ T ∣ C ∣ D ∣ V,Z ←(D1·)─(D2·)→ (D1·) 编号 ≤ (D2·) 编号 指定同一种类的要素	16 位：5 步
	位元件	X ∣ Y ∣ M ∣ S ←(D1·)─(D2·)→	

ZRST 指令将 (D1·) 和 (D2·) 指定的元件号范围内的同类元件成批复位。图 5-53 中，当 M8002 由 OFF→ON 时，区间复位指令执行，位元件 M200 ~ M280 成批复位，字元件 C20 ~ C50 成批复位，状态元件 S0 ~ S30 成批复位。

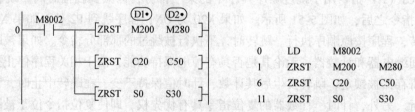

图 5-53　区间复位

(D1·) 和 (D2·) 指定的应为同一类元件，(D1·) 的元件号应小于等于 (D2·) 的元件号。若 (D1·) 的元件号大于 (D2·) 的元件号，则只有 (D1·) 指定的元件被复位。

虽然 ZRST 指令是 16 位处理指令，但是可在 Ⓓ1̇•、Ⓓ2̇• 中指定 32 位计数器。不过不能混合指定，即不能在 Ⓓ1̇• 中指定 16 位计数器，在 Ⓓ2̇• 中指定 32 位计数器。

四、任务实施

1. 基本指令和步进指令进行混合编程

运用步进指令编写机械手顺序控制的程序比用基本指令更容易、更直观，但在机械手的控制系统中，手动和回原位工作方式用基本指令很容易实现，故手动和回原位工作方式用基本指令编写，自动工作方式用步进指令编写。

机械手控制系统的程序总体结构如图 5-54 所示，分为公用程序、自动程序、手动程序和回原位程序 4 部分。其中自动程序包括单步、单周期和连续运行的程序，由于它们的工作顺序相同，所以可将它们合编在一起。

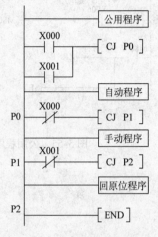

图 5-54　系统的程序总体结构

如果选择"手动"工作方式，即 X0 为 ON，X1 为 OFF，则 PLC 执行完公用程序后，将跳过自动程序到 P0 处，由于 X0 常闭触点断开，所以直接执行手动程序。由于 P1 处的 X1 的常闭触点闭合，所以又跳过回原位程序到 P2 处。

如果选择回原位工作方式，即 X0 为 OFF，X1 为 ON，同样只执行公用程序和回原位程序。如果选择"单步"、"单周期"或"连续"方式，则只执行公用程序和自动程序。

公用程序如图 5-55 所示，当系统执行单步工作方式时，X2 为 ON，M8040 导通，实现禁止状态转移，从而实现单步工作方式，即在完成某一步的动作后，必须按一次起动按钮，系统才能进入下一步。图中的指令 ZRST（FNC40）是成批复位的功能指令，当 M8002 为 ON 时，对 S0 ~ S27 复位。

手动程序如图 5-56 所示，用 X10 ~ X15 对应机械手的上下、左右移行和夹钳松紧的按钮。按下不同的按钮，机械手执行相应的动作。在左、右移行的程序中串联上限位开关的常开触点是为了避免机械手在较低位置移行时碰撞其他工件。为保证系统安全运行，程序之间还进行了必要的联锁。

回原位程序如图 5-57 所示，在选择开关处于"回原位"位置时（X1 为 ON），按下回原位按钮 SB1（X5 为 ON），M1 变为 ON，机械手松开并上升，当升到上限位（X16 变为 ON），机械手左行，直到碰到左限位开关（X20 变为 ON）才停止，并且 M1 复位。

图 5-58 为机械手的自动连续运行状态转移图。图中特殊辅助继电器 M8002 仅在运行开始时接通。S0 为初始状态，对应回原位的程序。

系统处于单周期工作方式时，X3 为 ON；当机械手在原位时，夹钳松开，Y4 为 OFF，上限位 X16、左限位 X20 都为 ON，这时按下起动按钮 X6，状态由 S0 转换到 S20，Y1 线圈得电，机械手下降。当机械手碰到下限位开关时，X17 变为 ON，状态由 S20 转换为 S21，Y1 线圈失电，机械手停止下降，Y4 被置位，夹钳开始夹持，定时器 T0 起动，经过 2s 后，T0 的触点接通，状态由 S21 转换为 S22，机械手上升。系统如此按工序一步一步顺序运行。

当机械手返回到原位时，X20 变为 ON，此时 X3 为 ON，X4 为 OFF，状态由 S27 转换为 S0，等待下一次起动，此时不是连续工作方式，因此机械手不会连续运行。

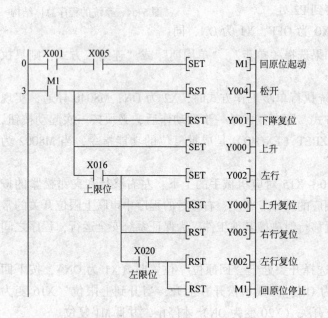

图 5-55　公用程序

图 5-56　手动程序

图 5-57　回原位程序

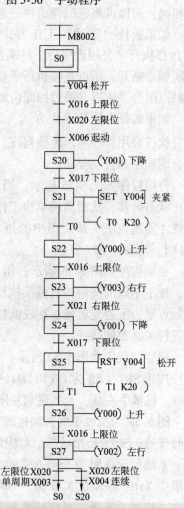

图 5-58　机械手自动单周期/
连续运行的状态转移图

系统处于连续方式时，X3 为 OFF，X4 为 ON，X4 的常开触点闭合，其他工作过程与单周期方式相同，一个周期结束后，状态由 S27 转换为 S20，机械手自动进入新的一次运行过程，因此机械手能自动连续运行。

在连续工作方式时，若要求按下停止按钮 X7 后，系统不立即停下，在完成当前的工作周期后，机械手最终停在原位，请同学思考梯形图程序该如何修改。

从图 5-58 所示的状态转移图中可以看出，每一状态寄存器都对应机械手的一个工序，只要弄清工序之间的转换条件及转移方向就很容易直观地画出状态转移图，其对应的步进指令梯形图也很容易画出。

2. 运行并调试程序

（1）基本指令与步进指令控制程序

1）在断电状态下，连接好 PC/PPI 电缆。

2）将 PLC 运行模式选择开关拨到 STOP 位置，此时 PLC 处于停止状态，可以进行程序编写。

3）在作为编程器的计算机上，运行 GX Developer 编程软件。

4）将用基本指令与步进指令混合编程的梯形图程序或指令程序输入到计算机中。

5）执行 "PLC" → "传送" → "写出" 命令，将程序文件下载到 PLC 中。

6）将 PLC 运行模式的选择开关拨到 RUN 位置，使 PLC 进入运行方式。

7）按下起动按钮，对程序进行调试运行，观察程序的运行情况。

① 将转换开关 SA 旋转至 "手动" 挡，按下相应的动作按钮，观察机械手的动作情况。

② 将转换开关 SA 旋转至 "回原位" 挡，按回原位按钮，观察机械手是否回原位。

③ 将转换开关 SA 旋转至 "单步" 挡，每次按起动按钮，观察机械手是否向前执行下一个动作。

④ 将转换开关 SA 旋转至 "单周期" 挡，每按一次起动按钮，观察机械手是否运行一个周期就停下。

⑤ 先使机械手回原位，然后将转换开关 SA 旋转至 "连续" 挡，再按起动按钮，观察机械手是否连续运行。

8）记录程序调试的结果。

（2）完成项目训练报告。

五、知识链接

1. PLC 控制系统的可靠性保障措施

PLC 是专门为工业生产环境设计的控制装置，一般不需要采取特别措施，就可以直接在工业环境使用，但是必须严格按照技术指标规定的条件使用，才能保证长期安全运行。如果环境过于恶劣，电磁干扰特别强烈，或安装使用不当，都不能保证系统的正常安全运行。在系统设计时，应采取相应的可靠性措施，以消除或减少干扰的影响，保证系统的正常运行。

（1）工作环境与安装　PLC 适用于大多数工业控制现场，由它所构成的控制系统可以长期、稳定、可靠地工作。事实上 PLC 也有自己的环境技术条件要求，尽管它要求较低，但只是相对而言。任何一种电子设备产生故障的原因都可分为外部和内部两类，而外部起因主要是电磁干扰，辐射干扰以及由输入输出线、电源线等引入的干扰；环境温度、湿度、粉尘、有害气体对系统的影响；振动、冲击引起的元器件损坏等，因此对 PLC 工作环境的改善必须引起高度重视并给予充分考虑。同时也应注意控制系统的施工安装这一关键环节，因为安装质量的好坏，直接影响整个系统的工作可靠性和使用寿命。具体工作环境要求及安装注意事项如下：

1）PLC 的工作环境温度一般为 0～55℃。安装于控制柜内的 PLC 主机及配置模块上下、左右、前后都要留有约 100mm 的空间距离，尽量远离发热器件，I/O 模块配线时要使用导线槽，以免妨碍通风。控制柜内必须设置风扇或冷风机，通过滤网把自然风引入柜内，以便降温。在较寒冷的地区，需要考虑恒温控制。

2）环境相对湿度应在 35%～85% 范围内。在湿度较大的环境，要考虑把 PLC 主机及配置模块安装于封闭型的控制箱内，箱内放置吸湿剂或安置抽湿机。

3）周围无易燃和腐蚀性气体。

4）周围无过量的灰尘和金属微粒。

5）避免过度的振动和冲击。

6）不能受太阳光的直接照射或水的溅射。

7）PLC 的基本单元和扩展单元之间要留 30mm 以上的空间，与其他电器之间要留 100mm 以上的间隙。

8）远离有可能产生电弧的开关或设备。

9）PLC 系统控制柜应远离强干扰源，如高压电源线、大功率晶闸管装置、变频器、高频高压设备和大型动力设备等。PLC 不能与高压电器安装在同一个开关柜内，在柜内 PLC 应远离动力线（两者之间的距离应大于 200mm），以避免电磁耦合干扰和高频辐射干扰。与 PLC 装在同一个开关柜内的电感性元件，如继电器、接触器的线圈，应并联 RC 消弧电路。

10）PLC 主机及配置模块的安装，必须严格按照有关的使用说明书来进行，尽量做到安全、合理、正确、标准、规范、美观、实用。各项安装参数既要达到 PLC 的性能指标，也要符合国家电气安装技术标准。

11）PLC 的所有单元必须在断电时安装和拆卸。

12）为防止静电对 PLC 组件的影响，在接触 PLC 前，应先用手接触某一接地的金属物体，以释放人体所带静电。

（2）合理配线 为了防止或减少外部配线引起的干扰，配线时应采取下列措施：

1）PLC 系统控制柜与现场设备之间的配线（电源线、动力线，直流信号输入/输出线，交流信号输入/输出线，模拟量信号输入/输出线）都应各自分开走线，分别用电缆敷设，而且电缆的屏蔽要良好。输入、输出线的接线长度虽允许为 50～100m，但为了可靠起见，一般在 20m 以内。长距离配线，建议用中间继电器转换信号。传送模拟信号最好采用屏蔽线，且屏蔽线的屏蔽层应一端接地。如果模拟量输入/输出信号距离 PLC 较远，应采用 4～20mA 或 0～10mA 的电流传输方式，而不是易受干扰的电压传输方式。

2）PLC 系统控制柜内的配线（各类型的电源线、控制线、信号线、输入线、输出线等）要各自分开，并保持一定距离，特别不允许信号线、输入线、输出线与其他动力线在同一导管内通过或捆扎在一起。如不得已要在同一线槽中布线，应使用屏蔽电缆。

3）当系统中配置有扩展模块或单元时，PLC 的基本单元与扩展单元之间电缆传送的信号电压低、频率高，很容易受干扰，不能与其他线敷设在同一线槽内。扩展电缆要远离 PLC 主机的输出线或其他动力线 30～50mm 以上。

4) PLC 的接地线与电源线或动力线、零线应分开。

5) 不同的信号线最好不用同一个接插件转接，如必须用同一个接插件，要用备用端子或地线端子将它们分隔开，以减少相互干扰。

(3) 对电源的处理　电源是 PLC 引入干扰的主要途径之一，PLC 应尽可能取用电压波动较小、波形畸变较小的电源，这对提高 PLC 的可靠性有很大帮助。所以供电系统的设计直接影响控制系统的可靠性，下面介绍几种常用供电措施。

1) 使用隔离变压器分离供电。在干扰较强或对可靠性要求很高的场合，可以在 PLC 的交流电源输入端加接带屏蔽层的隔离变压器和低通滤波器（见图 5-59），隔离变压器可以抑制从电源线窜入的外来干扰，提高抗高频共模干扰能力。屏蔽层应可靠接地。

动力部分、控制部分、PLC、I/O 电源应分别配线，隔离变压器与 PLC 和与 I/O 电源之间应采用双绞线连接。系统的动力线应足够粗，以降低大功率异步电动机起动时的电路压降。如有条件，可对 PLC 采用单独的供电回路，以避免大功率设备的起停对 PLC 的干扰。

2) 用 UPS 供电。PLC 的外电源突然中断，且中断时间在 10ms 以下时，工作一般不受影响，但中断时间超过 10ms 以上，PLC 就不能正常地工作了。为了防止 PLC 系统掉电时间超过 10ms 的短时影响，应使用不间断电源（UPS）供电，平时处于充电状态，当 PLC 突然掉电时，UPS 能自动切换到输出状态，继续向系统供电 10～30min。这一措施可十分有效地抑制突发短时断电对系统的干扰。

图 5-60 是使用 UPS 的供电示意图。根据 UPS 的容量，在交流失电后，可继续向 PLC 供电 10～30min，可用于非长时间停电的系统。

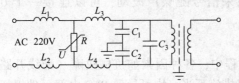

图 5-59　使用低通滤波电路和隔离变压器供电系统

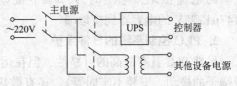

图 5-60　使用 UPS 的供电示意图

3) 使用双路供电。对于要求可靠性极高的控制系统，为了提高供电系统的可靠性，交流供电最好采用分别引自不同变电所的双路电源，当一路供电出现故障，能自动切换到另一路供电。

图 5-61 为双路供电系统的示意图。KA1 和 KA2 分别为 A 路、B 路欠电压继电器。假设先合上 S1 开关，KA1 线圈得电，B 路 KA1 的常闭触点断开，KA2 线圈没电供给，A 路 KA2 常闭触点接通，A 路处于供电状态；然后合上 S2 开关，使 B 路处于备用状态。当 A 路电压降低到规定值时，KA1 继电器动作，常闭触点 KA1 闭合，KA2 线圈得电，使 B 路投入供电，同时 KA2 常闭触点断开，A 路撤出供电。

(4) PLC 的接地　良好的接地是 PLC 安全可靠运行的重要条件，PLC 控制系统的接地一般有图 5-62 所示的 3 种方法。

PLC 最好单独接地，如图 5-62a 所示，PLC 与其他设备分别接地，这种接地方法最好。如果做不到每个设备专用接地，也可以采用公共接地方式，如图 5-62b 所示。但禁止采用图5-62c所示的串联接地方式，特别应该避免与电动机、变压器等动力设备串联接地，因为这种接地方式会产生PLC与设备之间的电位差。

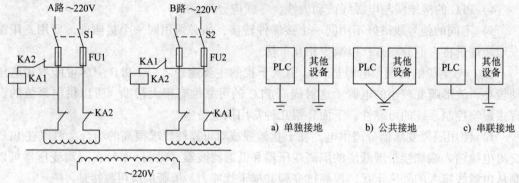

图 5-61　双路供电系统的示意图　　　　　图 5-62　PLC 控制系统的接地

另外，PLC 的接地还应注意：

1）接地线应尽量粗，一般接地线截面应大于 $2mm^2$。PLC 接地系统的接地电阻一般应小于 4Ω。

2）接地点应离 PLC 越近越好，即接地线越短越好。接地点与 PLC 间的距离不大于 50m。若 PLC 由多单元组成，则各单元之间应采用同一点接地，以保证各单元间等电位。当然，一台 PLC 的 I/O 单元如果有的分散在较远的现场（超过100m），是可以分开接地的。

3）接地线应尽量避开强电电路和主电路的电线，不能避开时，应垂直相交，应尽量缩短平行走线长度。

4）PLC 的输入输出信号线采用屏蔽电缆时，其屏蔽层应用一点接地，并用靠近 PLC 这一端的电缆接地，电缆的另一端不接地。如果信号随噪声波动，可以连接一个 0.1 ~ 0.47μF/25V 的电容器到接地端。

2. PLC 控制系统的日常维护

虽然 PLC 具有极高的可靠性，但在运行过程中，各种因素如机械故障（配线开路、接线端子的松动、安装不牢固等），还有散热降温措施不当，均可导致 PLC 内部元件损坏；或因空气潮湿而使电子元件遭损坏导致控制系统运行异常，甚至危及系统的安全，因此为了确保 PLC 控制系统长期安全地工作，定期对 PLC 进行维护和检查是十分必要的。

PLC 控制系统维护和保养的主要内容如下：

1）建立系统的设备档案。包括设备一览表、程序清单和有关说明、设计图样、运行记录和维修记录等。

2）采用标准的记录格式对系统运行情况和设备状况进行记录，对故障现象和维修情况进行记录，这些记录应便于归档。运行记录的内容包括：日期、故障现象和当时的环境状态、故障分析、处理方法和结果，故障发现人员和维修处理人员的签名等。

3）系统的定期保养。根据定期保养一览表，对需要保养的设备和电路进行检查和保养，并记录保养的内容。主要工作有：

① 检查工作环境：重点检查环境温度、湿度、振动、粉尘、干扰等是否符合 PLC 的标准工作环境要求。

② 检查工作电源：重点检查电压大小、电压稳定度是否在允许范围内。

③ 检查安装情况：重点检查接线是否安全、可靠，螺钉、连线、接插头是否有松动，电气元件、开关触点是否有损坏和锈蚀等，导电杂质或金属屑是否混入机内。

④ 检查输入/输出情况：重点检查输入/输出端子处的电压和电流变化是否在规定的标准内，继电器输出型触点开合次数是否已超过规定次数（如35VA交流负载为接触器、电磁阀等时，标准寿命为50万次）。对连接到输入输出端的一些电气元件也要定期检查和更换。

⑤ 检查控制性能：重点检查PLC是否能根据输入的程序进行工作，是否在断开工作电源后能长期保存程序内容，其与外部装置是否能正确无误地传送交换信息。

⑥ 检查继电器与继电器座的接触是否良好，继电器内接点动作是否灵活和接触良好。对大功率的输出继电器，应定期消除触点上的氧化层，并根据产品寿命进行定期更换。对安装在PLC上的各种接插件，要检查它们是否接触良好，印制电路板是否有外界气体造成的锈蚀。

⑦ 检查各连接电缆、管缆和连接点。检查连接电缆是否被外力损坏或受高温等环境原因而老化，检查连接管缆是否漏气或漏液，气源或液压源的压力是否符合要求，检查连接箱内的接线端或接管的接头是否紧固，尤其是安装在有振动或易被氧化的场所时，更应定期检查和紧固。

⑧ 检查各执行机构。不管执行机构是电动、气动还是液动，都应检查执行机构执行指令的情况，动作是否到位等，校验结果应记录和归档。

4）检查PLC的运行状态、锂电池或电容的使用时间等。PLC系统内有些设备或部件使用寿命有限，应根据产品制造商提供的数据建立定期更换设备一览表，应及时提出备品和备件的购置计划，保证在元器件损坏时能及时得到更换。例如，PLC内的锂电池一般使用寿命是1~3年，输出继电器的机械触点使用寿命是100~500万次，电解电容的使用寿命是3~5年等。

5）清洁卫生工作。在定期检查中，对系统各部件进行清洁是很重要的工作。粉、灰尘在一定的环境条件下会造成接触不良，绝缘性能下降；工作和检修时切下来的短导线会造成部件的短路等。因此，在打扫时，要防止杂物进入PLC的通风口，可以采用吸尘器进行打扫。对积尘的插卡可以根据产品说明书的要求，取下插卡进行清洁工作，例如，用无水酒精擦洗污物。进行清洁工作要仔细，不要造成元件的损坏等。

6）其他注意事项。在更换PLC有关部件（如供电电源的熔断器、锂电池等）时，必须停止对PLC供电，对允许带电更换的部件（如输入输出插卡等），也要安全操作，防止造成不必要的事故。操作步骤应符合产品操作说明书的要求和操作顺序。

六、思考与练习

1. 任务5.4中，当机械手右移到位并准备下降时，若为了确保安全，要求在右工作台上无工件时才允许机械手下降。也就是说，若上一次搬运到右工作台上的工件尚未搬走时，机械手应自动停止下降，试设计机械手的控制程序。

2. 阅读图5-63所示的梯形图程序，试分析：

1）程序的可能流向，并指出P指针的作用。

2）程序中的"双线圈操作"是否可能？

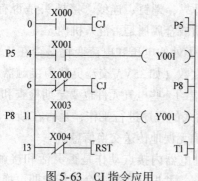

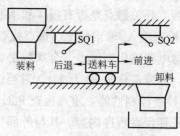

图 5-63　CJ 指令应用　　　　　　　　　图 5-64　送料车控制示意图

3. 送料车如图 5-64 所示，该车由电动机拖动。电动机正转，车子前进；电动机反转，车子后退。对送料车的控制要求为：

1）单周期工作方式：每按动按钮，预先装满料的车子便自动前进，到达卸料处（SQ2）自动停下来卸料，经延时 22s 后，卸料完毕，车子自动返回装料处（SQ1），装满料待命。再按动送料按钮，重复上述工作过程。

2）自动循环方式：要求车子在装料处装满料后就自动前进送料，即延时 20s 装满料后，就不需要按动送料按钮，就再次前进，重复上述过程，实现送料车自动送料。

试用 PLC 对车子进行控制，画出满足单周期工作和自动循环工作两种方式的状态转移图，并编写其步进梯形图。

4. C650 卧式车床的结构形式如图 5-65 所示，现要对其进行改造，将原有的继电器控制系统改为 PLC 控制系统，具体控制要求如下：

1）主电动机 M1（功率为 30kW）完成主轴主运动和刀具进给运动的驱动，电动机采用直接起动方式起动，可正反两个方向旋转。

2）为了加工调整方便，系统要求具有点动功能。

3）主电动机 M1 可进行正、反两个旋转方向的电气停车制动，停车制动采用反接制动。

4）电动机 M2 拖动冷却泵，在加工时提供切削液，采用直接起动停止方式，并且为连续工作状态。

5）为减轻工人的劳动强度和节省辅助工作时间，要求快速移动电动机 M3 带动溜板箱能够快速移动。M3 可根据使用需要，随时手动控制起停。

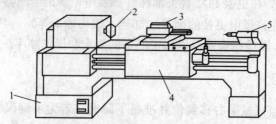

图 5-65　C650 卧式车床结构简图
1—床身　2—主轴　3—刀架　4—溜板箱　5—尾架

项目六　PLC 与触摸屏和变频器的综合控制

本项目主要介绍了触摸屏（Touch Panel Monitor）的使用和编程方法，介绍了变频器的基本结构和各参数的意义，力求通过具体的综合控制项目设计，能使读者掌握 PLC、触摸屏和变频器在实际工程实践中的综合应用。同时，要求读者能熟练地使用三菱公司的 GT Designer 编程软件设计触摸屏程序，并将程序写入触摸屏进行调试运行，掌握变频器的基本操作、参数设置和外部端子的功能，并能运用 PLC、触摸屏和变频器等进行综合控制，解决实际工程问题。

 知识目标

1) 了解触摸屏相关知识，掌握触摸屏的简单应用。
2) 熟悉 GT Designer 编程软件的使用，掌握图形、对象的操作和属性的设置。
3) 了解变频器的工作原理、基本结构和各基本功能参数的意义。
4) 熟悉变频器操作面板和外部端子组合控制的接线和参数设置。
5) 熟悉变频器多段调速的参数设置和外部端子的接线。

 技能目标

1) 能根据项目要求，熟练地使用三菱公司的 GT Designer 编程软件编制触摸屏程序，并写入触摸屏与 PLC 进行联机调试运行。
2) 掌握变频器的基本操作和外部端子的功能，能根据控制要求进行参数设置。
3) 能运用 PLC、触摸屏和变频器进行综合控制，解决实际工程问题。

任务6.1　知识竞赛抢答控制系统

一、任务描述

设计一个知识竞赛抢答控制系统，要求用 PLC 和一台 F940GOT 触摸屏进行控制和显示，具体控制要求如下：

1) 儿童 2 人、学生 1 人、教授 2 人共 3 组抢答，竞赛者若要回答主持人所提出的问题时，需抢先按下桌上的按钮。

2) 为了给参赛儿童组一些优待，儿童 2 人中任一个人按下按钮时均可抢得，抢答指示灯 HL1 都亮。为了对教授组作一定限制，教授组只有在 2 人同时都按下按钮时才可抢得，抢答指示灯 HL3 才亮。

3) 若在主持人按下开始按钮后 10s 内有人抢答，则幸运彩灯点亮表示庆贺，同时触摸屏右上角显示"抢答成功"，否则，10s 后右上角显示"无人抢答"，再过 3s 后返回原显示界面。

4）触摸屏可完成比赛开始、题目介绍、返回、清零、加分和抢答指示灯显示等功能，并可显示各组的总得分。

二、技术要点

触摸屏是图形操作终端（Graph Operation Terminal，GOT）在工业控制中的通俗叫法，是目前最新的一种交互式图视化人机界面设备。它可以设计及储存数十至数百幅与控制操作相关的黑白或彩色的画面，可以直接在显示这些画面的屏幕上用手指点击换页或输入操作命令，还可以连接打印机打印报表，是一种理想的操作面板设备。

图6-1 展示了触摸屏的外观。由于这种液晶显示器具有人体感应功能，当手指触摸接触屏幕上的图形时，可发出操作指令，所以称做触摸屏，当触摸的画面不同或触摸画面的部位不同时，发出的指令也不一样。

三菱公司生产的触摸屏主要有三大系列：GOT2000 系列、GOT1000 系列和 GOT - F900 系列。种类达数十种，现以目前应用较广泛的 F940GOT 为例说明触摸屏的使用。

图 6-1　触摸屏的外观

1. 三菱 F940GOT 的性能及基本工作模式

（1）F940GOT 的基本功能　三菱 F940GOT 的显示画面为 5.7in，规格具有 F940GOT - BWD - C（双色）、F940GOT - LWD - C（黑白）、F940GOT - SWD - C（彩色）3 种型号，其双色为蓝白 2 色，黑白为黑白 2 色，彩色为 8 色，其他性能指标类似，屏幕硬件规格见表 6-1。F940GOT 能与三菱的 FX_{3U} 系列、A 系列 PLC 进行连接使用，也可与三菱变频器进行连接，同时还可与其他厂商的 PLC 进行连接，如 OMRON、SIEMENS、AB 等。

表 6-1　三菱 F940GOT 屏幕硬件规格

项目		规　格
显示元件		F940GOT - BWD - C：STN 液晶·双色（蓝色和白色） F940GOT - LWD - C：STN 液晶·黑色 F940GOT - SWD - C：STN 液晶·8 色彩色
分辨率		320 ×240（点），20 字符 ×15 行
点间距		0. 36mm（0. 014″）水平 ×0. 36mm（0. 014″）垂直
有效显示尺寸		115mm（4. 53″）×86mm（3. 39″）：6（5. 7in）型
液晶寿命		大约 50000h（运行环境温度：25℃），保证期 1 年
背灯		冷阴极管
背灯寿命		50000（BWD，不能更换）、40000（LWD，SWD）h 或更长 （运行环境温度：25℃），保证期 1 年
触摸键		最大 50 触摸键/画面，20 ×12 矩阵键，ENT 健
接口	RS422	符合 RS422（COM0），单通道，用于 PLC 通信
	RS232C	符合 RS232C（COM1），单通道，用于画面传送和 PLC 通信
画面数目		用户画面：500 个画面或更少，NO. 1 ~ NO. 500 系统画面：指定画面 NO. 1001 ~ NO. 1030
用户内存		快闪内存 512KB（内置）

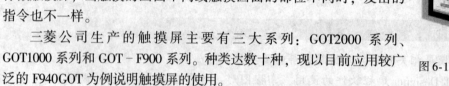

　　F940GOT 有两个连接口，一个与计算机连接的 RS232 接口，用于传送用户画面，一个与 PLC 等设备连接的 RS422 接口，用于与 PLC 进行通信。F940GOT 需要外部提供 390 ~ 410mA/DC 24V 电源。

　　F940GOT 的基本功能被分为 6 个模式，见表 6-2，操作人员可以通过选择相应模式使用各个功能。这里主要介绍几个常用的功能：

表 6-2　F940GOT 功能概要

模式	功能	功 能 概 要
用户画面模式	字符显示	显示字母和数字
	绘图	显示直线、圆和长方形
	灯显示	屏幕上指定区域根据 PLC 中位元件的 ON/OFF 状态反转显示
	图形显示	可以以棒图、线形图和仪表面板的形式显示 PLC 中字元件的设定值和当前值
	数据显示	可以以数字的形式显示 PLC 中字元件的设定值和当前值
	数据改变功能	可以改变 PLC 中字元件的当前值和设定值
	开关功能	控制的形式可以是瞬时、交替和置位/复位
	画面切换	可以用 PLC 或触摸键切换显示画面
	数据成批传送	触摸屏中存储的数据可以被传送到 PLC
	安全功能	只有在输入正确密码以后才能显示画面（本功能在系统画面中也可以使用）
HPP（手持式编程）模式	程序清单 *1	可以以指令程序的形式读、写和监视程序
	参数 *1	可以读写程序容量、锁存寄存器范围等参数
	软元件监视	可以用元件编号和注释表达式监测位元件的 ON/OFF 状态及字元件的当前值和设定值
	当前值/设定值改变	可以用元件编号和注释表达式改变字元件的当前值和设定值
	强制 ON/OFF	PLC 中的位元件可以强制变为 ON 或 OFF
	动作状态监视 *1	处于 ON 状态里自动显示状态（S）编号被自动显示用于监视（仅在连接 MELSEC FX 系列时可以使用）
	缓冲存储器（BFM）监视 *1	可以监视 $FX_{2N}/FX_{2NC}/FX_{3U}$ 系列特殊模块的缓冲存储器（BFM），也可以改变它们的设定值
	PLC 诊断 *1	读取和显示 PLC 错误信息
采样模式	设定条件	多达 4 个要采样元件的条件，设置采样开始/停止时间等
	结果显示	以清单或图形形式显示采样结果
	数据清除	清除采样结果
报警模式	显示状态	在清单中以发生的顺序显示当前报警
	报警历史	报警历史和事件时间（以时间顺序）一起被存储在清单中
	报警频率	存储每个报警的事件数量
	清除记录	删除报警历史
测试模式	画面清单	以画面编号的顺序显示用户画面
	数据文件	改变在配方功能（数据文件传送功能）中使用的数据
	调试	检测操作，看显示的用户画面上键操作、画面改变等是否被正确执行
	通信监测	显示和连接的 PLC 的通信状态

（续）

模式	功能	功能概要
其他模式	设定时间开关	在指定时间将指定元件设为 ON/OFF
	数据传送	可以在触摸屏和画面创建软件之间传送画面数据、数据采样结果和报警历史
	打印输出	可以将采样结果和报警历史输出到打印机
	关键字	可以登记保护 PLC 中程序的密码
	设定模式	可以指定系统语言、连接的 PLC 类型、串行通信参数、标题画面、主菜单调用键、当前日期和时间、背光熄灭时间、蜂鸣音量、LCD 对比度、画面数据清除等初始设置

注：" *1 " 表示只有连接了 FX_{2N}、FX_{3U} 系列 PLC 时有效。

1）画面显示功能。F940GOT 的画面分系统画面和用户画面，其中系统画面是机器自动生成的系统检测及报警类的监控画面，具有监视功能、数据采集功能、报警功能等，是触摸屏制造商设计的，这类画面是使用者不能修改的；用户画面是用户根据具体的控制要求设计制作的，可以单独显示也可以重合显示或自由切换，画面上可显示文字、图形、图表，可以设定数据，还可以设定显示日期、时间等。F940GOT 可存储并显示 30 个系统画面（画面序号 NO. 1001 ~ NO. 1030）和用户制作画面最多 500 个（画面序号 NO. 1 ~ NO. 500）。

图 6-2 为系统主菜单画面状态，按触摸屏的左上角，可实现系统画面和用户画面的切换。正常工作时，系统上电后，屏幕显示用户画面。

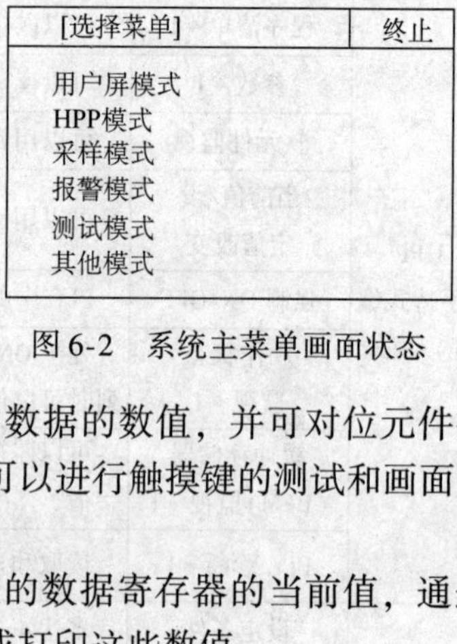

2）画面操作功能。实际使用时，操作者可以通过触摸屏上设计的操作键来切换 PLC 的位元件，也可以通过设计的键盘输入及更改 PLC 数字元件的数据。在触摸屏处于 HPP（手持式编程）状态时，还可以作为编程器对与其连接的 PLC 进行程序的读写、编辑、软元件的监视，以及对软元件的设定值和当前值的显示及修改。

[选择菜单]	终止
用户屏模式	
HPP模式	
采样模式	
报警模式	
测试模式	
其他模式	

图 6-2　系统主菜单画面状态

3）检测监视功能。触摸屏可以进行用户画面显示，操作者可以通过画面监视 PLC 内位元件的状态及数据寄存器中数据的数值，并可对位元件执行强制 ON/OFF 状态，也可以对数据文件的数据进行编辑，也可以进行触摸键的测试和画面的切换等操作。

4）数据采样功能。触摸屏可以设定采样周期，记录指定的数据寄存器的当前值，通过设定采样的条件，将收集到的数据以清单或图表的形式显示或打印这些数值。

5）报警功能。触摸屏可以指定 PLC 的位元件（可以是 X、Y、M、S、T、C，但最多 256 个）与报警信息相对应，通过这些位元件的 ON/OFF 状态来给出报警信息，并可以记录最多 1000 个报警信息。

6）其他功能。触摸屏具有设定时间开关、数据传送、打印输出、关键字、动作模式设定等功能，在动作模式设定中可以进行设定系统语言、连接 PLC 的类型、串行通信参数、标题画面、主菜单调用键、当前日期和时间等设定功能。

（2）触摸屏的基本工作模式及与计算机、PLC 的连接　作为 PLC 的图形操作终端，触摸屏必须与 PLC 联机使用，通过操作人员手指与触摸屏上的图形元件的接触发出 PLC 的操作指令或显示 PLC 运行中的各种信息。

触摸屏中存储与显示的画面是通过计算机运行专用的编程软件设计的，设计好后下载到触摸屏中。F940GOT 使用的通用编程软件为 FX‐PCS‐DU/WIN 和 GT Designer（主要用于高档触摸屏，也可用于 F940GOT）。图 6-3 为触摸屏与计算机相连接下载软件编绘的画面的情况，当计算机的 RS232 连接器为 9 针时，用 FX‐232CAB‐1 型数据传送电缆连接；图 6-4 为触摸屏与 PLC 相连接工作时的情形，采用 FX‐50DU‐CAB0 通信电缆连接。触摸屏机箱上安装有 RS232 及 RS422 接口各一个，如图 6-5 所示，RS422 接口用于与 PLC 进行通信，RS232 接口用于与计算机进行画面数据的传送。此外机箱上还设有触摸屏的电源接入口，触摸屏一般使用外部 24V 直流电源供电。

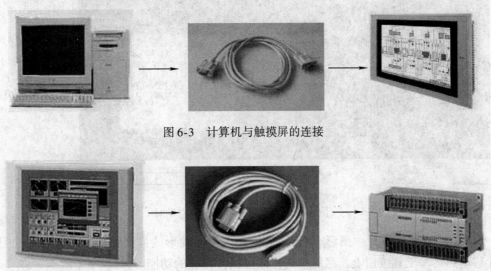

图 6-3　计算机与触摸屏的连接

图 6-4　触摸屏与 PLC 的连接

2. 绘制用户画面软件 GT Designer 简介和使用

触摸屏的用户画面可以借助专用的绘图软件绘制，如 FX‐PCS‐DU/WIN‐E，GT Designer（SW5D5‐GOTR‐PACK）等，这里主要介绍 GT Designer（SW5D5‐GOTR‐PACK）软件开发界面。

（1）软件的主界面　GT Designer 软件安装完毕后，单击快捷方式图标即可进入软件的主界面，如图 6-6 所示，主界面由标题栏、菜单栏、工具栏及应用窗口等部分组成。

1）标题栏。显示屏幕的标题，将光标移动到标题栏，则可以将屏幕拖动到希望的位置。

2）菜单栏。显示 GT Designer 可使用的菜单功能名称，选择某个菜单功能，就会出现一个下拉菜单，后面带"▶"符号的表示还有级联菜单，可以根据需要从下拉菜单中选择各种功能。

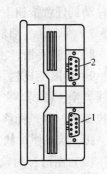

图 6-5　触摸屏机箱
上的通信接口
1—RS422 接口
2—RS232 接口

3）主工具栏。主工具栏主要是以按钮的形式显示在菜单栏上分配的基本项目，单击任意工具按钮，即可执行相应的功能。

4）视图工具栏。视图工具栏主要是以按钮的形式显示在菜单上分配的其他项目（如移动距离、显示比例和开关模式等），将光标移动到下拉按钮"▼"处并单击，打开相应项目的下拉菜单，将光标移动到需要更改的属性上，然后单击，以执行相应的功能。

图 6-6 GT Designer 软件的主界面

5）图形/对象工具栏。图形/对象工具栏是以按钮的形式排列图形、对象设置项目，将光标移动到某一工具按钮上，然后单击，即可执行相应的功能。

6）编辑工具栏。编辑工具栏是以按钮的形式显示在菜单上分配的图形编辑项目，将光标移动到任意按钮上，然后单击，以执行相应的功能。

7）编辑区。编辑区是制作图形画面的区域。

8）工具面板。工具面板是显示设置图形对象等按钮和图形编辑项目的地方。

9）绘图工具栏。绘图工具栏是以列表的形式显示工具面板上安排的图形编辑项目，有直线类型、样式、文本类型等，将光标移动到下拉按钮"▼"处并单击，打开相应项目的下拉菜单，将光标移动到需要更改的属性上，然后单击，以执行相应的功能。

10）状态栏。状态栏是显示当前操作状态和光标坐标的地方。

（2）图形、对象等主要功能的设置

1）图形绘制和文本设置。在编辑区可以进行直线、矩形、圆等图形绘制和文本设置。

图形绘制方法：可以在图形/对象工具栏或"绘图"菜单的下拉菜单以及工具面板中单击相应的绘图命令，然后在编辑区进行拖放即可。双击该图形，在弹出的对话框中可以进行调整图形对象属性等操作，如调整颜色、线形、填充等。

文本设置的作用是在触摸屏画面上设置汉字、英文、数字等。单击工具面板中的 **A** 按钮或在菜单栏中单击"绘图"菜单，进入"绘制图形"子菜单，选择"文本"命令后，则可出现图 6-7 所示的"文本设置"对话框。在其中的"文本"框中填入需要的文本，设置文本的颜色、大小、字体及排列方式后单击"确定"，刚才填写的文本即出现在编辑区中，再单击编辑区中需放置文本的位置，如位置不准确还可以选中后用鼠标拖动调节。

2）数据显示。数据显示可以实现数值显示、ASCII码显示和日期时钟显示等功能。单击图形/对象工具栏或工具面板中的 123、ASC、🕐 按钮或在"绘图"菜单中单击"数据显示"子菜单下的相应命令，即弹出数值显示、ASCII码显示和日期时钟显示对话框，设置好属性后单击"确定"即可。

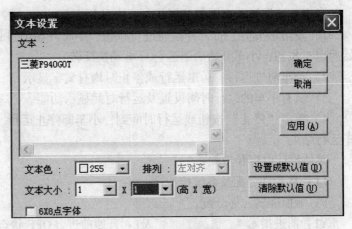

图6-7　文本设置对话框

3）消息显示。消息显示功能可以显示PLC相对应的注释和出错信息，包括注释显示、报警记录显示和报警列表。单击图形/对象工具栏或工具面板中的 🔍、🔍、📇 按钮或在"绘图"菜单中单击"消息显示"子菜单下的相应命令，即弹出"注释设置"对话框，设置好属性后单击"确定"即可。

4）动画显示。显示与软元件相对应的部件、指示灯和指针仪表盘。单击图形/对象工具栏或工具选项板中的 🔧、💡 或 ▽ 按钮或在"绘图"菜单中单击"动画显示"子菜单下的相应命令，即弹出设置对话框，在对话框中设置好灯与PLC位元件的关联和灯的显示方式后，单击"确定"即可。

5）图表显示。可以显示采集到PLC软元件的值，并将其以图表的形式显示，分别有折线图、趋势图、棒状图和统计图。单击图形/对象工具栏或工具面板的 📉 或 ⊕ 按钮，或选择"绘图"菜单中"图表"子菜单下的"折线图/趋势图/棒状图"或"统计图"命令，即弹出相应的设置对话框，设置好软元件及其他属性后单击"确定"，然后将光标指向编辑区，单击鼠标即生成图表对象。

6）触摸键。触摸键在被触摸时，能够改变位元件的开关状态、字元件的值，也可以实现画面跳转。添加触摸键须单击图形/对象工具栏或工具面板中的 ■ 按钮，设置好软元件参数、属性或切换页面后单击"确定"，然后将其放置到希望的位置即可。

7）数据输入。数据输入功能可以将任意数值和ASCII码输入到软元件中，对应的按钮是 123 和 SC，操作方法和属性设置与上述相同。

8）其他功能。其他功能包括屏幕硬拷贝功能、系统信息功能、条形码功能、时间动作功能，此外还具有屏幕切换功能、滚动报警等。

3. 用户画面的制作

用户画面的制作过程即使用各种绘图工具在打开的画面中制图的过程。组成用户画面的典型图形部件有指示灯、触摸键、注释文本及图表等，也可以由绘图者设计其他需要的图形。

下面通过一个具体的例子来学习用户画面的制作。

举例： 试设计一个用触摸屏控制小车往返运行的PLC控制系统。控制要求如下：

1）单击触摸屏上的"开始前进"按钮，小车开始前进运行（电动机正转）；单击"开始后退"按钮，小车开始后退运行（电动机反转）。

2）小车前进运行、后退运行或停止时均有文字显示。

3）具有小车的运行时间设置及运行时间显示功能。

4）单击"停止"按钮或运行时间到，小车即停止运行。触摸屏画面跳转、并显示"小车运行结束"。

具体设计内容和步骤：

（1）软元件分配及系统接线图

1）触摸屏软元件分配。

Y1：前进指示　　　　　　　　M1：开始前进（OFF状态）/正在前进（ON状态）

Y2：后退指示　　　　　　　　M2：开始后退（OFF状态）/正在后退（ON状态）

D1：运行时间设定　　　　　　M3：停止（ON状态）/停止中（OFF状态）

D3：实际运行时间　　　　　　M4：小车运行中（ON状态）/小车未运行（OFF状态）

2）PLC软元件分配。

Y1：前进（正转）接触器　　　M1：开始前进

Y2：后退（反转）接触器　　　M2：开始后退

D1：运行时间设定　　　　　　M3：停止

D2：定时器T1的设定值　　　　D3：实际运行时间

3）系统接线图。PLC、触摸屏控制系统接线示意图如图6-8所示。

（2）触摸屏画面设计　根据系统的控制要求及触摸屏的软元件分配，触摸屏的画面如图6-9、图6-10所示。

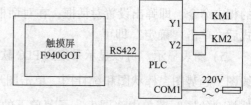

图6-8　系统接线示意图

使用GT Designer软件制作GOT画面前先要建立工程项目。单击画面清单上的"新建"按钮；或者打开菜单栏中"工程"菜单，选择"新建"，即可弹出图6-11中的对话框。选择触摸屏的型号为"F94＊GOT（320×240）"，选择PLC型号为"MELSEC－FX"（本例为FX$_{3U}$-

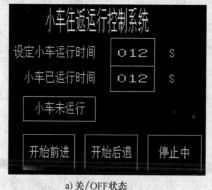

a）关/OFF状态

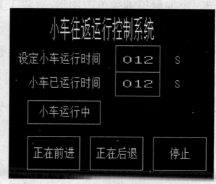

b）开/ON状态

图6-9　触摸屏的画面1

48MR），然后单击"确定"，即弹出项目的"工程辅助设置"对话框，如图6-12所示。单击"确定"后，就进入主开发界面。

1）文本设置。单击图形/对象工具栏或工具面板中的 **A** 按钮，弹出图6-13所示的"文本设置"对话框。首先在"文本"栏中输入要显示的文字（小车往返运行控制系统），然后在下面选择文本颜色和大小，设置完毕后，单击"确定"，然后再在编辑区内将文本拖到合适的位置即可。图6-9中"设定小车运行时间"、"小车已运行时间"和时间单位"s"的操作方法与此相同。

图6-10　触摸屏的画面2

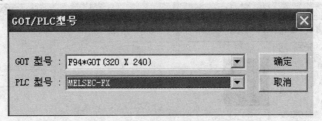

图6-11　　"GOT/PLC 型号"对话框

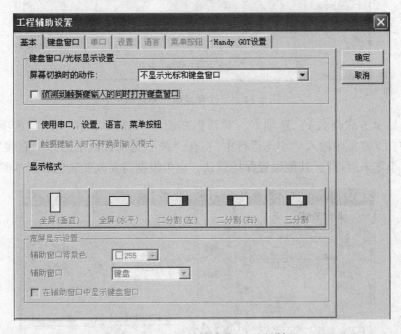

图6-12　　"工程辅助设置"对话框

2）注释显示。画面中显示的"小车未运行"、"小车运行中"为注释显示对象。首先，单击图形/对象工具栏或工具面板中的 ▨ 按钮，弹出图6-14所示的对话框，然后在"基本"选项卡下的"元件"选项中输入"M4"，其他设置保持默认。

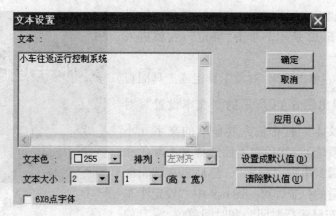

图 6-13 "文本设置"对话框

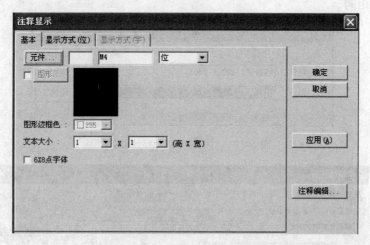

图 6-14 "注释显示"对话框 1

打开"显示方式（位）"选项卡，对话框如图 6-15 所示，在"开"选项区域中选择"直接"，并在文本框中输入"小车运行中"；在"关"选项区域中选择"直接"，并在文本框中输入"小车未运行"，其他设置保持默认，也可根据需要改变底色和文本颜色。

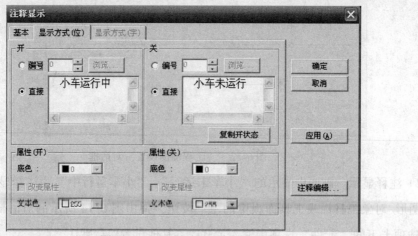

图 6-15 "注释显示"对话框 2

3）触摸键。画面中显示的"开始前进"、"开始后退"为触摸键，以"开始前进"例，先单击图形/对象工具栏或工具面板 ■ 按钮，弹出图6-16所示的属性设置对话框。在"基本"选项卡的"显示切换"选项区域中选择"位元件"，再单击"元件"按钮，在出现的文本框中输入"M1"，其他保持默认。

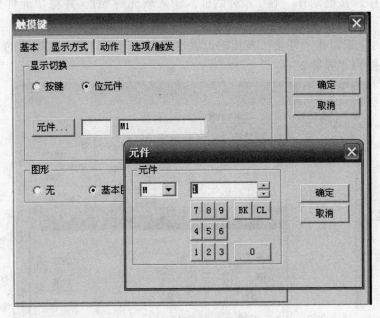

图6-16　触摸键的设置1

选择"显示方式"选项卡，"触摸键"对话框如图6-17所示。"图形"是选择触摸键的形状，单击"图形"按钮并在右侧预览中选择适合的形状即可；图形边框色为触摸键边框的颜色，单击右边的下拉按钮可以设定触摸键边框的颜色；"按键色"为触摸键在"开"和

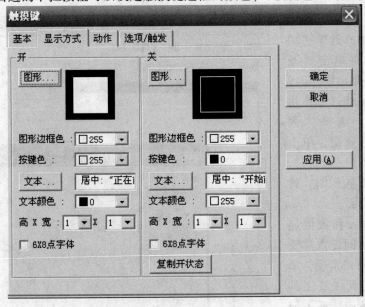

图6-17　"触摸键"对话框2

"关"时显示的颜色；"文本"为触摸键在"开"和"关"时显示的文字，单击"文本"按钮，在弹出的文本框中分别输入"正在前进"、"开始前进"；"文本颜色"是设置文本的颜色；其他选项保持默认，也可根据需要设置文本的颜色和字体大小。

选择"动作"选项卡，设置动作属性，"触摸键"对话框如图6-18所示，先单击"位"按钮，弹出图中"按键动作（位）"对话框，输入软元件M1，并将"元件"属性设置为"点动"。

"开始后退"按钮和"停止"按钮的设置也类似，只是"停止"按钮的"动作"属性还需设置为切换到"屏幕2"。

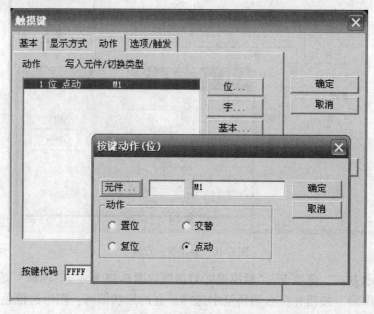

图6-18 "触摸键"对话框3

在触摸键"停止"按钮的设置对话框中，选择"动作"选项卡，再单击"基本"按钮，会弹出图6-19所示的"按键动作（基本切换）"对话框，选择"固定"和"2"号画面，单击"确定"就可以了。运行时，当按下"停止"按钮时，就会切换到2号画面。

4）数值输入和数值显示。小车运行时间设置需要用数值输入对象来实现，单击图形/对象工具栏或工具面板中的123按钮，弹出图

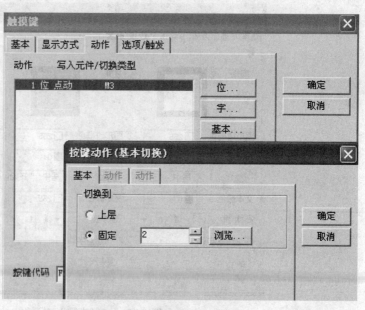

图6-19 "触摸键"对话框4

6-20 所示的对话框。在"基本"选项卡中设置"元件"为 D1，单击"图形"按钮并选择合适的形状，其他选项分别为图形边框色、底色、数字颜色。然后打开"显示设置"选项卡，对话框则如图 6-21 所示，然后按图进行设置。

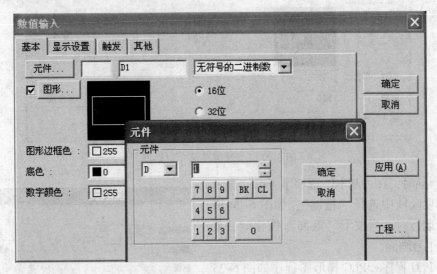

图 6-20　"数值输入"对话框 1

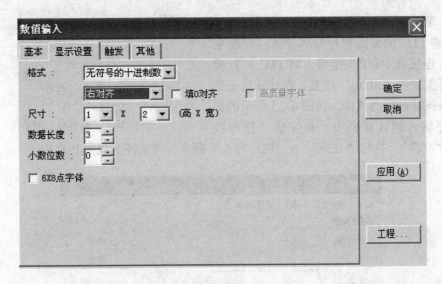

图 6-21　"数值输入"对话框 2

"小车已运行时间"显示需要设置数值显示对象，设定方法与数值输入对象类似，只是在"基本"选项卡中设置"元件"应改为 D3，如图 6-22 所示。

5）新画面的建立和画面的切换。触摸屏用于某一工程项目时可能有不同用途的多幅画面，F940GOT 规定，在与 PLC 联机工作上电时首先显示的是 1 号画面。需要建立新画面时，选择菜单栏中"屏幕"菜单下的"新屏幕"命令，弹出图 6-23 所示对话框，选择好"屏幕类型"和"编号"，单击"确定"即可。在新画面中进行文本设置"小车运行结束"和触摸键"返回"的设置。其中，"返回"按钮的设置与"停止"按钮的设置类似，只是要返回到

图 6-22 "数值显示"对话框

1 号画面，同时，在"基本"选项卡下的"显示切换"选项区域中选择"按键"，如图 6-24 所示。实际运行时，当按下"返回"按钮时，就会切换到 1 号画面。

（3）PLC 程序 PLC 梯形图程序如图 6-25 所示。

（4）程序下载和系统调试

1）将 PLC 梯形图程序写入 PLC。在断电状态下，连接好 PC/PPI 电缆，将 PLC 运行模式选择开关拨到"STOP"位置。在计算机上运行 GX Developer 编程软件，将图 6-25 所示的梯形图程序输入到计算机中，并完成"程序检

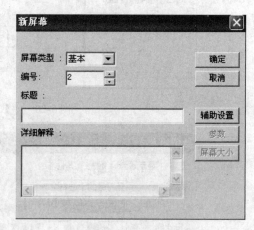

图 6-23 "新屏幕"对话框

查"和"变换"。执行"在线"→"PLC 写入"命令，将文件下载到 PLC 中。

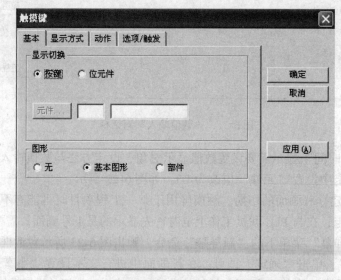

图 6-24 "触摸键"对话框"返回"的设置

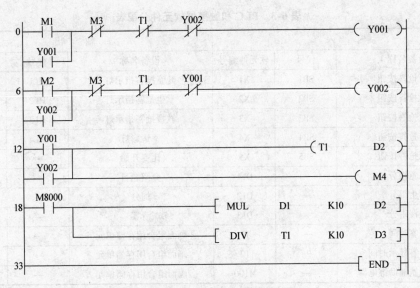

图 6-25　PLC 梯形图程序

2）写入触摸屏画面程序。具体步骤是：

① 将触摸屏 RS232 接口与计算机 RS232 接口用通信电缆连接好，选择"通信"→"下载至 GOT"→"监控数据"，进行数据下载。

② 弹出"监控数据下载"对话框，选择"所有数据"和"删除所有旧的监视数据"，核对"GOT 类型"，单击对话框中"设置…"按钮，弹出"选项"对话框，进行"通讯"的设置，选择端口为"COM1"，波特率为"38400"。观察触摸屏画面显示是否与计算机画面一致。

3）PLC 程序和触摸屏画面写入后，将触摸屏 RS422 接口与 PLC 编程接口用通信电缆连接。

4）进行模拟调试，PLC 不接电动机。

单击左上角，进入"画面状态"，将 PLC 运行开关拨至"RUN"位置，先设定好小车运行时间，单击数值输入对象，弹出软键盘，设定运行时间"15s"，按触摸屏上的"开始前进"键，该键立即变为设置的白色，触摸键文本显示"正在前进"，注释文本显示"小车运行中"，PLC 的 Y1 指示灯亮；若按触摸键"开始后退"，该键立即变为设置的白色，触摸键文本显示"正在后退"，同时 PLC 的 Y1 指示灯灭，注释文本显示"小车运行中"，PLC 的 Y2 指示灯亮，同时触摸屏上显示小车实际运行时间。在前进运行或后退运行时，按"停止"键，前进或后退均停止，Y1、Y2 指示灯均不亮，画面切换到 2 号画面，显示"小车运行结束"，若按"返回"键，则回到 1 号画面，注释文本显示"小车未运行"和"停止中"。

5）将 PLC 输出电路和电动机主电路连接好，再进行调试运行，直至系统按要求正常工作。

6）记录程序调试的结果。

三、任务分析

1. PLC 和触摸屏软元件分配及系统接线图

首先要确定需要使用哪些输入、输出，然后分别给它们标上可编程控制器的端子号，其输入输出装置及其 PLC 端子号见表 6-3。

表 6-3　PLC 和触摸屏软元件分配表

输　入			输　出		
设备名称	代号	软元件编号	设备名称	代号	软元件编号
儿童抢答按钮	SB1	X1	儿童抢答指示灯	HL1	Y0/M11
儿童抢答按钮	SB2	X2	学生抢答指示灯	HL2	Y1/M12
学生抢答按钮	SB3	X3	教授抢答指示灯	HL3	Y2/M13
教授抢答按钮	SB4	X4	幸运彩灯	HL4	Y3
教授抢答按钮	SB5	X5	比赛开始	—	M21
儿童得分	—	D11	介绍题目		M22
学生得分	—	D12	加分		M23
教授得分	—	D13	清零		M24
应答时间	—	T1	画面组合用存储单元		D1
无人应答显示时间	—	T2	画面组合用存储单元		D2
主持人开始辅助继电器	—	M100	画面组合用存储单元		D3

本例选 $FX_{3U}-48MR$ 型 PLC，分配抢答器的抢答按钮、各组的抢答指示灯、幸运彩灯仍占用 PLC 的输入/输出口；"比赛开始"、"返回"、"介绍题目"等按钮在触摸屏画面上设置，另外在触摸屏画面上增设各组得分统计。

2. 系统接线示意图

PLC、触摸屏系统接线示意图如图 6-26 所示。

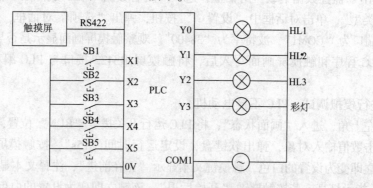

图 6-26　PLC、触摸屏系统接线示意图

四、任务实施

1. 触摸屏画面设计

根据系统的控制要求及触摸屏的软元件分配，使用 GT Designer 软件设计触摸屏的画面如图 6-27 所示。

各画面的编号及画面中图形部件的设置都已标在图中，各图形部件对应于 PLC 存储单元的地址见表 6-3。这 5 幅画面的显示是这样安排的：1 号画面是上电时即进入的画面，按 1 号画面中间的"进入"键进入 2 号画面。2 号画面是抢答工作的主画面，主持人先按"介绍题目"，接着就介绍题目，介绍结束后，按"比赛开始"键，开始一轮抢答，若有人在应答时间 10s 内抢答，则 4 号画面和 2 号画面重合显示，若答题正确，按"加分"，则切换到 5

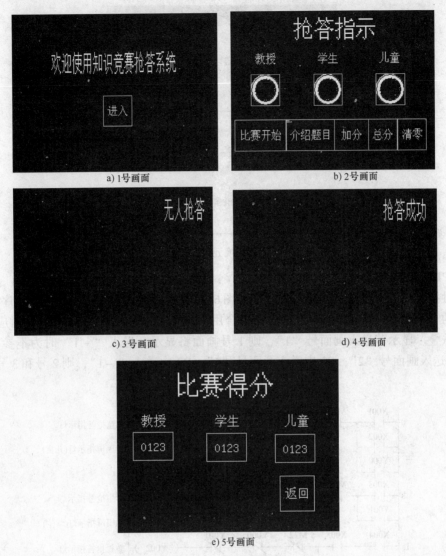

a) 1号画面　　　b) 2号画面

c) 3号画面　　　d) 4号画面

e) 5号画面

图 6-27　触摸屏画面

号画面，直到主持人按下"返回"键回到画面 2 号；如在 10s 应答时间内无人抢答，则在 10s 后显示 2 号与 3 号画面的重合画面，3s 后自动回复到 2 号画面。5 号画面是得分统计表画面，当主持人按下"加分"键时，进入 5 号画面，同时给正确答题的参赛队加 10 分。当主持人按下"总分"按键时，也进入 5 号画面，显示场上比赛得分，当主持人按下"清零"按键时，则 3 组的总分分别实现清零。

其中，"进入"使用触摸键，设置方法是在"基本"选项卡下选择"按键"；单击"显示方式"选项卡，在弹出的对话框中输入文本"进入"；单击"动作"选项卡，在弹出的对话框中，单击"基本"，再在弹出的对话框中选择"固定"，切换画面选择"2"；最后，单击"确定"完成设置。同理，"总分"和"返回"的设置方法与之类似。

在使用 GT Designer 软件设计画面时，在"公共"菜单中选择"屏幕切换"命令，在弹出的"屏幕切换元件"对话框中按照图 6-28 所示进行设置。

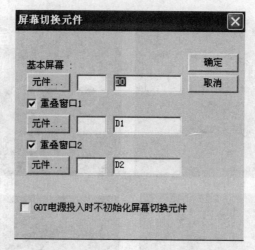

图 6-28 "屏幕切换元件"对话框的设置

2. PLC 程序

与触摸屏画面对应的 PLC 梯形图程序如图 6-29 所示,各段程序的功能已在程序中注释。程序中的 D0 ~ D2 为触摸屏中设置的画面组合用存储单元,元件 D1、D2 和 D3 对应的画面设置为重叠。显示若送入画面号"1",则 1 号画面将显示,送入"-1"时为不参与显示,若 D1 中送入画面号"2",D2 中送入画面号"3",D3 中送入"-1",则 2 号和 3 号画面重叠显示。

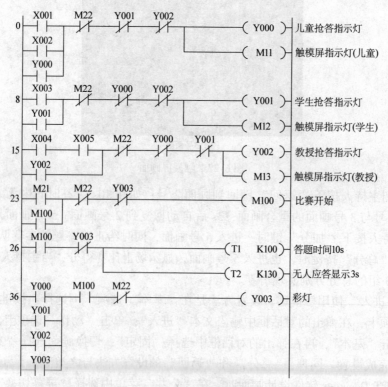

图 6-29 PLC 梯形图

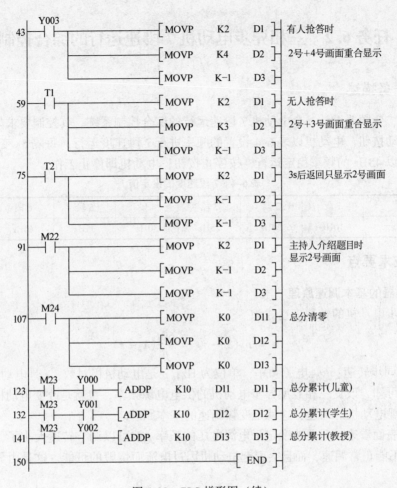

图 6-29　PLC 梯形图（续）

3. 程序下载和系统调试

1）在断电状态下，连接好 PC/PPI 通信电缆，将 PLC 运行模式选择开关拨到 STOP 位置，将 PLC 梯形图程序写入 PLC。

2）写入触摸屏画面程序。将触摸屏 RS232 接口与计算机 RS232 接口用通信电缆连接好，进行触摸屏画面程序下载。写入后，观察触摸屏画面显示是否与计算机画面一致。

3）按图 6-26 连接好触摸屏和 PLC 的外部电路，对程序进行调试运行，观察程序的运行情况。

4）记录程序调试的结果。

五、思考与练习

设计一个用 PLC 和触摸屏来控制电动机循环正、反转的控制系统。其控制要求如下：

1）按下起动按钮，电动机正转 10s、停 3s，反转 10s、停 3s，如此循环 3 个周期后自动停止。

2）运行中，可按停止按钮停止，热继电器动作也应停止。

3）要求触摸屏能实现系统起动和停止功能，能显示电动机旋转时间和循环次数，进行故障报警等功能。

任务 6.2 三相异步电动机 7 段速运行的综合控制

一、任务描述

用 PLC、变频器设计一个电动机 7 段速运行的综合控制系统。其控制要求如下：

按下起动按钮，电动机以表 6-4 设置的频率进行 7 段速度运行，每隔 5s 变化一次速度，最后电动机以 45Hz 的频率稳定运行，按停止按钮，电动机即停止工作。

表 6-4　7 段速度的设定值

7 段速度	1 段	2 段	3 段	4 段	5 段	6 段	7 段
设定值	10Hz	20Hz	25Hz	30Hz	35Hz	40Hz	45Hz

二、技术要点

1. 变频器的基本调速原理

三相异步电动机的转速表达式为

$$n = n_0(1 - s) = \frac{60f}{p}(1 - s)$$

式中，n_0 是同步转速；f 是电源频率，单位为 Hz；p 是电动机极对数；s 是电动机转差率。

由公式可知，改变三相笼型异步电动机的供电电源频率，也就是改变电动机的同步转速 n_0，即可实现电动机的调速，这就是变频调速的基本原理。

从公式表面看来，只要改变定子电源电压的频率 f 就可以调节转速大小了，但是事实上只改变 f 并不能正常调速，而且会引起电动机因过电流而烧毁的可能。这是由异步电动机的特性决定的。

对三相异步电动机实行调速时，希望主磁通保持不变。因为如果磁通太弱，铁心利用不充分，同样的转子电流下，电磁转矩就小，电动机的负载能力下降，要想负载能力恒定就得加大转子电流，这就会引起电动机因过电流发热而烧毁；如果磁通太强，电动机会处于过励磁状态，使励磁电流过大，铁心发热，同样会引起电动机过电流发热。所以变频调速一定要保持磁通恒定。

如何才能实现磁通恒定？根据三相异步电动机定子每相电动势的有效值为

$$E_1 = 4.44f_1N_1\Phi_m$$

式中，f_1 是电动机定子电流频率；N_1 是定子相绕组有效匝数；Φ_m 是每极磁通。

对某一电动机来讲，$4.44N_1$ 是一个固定常数，从公式可知，每极磁通 Φ_m 的值是由 f_1 和 E_1 共同决定的，对 E_1 和 f_1 进行适当控制，就可维持磁通量 Φ_m 保持不变。所以只要保持 E_1/f_1 等于常数，即保持电动势与频率之比为常数进行控制即可。

由上面分析可知，异步电动机的变频调速必须按照一定的规律同时改变其定子电压和频率，即必须通过变频器获得电压和频率均可调节的供电电源，实现变压变频（Variable Voltage Variable Frequency，VVVF）调速控制。

2. 变频器的分类

（1）按变频的原理分类　可分为交-交变频器和交-直-交变频器两种形式。

1）交-交变频器。单相交-交变频器的原理框图如图6-30所示，只用一个环节就可以把恒压恒频（Constant Voltage Constant Frequency，CVCF）的交流电源转换为变压变频（VVVF）的电源，因此，又称为直接变频器。

2）交-直-交变频器。交-直-交变频器又称为间接变频器，它是先把工频交流电通过整流器转换成直流电，然后再把直流电逆变成频率、电压均可调节的交流电，如图6-31所示。交-直-交变频器主要由主电路（包括整流器、中间直流环节、逆变器）和控制电路组成。

图6-30　单相交-交变频器的原理框图

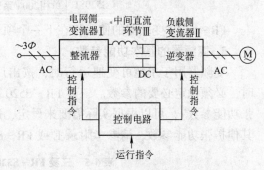

图6-31　交-直-交变频器的基本构成

整流器主要是将电网的三相交流电整流成直流电；逆变器是通过由6个半导体主开关组成的三相桥式逆变电路，有序地控制逆变器中主开关器件的通断，可将直流电转换成任意频率的三相交流电；中间直流环节又称中间储能环节，由于变频器的负载一般为异步电动机，属于感性负载，运行过程中中间直流环节和电动机之间总会有无功功率交换，这种无功能量要靠中间直流环节的储能元件（电容器或电抗器）来缓冲；控制电路通常由运算电路、检测电路、控制信号的输入输出电路和驱动电路构成，主要是完成对逆变器的开关控制、对整流器的电压控制以及完成各种保护功能。

（2）按变频器的用途分类　变频器按用途可分为通用变频器和专用变频器。通用变频器的特点是其通用性。随着变频技术的发展和市场需要的不断扩大，通用变频器也在朝着两个方向发展：一是低成本的简易型通用变频器；二是高性能的多功能通用变频器。专用变频器包括用在超精密机械加工中的高速电动机驱动的高频变频器，以及大容量、高电压的高压变频器。

3. 变频器的额定值

（1）输入侧的额定值　输入侧的额定值主要是电压和相数。在我国的中小容量变频器中，输入电压的额定值有以下几种：380~400V/50Hz，三相，200~230V/50Hz或60Hz，三相，200~230V/50Hz，单相。

（2）输出侧的额定值

1）输出额定电压 U_N：输出额定电压是指输出电压中的最大值。在大多数情况下，它就是输出频率等于电动机额定频率时的输出电压值。通常，输出电压的额定值总是和输入电压相等的。

2）输出额定电流 I_N：输出额定电流是指允许长时间输出的最大电流，是用户在选择变频器时的主要依据。

3）输出额定容量 S_N（kVA）：S_N 与 U_N、I_N 关系为 $S_N = \sqrt{3} U_N I_N$。

4）配用电动机功率 P_N（kW）：变频器说明书中规定的配用电动机容量，仅适合于长期连续负载。

4. 变频器的型号说明

变频器的种类和型号很多，这里主要介绍三菱系列的变频器。三菱 FR－S520SE/S540E 变频器型号说明如下：

FR－S520SE－0.4 K－CHT　　×××××××

符号	电压系列	表示变频器容量"kW"	制造编号
S540E	3相400V系列		
S520SE	单相200V系列		

FR－A540 变频器的使用将在下一个项目中介绍。

5. 变频器的基本功能参数

变频器用于单纯可变速运行时，按出厂设定的参数运行即可，若考虑负荷、运行方式时，必须设定必要的参数。三菱 FR－S520 型变频器共有 100 多个参数（基本功能参数和扩张功能参数），可以根据实际需要来设定，这里仅介绍一些常用的基本功能参数，见表 6-5。其他扩张功能参数，请参考附录 E 或 FR－S500 使用手册。

表 6-5　三菱 FR－S520 型变频器基本功能参数一览

名　称	参数表示	设定范围	单位	出厂设定值
转矩提升	P0	0～15%	0.1%	6%/5%/4%
上限频率	P1	0～120Hz	0.1Hz	50Hz
下限频率	P2	0～120Hz	0.1Hz	0
基波频率	P3	0～120Hz	0.1Hz	50Hz
3 速设定（高速）	P4	0～120Hz	0.1Hz	50Hz
3 速设定（中速）	P5	0～120Hz	0.1Hz	30Hz
3 速设定（低速）	P6	0～120Hz	0.1Hz	10Hz
加速时间	P7	0～999s	0.1s	5s
减速时间	P8	0～999s	0.1s	5s
电子过电流保护	P9	0～50A	0.1A	额定输出电流
扩张功能显示选择	P30	0，1	1	0
操作模式选择	P79	0～4，7，8	1	0

（1）转矩提升（P0）　可以把低频领域的电动机转矩按负荷要求调整。起动时，调整失速防止动作。使用恒转矩电动机时，用以下设定值，见表 6-6。

表 6-6　转矩提升参数设定值一览

电动机输出/kW　　　电压系列	0.2	0.4，0.75	1.5	2.2	3.7
400V 系列	—	6%	4%（出厂5%）	3%（出厂5%）	3%（出厂为4%）
200V 系列	6%		4%（出厂5%）		—

（2）输出频率范围（P1、P2）和基波频率（P3）　P1 为上限频率，用 P1 设定输出频率的上限，即使有高于此设定值的频率指令输入，输出频率也被钳位在上限频率；P2 为下限频率，用 P2 设定输出频率的下限；基波频率 P3 为电动机在额定转矩时的基准频率，在0～120Hz 范围内设定。

（3）运行（P4、P5、P6） P4、P5、P6 为 3 速设定（高速、中速和低速）的参数号，分别设定变频器的运行频率。至于变频器实际运行哪个参数设定的频率，则分别由其控制端子 RH、RM 和 RL 的闭合来决定。高速、中速和低速 3 段速度对应的端子状态见表 6-7。

（4）加减速时间（P7、P8） P7 为加速时间，即用 P7 设定从 0Hz 加速到 P20 设定的频率的时间（注：P20 为加减速基准频率。）；P8 为减速时间，即用 P8 设定从 P20 设定的频率减速到 0Hz 的时间。

（5）电子过电流保护（P9） P9 用来设定电子过电流保护的电流值，以防止电动机过热。一般设定为电动机的额定电流值。

表 6-7 3 段速度对应的端子状态

速度 \ 端子状态	RH	RM	RL
高速	ON	OFF	OFF
中速	OFF	ON	OFF
低速	OFF	OFF	ON

（6）扩张功能显示选择（P30） P30 的设定值设定为"0"时，基本功能参数有效，P30 的设定值设定为"1"时，扩张功能参数有效。

（7）操作模式选择（P79） P79 用于选择变频器的操作模式，变频器的操作模式可以用外部信号操作，也可以用操作面板（PU 操作模式）进行操作。任何一种操作模式均可固定或组合使用。P79 的各种设定值代表的操作模式见表 6-8。

表 6-8 变频器的操作模式（P79 的设定）

P79 设定值	操 作 模 式
0	电源投入时为外部操作模式（简称 EXT，即变频器的频率和起、停均由外部信号控制端子来控制），但可用操作面板切换为 PU 操作模式（简称 PU，即变频器的频率和起、停均由操作面板控制）
1	只能执行 PU 操作模式
2	只能执行外部操作模式
3	为 PU 和外部组合操作模式，变频器的运行频率由操作面板（旋钮、多段速选择等）控制，起、停由外部信号控制端子（STF、STR）来控制
4	为 PU 和外部组合操作模式，变频器的运行频率由外部信号控制端子（多段速，DC 0～5V）来控制，起、停由操作面板（RUN 键）控制
7	PU 操作互锁（根据 MRS 信号的 ON/OFF 来决定是否可移往 PU 操作模式）
8	操作模式外部信号切换（运行中不可），根据 X16 信号的 ON/OFF 移往 PU 操作模式

6. 变频器的主电路接线

FR－S500 系列变频器的主电路端子说明见表 6-9，变频器的主电路接线一般有 6 个端子。其中，FR－S540E 型三相电源线必须接变频器的输入端子 L1、L2、L3（没有必要考虑相序）；输出端子 U、V、W 接三相电动机，绝对不能接反，否则，将损毁变频器，其接线图如图 6-32 所示。FR－S520SE 型变频器是以单相 220V 作电源，此时，单相电源接到变频器的 L1、N 输入端，输出端子 U、V、W 仍输出三相对称的交流电，可接三相电动机，其接线图如图 6-33 所示。

表 6-9 主电路端子说明

端子记号	端子名称	内容说明
L1，L2，L3（或 L1，N）	电源输入	连接工频电源
U，V，W	变频器输出	连接三相笼型电动机
—	直流电压公共端	此端子为直流电压公共端子。与电源和变频器输出没有绝缘
+，P1	连接改善功率因数直流电抗器	拆下端子 + 与 P1 间的短路片，连接选件直流电抗器（FR—BEL）
⏚	接地	变频器外壳接地用，必须接大地

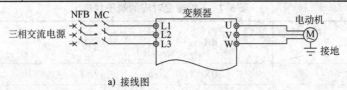

a) 接线图

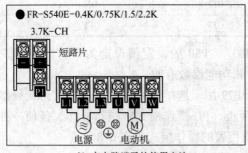

b) 主电路端子的使用方法

图 6-32 3 相 400V 系列 FR－S540E 型变频器电源输入标准接线图

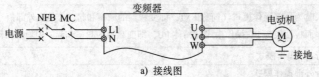

a) 接线图

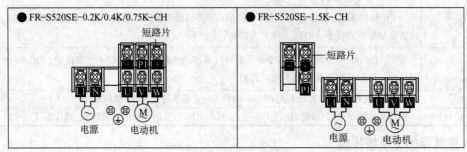

b) 主电路端子的使用方法

图 6-33 单相 200V 系列 FR－S520SE 型变频器电源输入标准接线图

7. 变频器控制电路端子介绍

变频器外部控制电路接线端子如图 6-34、图 6-35 所示，根据输入端子功能参数可改变端子的功能，具体参数（如 P60～P63 等）的选择可参考附录 E。例如，要将 STR 端子功能设置为"RES"复位状态，只要把参数 P63 设为"10"就可以了。

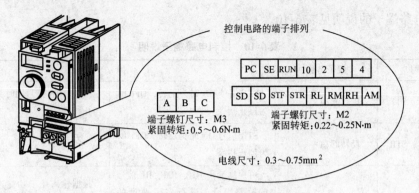

图 6-34　控制电路接线端子排列

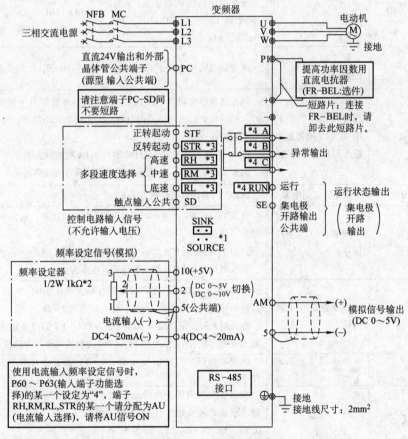

*1　漏型、源型逻辑可以切换。

*2　设定器操作频率高的情况下，请使用2W/1kΩ旋钮电位器。

*3　根据输入端子功能选择(P60～P63)可以改变端子的功能。

　　(RES、RL、RM、RH、RT、AU、STOP、MRS、OH、REX、JOG、X14、X16、(STR)信号选择)

*4　根据输出端子功能选择(P.64、P.65)可以改变端子的功能。

　　(RUN、SU、OL、FU、RY、Y12、Y13、FDN、FUP、RL、LF、ABC信号选择)

图 6-35　变频器外部端子图

控制电路端子的说明见表6-10。

表6-10 控制电路端子说明

端子记号			端子名称	内 容	
输入信号	接点输入	STF	正转起动	STF 信号 ON 时为正转, OFF 时为停止指令	STF, STR 信号同时为 ON 时, 为停止指令
		STR	反转起动	STR 信号 ON 时为反转, OFF 时为停止指令	—
		RH RM RL	多段速度选择	可根据端子 RH、RM、RL 信号的短路组合, 进行多段速度的选择 速度指令的优先顺序是: JOG, 多段速设定 (RH, RM, RL, REX), AU	根据输入端子功能选择 (P60 ~ P63) 可改变端子的功能; RL、RM、RH、RT、AU、STOP、MRS、OH、REX、JOG、RES、X14、X16、(STR) 信号选择
	SD[①]		触点输入公共端 (漏型)	此为触点输入 (端子 STF、STR、RH、RM、RL) 的公共端子	
	PC		外部晶体管公共端 DC 24V 电源接点输入公共端 (源型)	当连接程序控制器 (如 PLC) 之类的晶体管输出 (集电极开路输出) 时, 把晶体管输出用的外部电源接头连接到这个端子, 可防止因回流电流引起的误动作 PC - SD 间的端子可作为 DC 24V/0.1A 的电源使用 选择源型逻辑时, 此端子为接点输入信号的公共端子	
	10		频率设定用电源	DC 5V, 容许负荷电流 10mA	
	频率设定	2	频率设定 (电压信号)	输入 DC 0 ~ 5V (或 0 ~ 10V) 时, 输出成比例; 输入 5V (10V) 时, 输出为最高频率 5V/10V 切换用 P73 "0 ~ 5V, 0 ~ 10V 选择" 进行 输入阻抗为 10kΩ; 最大容许输入电压为 20V	
		4	频率设定 (电流信号)	输入 DC 4 ~ 20mA。出厂时调整为 4mA 对应 0Hz, 20mA 对应 50Hz 最大容许输入电流为 30mA; 输入阻抗约 250Ω 电流输入时, 请把信号 AU 设定为 ON。AU 信号设定为 ON 时, 电压输入变为无效。AU 信号用 P60 ~ P63 (输入端子功能选择) 设定	
	5		频率设定公共输入端	此端子为频率设定信号 (端子 2、4) 及显示计端子 "AM" 的公共端子	
输出信号	A B C		报警输出	指示变频器因保护功能动作而输出停止的转换触点。AC 230V/0.3A, DC 30V/0.3A。报警时 B - C 之间不导通 (A - C 之间导通), 正常时 B - C 之间导通 (A - C 间不导通)	根据输出端子功能选择 (P64, P65) 可以改变端子的功能。RUN、SU、OL、FU、RY、Y12、Y13、FDN、FUP、RL、Y93、Y95、LF、ABC 信号选择
	集电极开	运行 (RUN)	变频器运行中	变频器输出频率高于启动频率时 (出厂为 0.5Hz 可变动) 为低电平, 停止及直流制动时为高电平[②]。容许负荷 DC 24V/0.1A (ON 时最大电压下降 3.4V)	

（续）

	端子记号	端子名称	内　容	
输出信号	SE	集电极开路公共端	变频器运行时端子 RUN 的公共端子，请不要将其接地。端子 SD、SE 以及 5 相互绝缘	
	模拟　AM	模拟信号输出	从输出频率，电动机电流选择一种作为输出。输出信号与各监示项目的大小成比例	出厂设定的输出项目：频率容许负荷电流 1mA 输出信号 DC 0 ~ 5V
通信	—	RS 485 接头	用参数单元连接电缆（FR—CB201 ~ 205），可以连接参数单元（FR- PU04 – CH），可用 RS – 485 进行通信运行。RS – 485 通信的详细情况参照使用手册	

① 端子 SD、PC 不要相互连接、不要接地。漏型逻辑（出厂设定）时，端子 SD 为触点输入的公共端子；源型逻辑时，端子 PC 为触点输入的公共端子。

② 低电平表示集电极开路输出用的晶体管处于 ON（导通状态），高电平表示 OFF（不导通状态）。

8. 变频器的面板操作

FR – S500 系列变频器的外型和各部分名称如图 6-36 所示，其中操作面板外形如图 6-37 所示，操作面板各按键及各显示符的功能见表 6-11。

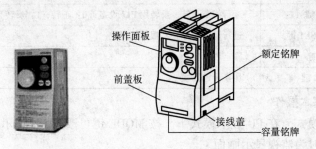

图 6-36　变频器的外形和各部分名称

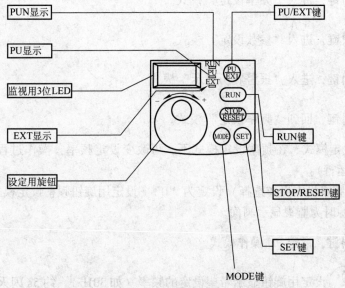

图 6-37　操作面板外形

表 6-11 操作面板各按键及各显示符的功能

编号	按键名称	显示符的功能
1	RUN 显示	运行时点亮/闪烁 点亮：正在运行中 慢闪灭（1.4s1 次）：反转运行中 快闪灭（0.2s1 次）：非运行，RUN 键或启动指令
2	PU 显示	PU 操作模式时点亮 PU/EXT 显示：计算机连接运行模式时，为慢闪烁
3	监视用3位 LED	表示频率、参数序号等
4	EXT 显示	外部操作模式时点亮
5	设定用旋钮	变更频率、参数的设定值。不能取下
6	PU/EXT 键	切换 PU/外部操作模式 使用外部操作模式（用另外连接的频率设定按钮和启动信号运行）时，按下此键，使 EXT 显示变为点亮的状态（组合模式用 P79 变更） PU：PU 操作模式 EXT：外部操作模式
7	RUN 键	运行指令正转。反转用 P17 设定（0：正转，1：反转）
8	STOP/RESET 键	进行运行的停止，报警的复位
9	SET 键	确定各设定
10	MODE 键	切换设定模式

9. 变频器的基本操作

（1）PU 显示模式 在 PU 显示模式下，按 MODE 键可改变 PU 显示模式。

1）接通电源时为监视显示画面。

2）按 （PU/EXT）键，进入"频率设定"模式。

3）按 （MODE）键，进入"参数设定"模式。

4）按 （MODE）键，进入"报警履历显示"模式。

5）按 （MODE）键，回到"频率设定"模式。

（2）频率设定模式 在频率设定模式下，可改变设定频率，操作过程如下（例：把频率设定在 30Hz 运行）：

先将 P53（频率设定操作选择）设定为"0"（设定用旋钮频率设定模式）

1）接通电源时为监视显示画面。

2）按 （PU/EXT）键，设定 PU 操作模式。

3）旋钮 （○）设定用旋钮显示希望设定的频率（如 30Hz），约 5s 闪灭。

4）按 (SET) 键，设定频率数；不按 (SET) 键，闪烁5s后，显示回到0.0（显示器显示），此时，再回到第3步，设定频率。

5）约闪烁3s后显示回到0.0（显示器显示），用 (RUN) 键运行。

6）变更设定频率时请进行上述的第3、4步操作（从以前的设定频率开始）。

7）按 (STOP/RESET) 键，停止。

（3）参数设定模式 在参数设定模式下，可改变参数号或参数设定值。

例 把P7的设定值从5s变到10s的操作过程如下：

1）确认运行显示为"停止中"；操作模式显示为PU操作模式（按 (PU/EXT) 键）。

2）按 (MODE) 键，进入参数设定模式。

3）拨动 (○) 设定用旋钮，选择参数号码（例P7）。

4）按 (SET) 键，读出现在的设定值，如显示"5"（即为出厂设定值）。

5）拨动 (○) 设定用旋钮，变成希望的值，如将设定值从5变到10。

6）按 (SET) 键，完成设定。

7）按两次 (SET) 键，则显示下一个参数。

注意：设定结束后，按1次 (MODE) 键，进入"报警履历显示"模式；按2次 (MODE) 键，进入"频率设定"模式。

（4）显示输出电流模式 操作过程如下：

1）按 (MODE) 键，显示输出频率。

2）无论是运行、停止，还是任何操作模式，只要按下 (SET) 键，则输出电流被显示。

3）放开 (SET) 键，则回到输出频率显示模式。

注意：P52为"1"，在显示模式下，则显示输出电流，按下 (SET) 键期间，显示输出频率。

P52为"0"，在显示模式下，则显示输出频率，按下 (SET) 键期间，显示输出电流。

10. 变频器的外部运行操作方式

（1）外部信号控制变频器连续运行 图6-38是外部信号控制变频器连续运行的接线图。当变频器需要用外部信号控制连续运行时，将P79设为2，此时，EXT灯亮，变频器的起动、停止以及频率都通过外部端子由外部信号来控制。

若按图 6-38a 所示接线，当合上 SB1、调节电位器 RP 时，电动机可正向加、减速运行；当断开 SB1 时，电动机即停止运行。当合上 SB2、调节电位器 RP 时，电动机可反向加、减速运行；当断开 SB2 时，电动机即停止运行。当 SB1、SB2 同时合上时，电动机即停止运行。

若按图 6-38b 所示接线，将 RL 端子功能设置为"STOP"（运行自保持）状态（P60 = 5），当按下 SB1、调节电位器时，电动机可正向加、减速运行，当断开 SB1 时，电动机继续运行，当按下 SB 时，电动机即停止运行；当按下 SB2、调节电位器时，电动机可反向加、减速运行，当断开 SB2 时，电动机继续运行，当按下 SB 时，电动机即停止运行。当先按下 SB1（或 SB2）时，电动机可正向（或反向）运行，之后再按下 SB2（或 SB1）时，电动机即停止运行。

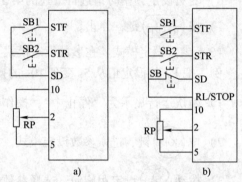

图 6-38　外部信号控制连续运行的接线图

（2）外部信号控制点动运行（P15、P16）　当变频器需要用外部信号控制点动运行时，可将 P60 ~ P63 的设定值定为 9，这时对应的 RL、RM、RH、STR 可设定为点动运行端口。点动运行频率由 P15 决定，并且请把 P15 的设定值设定在 P13 的设定值之上；点动加、减速时间参数由 P16 设定。

按图 6-39 所示接线，将 P79 设为 2，变频器只能执行外部操作模式。将 P60 设为 9，并将对应的 RL 端子设定为点动运行端口（JOG），此时，变频器处于外部点动状态，设定好点动运行频率（P15）和点动加、减速时间参数（P16）。在此条件下，若按 SB1，电动机点动正向运行；若按 SB2，电动机点动反向运行。

11. 操作面板 PU 与外部信号的组合控制

（1）外部端子控制电动机起停，操作面板 PU 设定运行频率（P79 = 3）　当需要操作面板 PU 与外部信号的组合控制变频器连续运行时，将 P79 设为 3，"EXT"和"PU"灯同时亮，可用外部端子"STF"或"STR"控制电动机的起动、停止，用操作面板

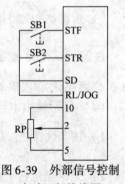

图 6-39　外部信号控制
点动运行接线图

PU 设定运行频率。在图 6-38a 中，合上 SB1，电动机正向运行在 PU 设定的频率上，断开 SB1，即停止；合上 SB2，电动机反向运行在 PU 设定的频率上，断开 SB2，即停止。

（2）操作面板 PU 控制电动机的起动、停止，用外部端子设定运行频率（P79 = 4）　若将 P79 设为 4，"EXT"和"PU"灯同时亮，可用按操作面板 PU 上的"RUN"和"STOP"键控制电动机的起动、停止，调节外部电位器 RP，可改变运行频率。

12. 多段速度运行

变频器可以在 3 段（P4 ~ P6）或 7 段（P4 ~ P6 和 P24 ~ P27）速度下运行，见表 6-12，其运行频率分别由参数 P4 ~ P6 和 P24 ~ P27 来设定，由外部端子来控制变频器实际运行在哪一段速度。图 6-40 为 7 段速度对应的端子示意图。

表 6-12　7 段速度对应的参数号和端子

7 段速度	1 段	2 段	3 段	4 段	5 段	6 段	7 段
输入端子闭合	RH	RM	RL	RM、RL	RH、RL	RH、RM	RH、RM、RL
参数号	P4	P5	P6	P24	P25	P26	P27

三、任务分析

1. 设计思路

电动机的 7 段速运行可采用变频器的多段运行来控制，变频器的多段运行信号通过 PLC 的输出端子来提供，即通过 PLC 控制变频器的 RL、RM、RH、STR、STF 端子与 SD 端子的通和断。将 P79 设为 3，采用操作面板 PU 与外部信号的组合控制，用操作面板 PU 设定运行频率，用外部端子控制电动机的起动、停止。

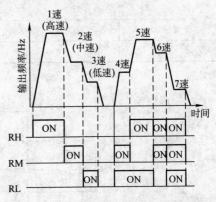

图 6-40　7 段速度对应端子示意图

2. 变频器的参数设定

根据表 6-4 的控制要求，设定变频器的基本参数、操作模式选择参数和多段速度设定等参数，具体如下：

1) 上限频率 P1 = 50Hz。

2) 下限频率 P2 = 0Hz。

3) 基波频率 P3 = 50Hz。

4) 加速时间 P7 = 2.5s。

5) 减速时间 P8 = 2.5s。

6) 电子过电流保护 P9 设为电动机的额定电流。

7) 操作模式选择（组合）P79 = 3。

8) 多段速度设定（1 速）P4 = 10Hz。

9) 多段速度设定（2 速）P5 = 20Hz。

10) 多段速度设定（3 速）P6 = 25Hz。

11) 多段速度设定（4 速）P24 = 30Hz。

12) 多段速度设定（5 速）P25 = 35Hz。

13) 多段速度设定（6 速）P26 = 40Hz。

14) 多段速度设定（7 速）P27 = 45Hz。

15) 将 STR 端子功能选择设为"复位"（RES）功能，即 P63 = 10。

3. PLC 的 I/O 分配

根据系统的控制要求、设计思路和变频器的设定参数，PLC 的输入/输出分配表见表 6-13。

4. PLC 接线图

PLC 与变频器的外部接线示意图如图 6-41 所示，PLC 选用 FX$_{3U}$ - 32MR，变频器选用三菱 FR - S520SE。

表 6-13 PLC 输入/输出分配

输 入			输 出		
设备名称	代号	输入点编号	设备名称	代号	输出点编号
起动按钮	SB1	X0	运行信号	STF	Y0
停止按钮	SB2	X1	1 速	RH	Y1
			2 速	RM	Y2
			3 速	RL	Y3
			复位	STR/RES	Y4

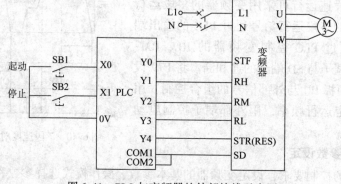

图 6-41 PLC 与变频器的外部接线示意图

四、任务实施

1. 编写 PLC 控制程序

根据系统控制要求，可设计出控制系统的状态转移图，如图 6-42 所示。

2. 系统调试

1）先给变频器上电，按上述变频器的设定参数值进行变频器的参数设定。

2）输入 PLC 梯形图程序，将图 6-42 所示的状态转移图转换成步进梯形图，通过编程软件正确输入计算机中，并将 PLC 程序文件下载到 PLC 中。

3）PLC 模拟调试。按图 6-41 所示的系统接线图正确连接好输入设备（按钮 SB1、SB2），进行 PLC 的模拟调试，观察 PLC 的输出指示灯是否按要求指示（按下起动按钮 SB1，PLC 输出指示灯 Y0、Y1 亮，5s 后 Y1 灭，Y0、Y2 亮，再过 5s 后 Y2 灭，Y0、Y3 亮，再过 5s 后 Y1 灭，Y0、Y2、Y3 亮，再过 5s 后 Y2 灭，Y0、Y1、Y3 亮，再过 5s 后 Y3 灭，Y0、Y1、Y2 亮，再过 5s 后 Y0、Y1、Y2、Y3 亮，任何时候按下停止按钮 SB2，Y0~Y3 都熄灭，Y4 闪一下）。若输出有误，检查并修改程序，直至指示正确。

4）空载调试。按图 6-41 所示的系统接线图，将 PLC 与变频器连接好，但不接电动机，进行 PLC、变频器的空载调试，通过变频器的操作面板观察变频器的输出频率是否符合要求（即按下起动按钮 SB1，变频器输出 10Hz，5s 后输出 20Hz，以后分别以 5s 的间隔输出 25Hz、30Hz、35Hz、40Hz、45Hz，任何时候按下停止按钮 SB2，变频器在 2s 内减速至停止），若变频器的输出频率不符合要求，检查变频器参数、PLC 程序，直至变频器按要求运行。

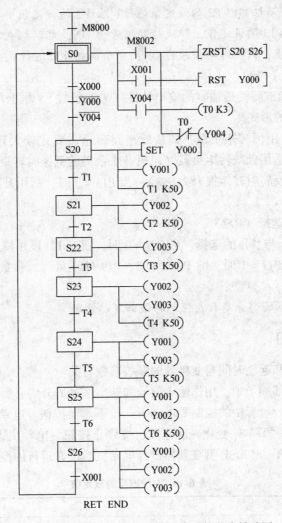

图 6-42　电动机 7 段速运行的控制系统状态转移图

5）系统调试。按图 6-41 所示的系统接线图正确连接好全部设备，进行系统调试，观察电动机能否按控制要求运行（即按下起动按钮 SB1，电动机以 10Hz 速度运行，5s 后转为 20Hz 速度运行，以后分别以 5s 的间隔转为 25Hz、30Hz、35Hz、40Hz、45Hz 的速度运行，任何时候按下停止按钮 SB1，电动机在 2s 内减速至停止）。否则，检查系统接线、变频器参数、PLC 程序，直至电动机按控制要求运行。

五、知识链接

对于三菱 FR－S520 型变频器，若把 P30 的设定值从 0 改为 1，扩张功能参数有效。下面简单介绍几个常用的扩张功能参数。

1. 起动频率（P13）

P13 为变频器的起动频率，即当起动信号为 ON 时的开始频率，如果设定变频器的运行频率小于 P13 的设定值时，则变频器将不能起动。

注意： 当 P2 的设定值高于 P13 的设定值时，即使设定的运行频率小于 P2 的设定值，只要起动信号为 ON，电动机都以 P2 的设定值运行；当 P2 的设定值小于 P13 的设定值时，若设定的运行频率小于 P13 的设定值，即使起动信号为 ON，电动机也不运行；若设定的运行频率大于 P13 的设定值，只要起动信号为 ON，电动机就开始运行。

2. 适用负荷选择（P14）

P14 用于选择与负载特性最适宜的输出特性（V/F 特性）。根据用途（负荷特性）选择输出频率和输出电压的形式。

当 P14 = 0 时，适用恒转矩负载，即从低速到高速需要比较大转矩的情况（如运输机械）；当 P14 = 1 时，适用低减转矩负载（风机、水泵类的低速时转矩小的情况）；当 P14 = 2 时，适用升降负载（反转时转矩提升为 0%）；当 P14 = 3 时，适用升降负载（正转时转矩提升为 0%）。

3. 参数写入禁止选择（P77）

P77 用于参数写入与禁止的选择。当 P77 = 0 时，仅在 PU 操作模式下，变频器处于停止时才能写入参数；当 P77 = 1 时，除 P75、P77、P79 外不可写入参数；当 P77 = 2 时，即使变频器处于运行也能写入参数。

注意：有些变频器的部分参数在任何时候都可以设定。

六、思考与练习

1. 电动机的停止和起动时间与变频器的哪些参数有关？

2. 在变频器的外部端子中，用作输入信号和输出信号的分别有哪些？

3. 某电动机在生产过程中的控制要求如下：按下起动按钮，电动机以表 6-14 设定的频率进行 5 段速度运行，每隔 8s 变化一次速度，按停止按钮，电动机即停止。试用 PLC（三菱 FX_{2N} - 16MR）和 FR - S520SE 型变频器设计电动机 5 段速运行的控制系统。

表 6-14 5 段速度的设定值

5 段速度	1 段	2 段	3 段	4 段	5 段
设定值	15	25	35	40	45

4. 用 PLC、变频器设计一个有 7 段速度的恒压供水系统。其控制要求如下：

1）系统共有 2 台水泵，用水高峰时，1 台工频全速运行，1 台变频运行；用水低谷时，只需 1 台变频运行。

2）2 台水泵分别由电动机 M1、M2 拖动，而 2 台电动机又分别由变频接触器 KM1、KM3 和工频接触器 KM2、KM4 控制。

3）电动机的转速由变频器的 7 段调速来控制，7 段速度与变频器的控制端子的对应关系见表 6-15。

表 6-15 7 段速度与变频器的控制端子的对应关系

速度	1	2	3	4	5	6	7
触点	RH	—	—	—	RH	RH	RH
触点	—	RM	—	RM	—	RM	RM
触点	—	—	RL	RL	RL	—	RL
频率/Hz	15	20	25	30	35	40	45

　　4）变频器的 7 段速度及变频与工频的切换由管网压力继电器的压力上限触点与下限触点控制。

　　5）水泵投入工频运行时，电动机的过载由热继电器保护，并有报警信号指示。

任务 6.3　工业洗衣机的综合控制

一、任务描述

　　用 PLC、变频器和触摸屏设计一个工业洗衣机的综合控制系统，控制流程如图 6-43 所示。其控制要求如下：

　　1）PLC 一上电，系统进入初始状态，准备起动。

　　2）按起动按钮则开始进水，当水位到达高水位时，停止进水，并开始正转洗涤。正转洗涤 15s，暂停 3s，反转洗涤 15s，暂停 3s，为一次小循环。若小循环次数不满 3 次，则继续正转洗涤 15s，开始下一个小循环；若小循环次数达到 3 次，则开始排水。

　　3）当水位下降到低水位时，开始脱水并继续排水，脱水时间为 10s，10s 时间到，即完成一次大循环。若大循环未满 3 次，则返回进水，开始下一次大循环；若大循环次数达到 3 次，则进行洗完报警。报警 10s 后结束全部过程，自动停机。

　　4）洗衣机"正转洗涤 15s"和"反转洗涤 15s"过程，要求使用变频器驱动电动机，且实现 3 段速运行，即先以 30Hz 速度运行 5s，接着转为 45Hz 速度运行 5s，最后 5s 以 25Hz 速度运行。

　　5）脱水时的变频器输出频率为 50Hz，设定其加速、减速时间均为 2s。

　　6）通过触摸屏设定起动按键、停止按键，显示正反转运行时间、循环次数等参数。

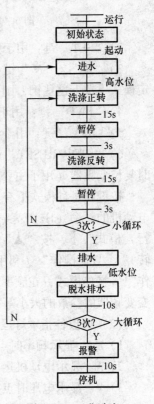

图 6-43　工业洗衣机的控制流程

二、技术要点

　　前面介绍了三菱 FR－S520 型变频器的简单使用，下面介绍三菱 FR－A540 型变频器的使用，两者在使用上有许多相似之处，这里主要介绍 FR－A540 的一些其他功能。

　　1. 操作面板（FR－DU04）的名称和功能

　　FR－A540 变频器的外形如图 6-44a 所示，其操作平台有两种：一种是操作面板（型号为 FR－DU04）；另一种是参数单元（型号为 FR－PU04），这里主要介绍操作面板 FR－DU04 型操作面板，如图 6-44b 所示。

　　（1）FR－DU04 型操作面板的各按键功能

　　1）"MODE"键：用于选择操作模式和设定模式。可以改变显示模式，共有 5 种：监视、频率设定、参数设定、运行及帮助模式。连续按"MODE"键，将循环显示以上 5 种模式。

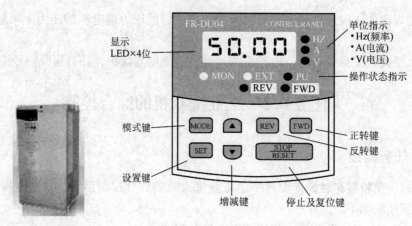

a) FR-A540型变频器的外形　　　b) FR-DU04型操作面板

图6-44　FR－A540型变频器的外形和FR－DU04型操作面板

2）"SET"键：用于频率和参数的设定。

3）"▲"/"▼"键：用于连续增加和降低运行频率。按下这个键，可改变频率，在设定模式下按下这些键，则可连续设定参数。

4）"FWD"键：用于给出变频器正转指令。

5）"REV"键：用于给出变频器反转指令。

6）"STOP/RESET"键：用于PU面板操作时停止运行，或用于保护功能动作输出停止时复位变频器（用于主要故障）。

按键在每种模式下有不同的功能。如在"监视模式"下，按"SET"键，可以选择显示电动机的频率（Hz灯亮）、电压（V灯亮）或电流（A灯亮）等各种信息。在"操作（运行）模式"下，按"▲"/"▼"键，可选择"外部操作（利用外部信号控制变频器的运转）"、"PU操作"（利用变频器操作单元的键盘直接控制变频器的运转）或"PU点动操作"等操作模式；在频率设定模式下可改变频率；在参数设定模式下，可根据实际需要改变变频器的参数的大小等。

（2）面板各指示灯运行指示意义

1）Hz：显示频率时点亮。

2）A：显示电动机运行电流时点亮。

3）V：显示电压时点亮或程序运行时显示时间。

4）MON：监视显示模式时点亮。

5）PU：PU操作模式时点亮。

6）EXT：外部操作模式时点亮。

7）FWD：电动机正转时闪烁。

8）REV：电动机反转时闪烁。

（3）操作面板的使用　用FR－DU04型操作面板可以进行改变监视模式、设定运行频率、设定参数、显示错误、报警记录清除、参数复制等操作，下面将具体介绍。

1）PU工作模式。按"MODE"键可改变PU工作模式，如图6-45所示。

2）监视模式。监视器显示运转中的指令。EXT指示灯亮表示外部操作；PU指示灯亮

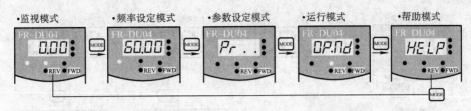

图 6-45　按 "MODE" 键改变 PU 工作模式的操作

表示 PU 操作；EXT 和 PU 指示灯亮表示 PU 和外部操作组合方式；按 "SET" 键可监视在运行中的参数。操作如图 6-46 所示。

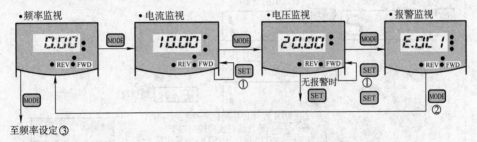

图 6-46　监视模式操作

① 按下标有①的 "SET" 键超过 1.5s，能把监视模式改为上电监视模式。

② 按下标有②的 "SET" 键超过 1.5s，能显示包括最近 4 次的错误指示。

③ 在外部操作模式下转换到参数设定模式。

3）频率设定模式。在 PU 操作模式下设定运行频率，操作如图 6-47 所示。

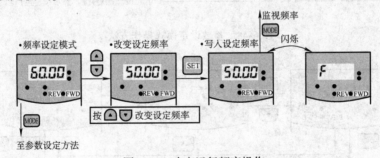

图 6-47　改变运行频率操作

4）参数设定模式。参数设定时，需把 P79 的值设为 1 或 0、3，即在 PU 操作模式下或组合模式下进行参数设置。在参数设定模式下，改变参数号及参数设定值时，可以用 "▲" / "▼" 键进行增减，图 6-48 为参数 P79 = 1 的设定方法（将 P79 = 2 改为 P79 = 1）。

5）运行模式。运行模式下，可以用 "▲" 或 "▼" 键改变操作模式。其操作方法如图 6-49 所示。

6）帮助模式。当要查看报警记录、清除参数等必须在帮助模式下才能操作。操作如图 6-50 所示。

7）复制模式。用 FR - DU04 型操作面板能将一台变频器的参数值复制到另一台变频器上（仅限 FR - A540 系列）。从源变频器读取参数值，连接操作面板到目标变频器并写入参数值。向目标变频器写入参数，请用暂时切断电流或其他方法，必须在运转前复位变频器。操作方法如图 6-51 所示。

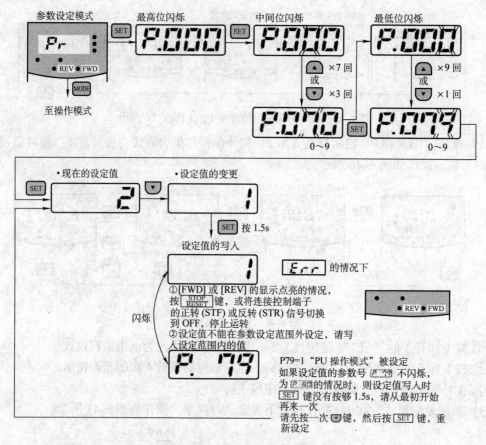

图 6-48 参数设定模式操作方法

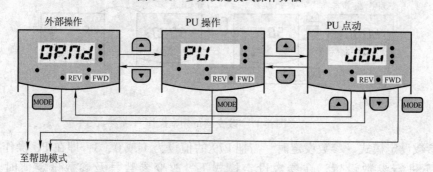

图 6-49 运行模式转换操作方法

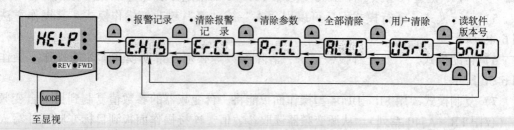

图 6-50 帮助模式操作方法

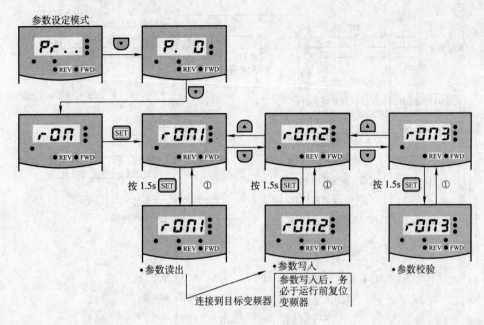

图 6-51　复制模式操作方法

注：在复制功能执行中，监视显示闪烁，当复制完成后，显示返回到亮的状态；若变频器不是 FR – A540 系列，
　　则显示"mode error（E. rE4）"。

2. 外部端子接线图

FR – A540 型变频器的各电路接线端子如图 6-52 所示，注意与 FR – S520 的不同之处。

3. 功能参数

（1）操作模式选择　FR – A540 型变频器的操作模式选择是由参数 P79 的值来决定，其中，P79 =0、1、2、3、4、7、8 时的功能，与 FR – S520 型变频器的功能相同，不同之处是 FR – A540 型变频器的操作模式多了表 6-16 所示的两种功能。

表 6-16　FR – A540 型变频器较之 FR – S520 型多出的操作模式（P79 设定值）

P79 设定值	功　　能
5	程序运行模式。可设定 10 个不同的起动时间、旋转方向和运行频率各 3 组
	运行开始 – STF；定时器复位 – STR；组数选择 – RH、RM、RL
6	切换模式
	运行时可以进行 PU 操作、外部操作和计算机通信操作（当用 FR – A5NR 选件时）的切换

（2）程序运行功能　变频器的程序运行功能必须在 P79 =5 时（程序运行模式）才有效，程序运行时，由 P200 ~ P231 来设定运行参数。其中，用 P200 设定进行程序运行时使用的时间单位，可选择 min/s 和 h/min 中的任一种，见表 6-17。

表 6-17　P200 的功能

设定值	功　　能	P231 的设定范围
0	选择 min/s 时间单位，电压监视	最大 99min59s
1	选择 h/min 时间单位，电压监视	最大 99h59min
2	选择 min/s 时间单位，基准时间监视	最大 99min59s
3	选择 h/min 时间单位，基准时间监视	最大 99h59min

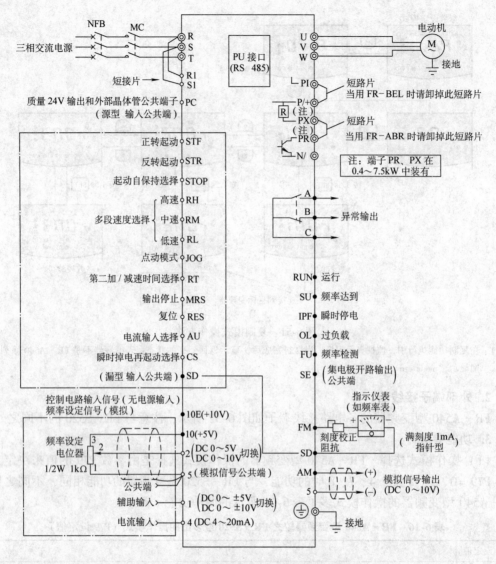

图 6-52　FR－A540 型变频器的电路接线端子

P201～P230 为程序运行参数，每 10 个参数为一组，即 P201～P210 为第 1 组，P211～P220 为第 2 组，P221～P230 为第 3 组。每个参数必须设定旋转方向（0 表示停止，1 表示正转，2 表示反转）、运行频率（0～400，9999）、开始时间（00～99：00～59）。P231 用来设定开始程序运行的基准时钟，其设定范围见表 6-17。

变频器程序运行时，除设定上述参数外，还必须通过变频器的控制端子来控制。例如，RH 用于选择第一组程序运行参数；RM 用于选择第二组程序运行参数，RL 用于选择第三组程序运行参数；STR 用于复位基准时钟，即基准时钟置 0；STF 用于选择程序运行开始信号。

若设定 P76＝3，则 SU 为所选择的程序运行组运行完成时输出信号；IPF 为第 3 组运行时输出信号；OL 为第 2 组运行时输出信号；FU 为第 1 组运行时输出信号。例如，在洗衣机的综合控制项目中，可以使用 FR－A540 型变频器的程序运行功能实现洗衣机的正转洗涤 15s→暂停 3s→反转洗涤 15s→暂停 3s 和脱水 10s。变频器的相关参数可具体设定如下：

1）操作模式选择（程序运行）P79 = 5。

2）P200 = 2（选择 min/s 为时间单位，基准时间监视）。

3）P201 = 1（正转），50（运行频率），0:00（0min0s 开始正转运行）。

4）P202 = 0（停止），00（运行频率），0:13（0min13s 开始停，减速时间为 2s）。

5）P203 = 2（反转），50（运行频率），0:18（0min18s 开始反转运行）。

6）P204 = 0（停止），00（运行频率），0:31（0min31s 开始停，减速时间为 2s）。

7）P211 = 1（正转），50（运行频率），0:00（0min0s 开始正转运行）。

8）P212 = 0（停止），00（运行频率），0:8（0min8s 开始停，减速时间为 2s）。

三、任务分析

1. 工作原理分析

图 6-53 为洗衣机实物示意图，洗衣机的洗衣桶（外桶）和脱水桶（内桶）是以同一中心安放的。外桶固定，用于盛水。内桶可以旋转，用于脱水（甩干）。内桶的四周有很多小孔，使内、外桶的水流相通。

洗衣机的进水和排水分别由进水电磁阀和排水电磁阀来执行。进水时，通过电控系统使洗衣机进水电磁阀打开，经进水管将水注入到外桶；排水时，通过电控系统使排水电磁阀打开，将水由外桶排出机外。洗涤正转、反转由洗涤电动机驱动波盘正、反转来实现，此时脱水桶（内桶）并不旋转。脱水时，通过电控系统将离合器合上，由洗涤电动机带动脱水桶（内桶）正转进行甩干。高、低水位开关分别用来检测高、低水位；起动按钮用来起动洗衣机工作；停止按钮用来实现手动停止进水、排水、脱水及报警；排水按钮用来实现手动排水。

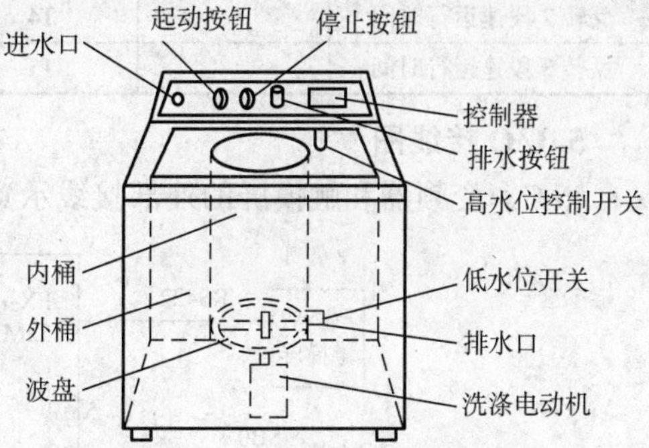

2. 设计思路

洗衣机正转洗涤 15s 和反转洗涤 15s 的过程，要使用 FR - A540 型变频器实现 3 段速运行。

变频器正、反转运行信号通过 PLC 的输出继电器来提供（即通过 PLC 控制变频器的 RM、RH 以及 STF、STR 端子与 SD 端子的通断）。

图 6-53 洗衣机实物示意图

3. 变频器的参数设定

根据洗衣机的控制要求，设定变频器的基本参数、操作模式选择参数和多段速度设定等参数，具体如下：

1）上限频率 P1 = 50Hz。

2）下限频率 P2 = 0Hz。

3）基波频率 P3 = 50Hz。

4）加速时间 P7 = 2s。

5）减速时间 P8 = 2s。

6）电子过电流保护 P9 设为电动机的额定电流。

7）操作模式选择（组合）P79 = 3。

8）多段速度设定（1速）P4 = 30Hz。

9）多段速度设定（2速）P5 = 45Hz。

10）多段速度设定（3速）P6 = 25Hz。

11）P24 = 50Hz（RM、RL）。

4. PLC与触摸屏的软元件分配

根据系统的控制要求、设计思路和变频器的设定参数，PLC的输入/输出（I/O）端口分配见表6-18。

表6-18 PLC与触摸屏的输入/输出（I/O）端口分配

输 入			输 出		
设备名称/功能	代号	软元件编号	设备名称/功能	代号	软元件编号
起动按钮	SB0	X0/M1	进水		Y0/M100
停止按钮	SB1	X1/M2	排水		Y1/M101
排水按钮	SB2	X2	脱水		Y2/M102
高水位	SQ1	X3	报警		Y3/M103
低水位	SQ2	X4	运行信号（正转）	STF	Y4
正转1段速运行时间		T0	运行信号（反转）	STR	Y5
正转2段速运行时间		T1	1速	RH	Y6
正转3段速运行时间		T2	2速	RM	Y7
反转1段速运行时间		T3	3速	RL	Y10
反转2段速运行时间		T4	小循环次数		C0
反转3段速运行时间		T5	大循环次数		C1

5. I/O接线图

PLC、变频器和触摸屏的外部接线示意图如图6-54所示。

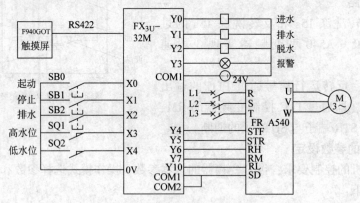

图6-54 PLC、变频器和触摸屏的外部接线示意图

四、任务实施

1. PLC控制程序

该系统的程序设计既可采用基本指令，又可采用步进指令。

根据控制要求，可设计出控制系统的状态转移图，如图6-55所示，连接好通信电缆，将PLC程序下载到PLC中。

2. PLC 模拟调试

按图 6-54 所示的系统接线图正确连接好输入设备，进行 PLC 的模拟调试，观察 PLC 的输出指示灯是否按要求指示。

按下起动按钮 X0，PLC 输出指示灯 Y0 亮，接通 X3，Y0 灭，Y4、Y6 亮，5s 后 Y6 灭，Y4、Y7 亮，再过 5s 后 Y7 灭，Y4、Y10 亮，再过 5s 后，全部熄灭；暂停 3s 后，Y5、Y6 亮，过 5s 后 Y6 灭，Y5、Y7 亮，再过 5s 后，Y7 灭，Y5、Y10 亮，全部熄灭 3s。此为一个小循环，小循环满 3 次后，Y1 亮，当接通 X4 时，Y1、Y2、Y4、Y7、Y10 亮，过 10s 后，只有 Y3 亮，再过 10s 后，Y3 熄灭。

接通 X2 时，Y1 灯亮，模拟手动排水（请同学思考如何在梯形图中加入此功能）。

任何时候按下停止按钮 X1，Y0 ～ Y10 全都熄灭，否则，检查并修改程序，直至指示正确。

3. 变频器参数设置

按上述变频器的设定参数值设定变频器的参数。

4. 空载调试

按图 6-54 所示的系统接线图，将 PLC 与变频器连接好，不接电动机，进行 PLC、变频器的空载调试，通过变频器的操作面板观察变频器的输出频率是否符合要求（即正、反转时，变频器输出是否依次为 35Hz、45Hz 和 25Hz，电动机运行时，按下停止按钮 SB1，变频器在 2s 内减速至停止）。否则，检查系统接线、变频器参数、PLC 程序，直至变频器按要求运行。

5. 编制触摸屏用户画面

使用 GT Designer 软件设计触摸屏的画面如图 6-56 所示，连接好通信电缆，写入用户画面程序。程序和画面写入后，观察显示是否与计算机画面一致。

6. 系统调试

1）按图 6-54 连接好触摸屏和 PLC 的外部电路，并正确连接好其他设备，对程序进行调试运行，观察程序的运行情况。

2）观察电动机能否按控制要求运行（正转运行和反转运行时，电动机先以 30Hz 运行，5s 后转为 45Hz 运行，再过 5s 后转为 25Hz 运行，按下停止按钮 SB1，电动机在 2s 内减速至停止）。否则，检查系统接线、变频器参数、PLC 程序，直至电动机按控制要求运行。

3）记录程序调试的结果。

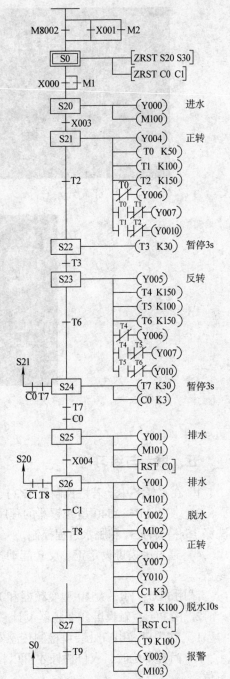

图 6-55　PLC 控制系统的状态转移图

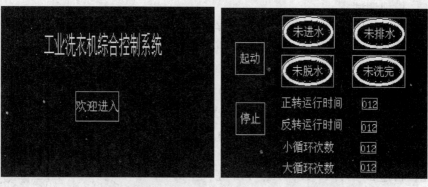

a) 用户画面1   b) 用户画面2(关状态)

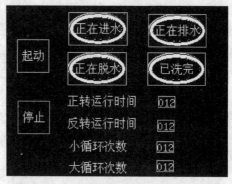

c) 用户画面2(开状态)

图6-56 触摸屏用户画面

五、思考与练习

1. 在本任务中，若把控制要求2)、4) 和6) 改为：

2) 使用FR－A540型变频器的程序运行功能实现洗衣机的正转洗涤15s→暂停3s→反转洗涤15s→暂停3s和脱水过程控制。

4) 通过触摸屏设定正、反转起动按键，停止按键，显示洗涤和脱水时间，循环次数等参数。

试用PLC、FR－A540型变频器和F940GOT重新设计工业洗衣机控制系统。

2. 用PLC、触摸屏和变频器设计一停车场控制系统，其控制要求如下：

1) 在入口和出口处装设检测传感器，用来检测车辆进出的数目。

2) 尚有车位时，入口栏杆才可以将门开启，让车辆进入停放，并有一指示灯表示尚有车位。

3) 车位已满时，则有一指示灯显示车位已满，且入口栏杆不能开启让车辆进入。

4) 停车场共有20个车位，用触摸屏实时显示目前停车场已停车辆数和目前停车场剩余车位数。

5) 栏杆电动机由变频器拖动，栏杆开启和关闭先以20Hz速度运行3s，再以30Hz的速度运行，开启时到位和关闭时均有传感器检测。

6) 设有起动和系统关闭按钮（注：本系统不考虑车辆的同时进出）。

附　　录

附录 A　常用电气简图用图形符号

序号	图形符号	说　　明	备　注
1	===	直流电 电压可标注在符号右边，系统类型可标注在左边，如 2/M === 220/110V	
2	~	交流电 频率或频率范围可标注在符号的右边，系统类型应标注在符号的左边，如 3N ~ 400/230V 50Hz	
3	≃	交直流	
4	+	正极性	
5	–	负极性	
6	→	运动、方向或力	
7	→	能量、信号传输方向	
8	⏚	接地符号	
9	⎇	接机壳	
10	▽	等电位	
11	⚡	故障	
12	⊤	导线的连接	

（续）

序号	图形符号	说　　明	备　注
13		导线跨越而不连接	
14		电阻器的一般符号	
15		电容器的一般符号	
16		电感器、线圈、绕组、扼流圈	
17		原电池或蓄电池	
18		常开（动合）触头	
19		常闭（动断）触头	
20		延时闭合的常开（动合）触头	
21		延时断开的常开（动合）触头	带时限的继电器和接触器触头
22		延时闭合的常闭（动断）触头	
23		延时断开的常闭（动断）触头	
24		手动开关的一般符号	
25		按钮	开关和转换开关触头
26		位置开关，常开触头 限制开关，常开触头	
27		位置开关，常闭触头 限制开关，常闭触头	

（续）

序号	图形符号	说　明	备　注
28		多极开关的一般符号，单线表示	
29		多极开关的一般符号，多线表示	
30		隔离开关的常开（动合）触头	开关和转换开关触头
31		负荷开关的常开（动合）触头	
32		断路器（自动开关）的常开（动合）触头	
33		接触器常开（动合）触头	接触器、起动器、动力控制器的触头
34		接触器常闭（动断）触头	
35		一般符号	继电器、接触器等的线圈
36		缓吸线圈	带时限的电磁继电器线圈
37		缓放线圈	
38		热继电器的驱动器件	热继电器
39		热继电器的触头	

（续）

序号	图形符号	说　　　明	备　注
40		熔断器一般符号	熔断器
41		熔断器式开关	
42		熔断器式隔离开关	
43		跌开式熔断器	
44		避雷器	
45	●	避雷针	
46	(*)	电机的一般符号	符号内的星号用下述字母之一代替： C—同步变流机 G—发电机 GS—同步电动机 M—电动机 MG—能作为发电机或电动机使用的电机 MS—同步电动机 SM—伺服电动机 TG—测速发电机 TM—力矩电动机 IS—感应同步器
47	(M)	交流电动机	
48		双绕组变压器，电压互感器	
49		三绕组变压器	
50		电流互感器	

（续）

序号	图形符号	说　　明	备　注
51		电抗器，扼流圈	
52		自耦变压器	
53	V	电压表	
54	A	电流表	
55	cosφ	功率因数表	
56	Wh	电能表	
57		钟	
58		电铃	
59		电喇叭	
60		蜂鸣器	
61		调光器	
62	t	限时装置	
63		导线、导线组、电线、电缆、电路、传输通路、线路母线一般符号	
64		中性线	
65		保护线	
66		灯的一般符号	

（续）

序号	图形符号	说　明	备　注
67	○$_C^{A\ B}$	电杆的一般符号	
68	11 12 13 14 15 16	端子板（示出带线端标记的端子板）	
69	▭	屏、台、箱、柜的一般符号	
70	▬	动力或动力-照明配电箱	
71	⟙	单相插座	
72	⟙	密闭（防水）	
73	◖	防爆	
74	⌐	电信插座的一般符号	可用文字和符号加以区别： TP—电话 TX—电传 TV—电视 ＊—扬声器 M—传声器 FM—调频
75	╱	开关的一般符号	
76	🗝	钥匙开关	
77	⊘ ╱	定时开关	
78	⋈	阀的一般符号	
79	⛰	电磁制动器	
80	⊙	按钮的一般符号	

（续）

序号	图形符号	说　明	备　注
81		按钮盒	
82		电话机的一般符号	
83		扬声器一般符号	
84		传声器一般符号	
85		天线一般符号	
86		放大器的一般符号 中继器的一般符号	三角形指向传输 方向
87		分线盒一般符号	
88		室内分线盒	
89		室外分线盒	

附录 B　FX_{3U} 性能规格

项　目		FX_{3U} 系列性能参数
运算控制方式		循环扫描存储程序的运算方式，有中断
输入输出控制方式		批次处理方式（执行 END 指令时），但是，有 I/O 刷新指令、脉冲捕捉功能
程序语言		继电器符号方式 + 步进梯形图方式（可用 SFC 表示）
程序存 储器	最大存储容量	64000 步（含注释、文件寄存器，最大 64000）
	内置存储器容量	64000 步，RAM（内置锂电池后备） 电池寿命约 5 年
	可选存储器盒 （选件）	快闪存储器（存储器盒的型号名称不同，各自的最大内存容量也不同） （Ver. 3. 00 以上）FX_{3U} - FLROM - 1M：64000 步（无程序传送功能）允许写入 次数：1 万次
指令种类	基本顺控指令（梯形图）	顺控指令 27 条，步进梯形图指令 2 条
	应用指令	219 种，498 个（Ver. 2. 70 以上）

（续）

项　目		FX₃U系列性能参数
运算处理速度	基本指令	0.065μs/指令
	应用指令	0.642～几百 μs/指令
输入输出点数	扩展并用时输入点数	X000～X267　184点(8进制编号)
	扩展并用时输出点数	Y000～Y267　184点(8进制编号)
	扩展并用时总点数	256点
辅助继电器M	普通用①	M0～M499,500点
	保持用②	M500～M1023,524点
	保持用③	M1024～M7679,6656点
	特殊用	M8000～M8511,512点
状态寄存器S	初始化	S0～S9,10点
	一般用①	S10～S499,490点
	保持用②[可变]	S500～S899,400点
	信号用③	S900～S999,100点
	保持用[固定]	S1000～S4095,3096点
定时器T	普通100ms	T0～T199,200点(0.1～3,276.7s)
	普通10ms	T200～T245,46点(0.01～327.67s)
	积算1ms③	T246～T249,4点(0.100～32.767s)
	积算100ms③	T250～T255,6点(0.1～3,276.7s)
	普通1ms	T256～T511,256点(0.001～32.767s)
计数器C	16位加计数(普通)①	C0～C99,100点(0～32,767计数器)
	16位加计数(保持)②	C100～C199,100点(0～32,767计数器)
	32位可逆计数(普通)①	C200～C219,20点(-2,147,483,648～+2,147,483,647计数器)
	32位可逆计数(保持)②	C220～C234,15点(-2,147,483,648～+2,147,483,647计数器)
	高速计数器②	C235～C255中的8点
数据寄存器D	16位普通用①	D0～D199,200点
	16位保持用②	D200～D511,312点
	16位保持用③	D512～D7999,7488点(D1000以后可以500点为单位设置文件寄存器)
	16位特殊用	D8000～D8511,512点
	16位变址用	V0～V7、Z0～Z7,16点
指针 N、P、I	嵌套用	N0～N7,主控用8点
	跳转、子程序用	P0～P4095,跳转、子程序用分支指针4096点
	输入中断,定时器中断	I0□□～I8□□,9点
	计数中断	I010□～I060□,6点
常数	10进制(K)	16位:-32,768～+32,767;32位:-2,147,483,648～2,147,483,647
	16进制(H)	16位:0～FFFF,32位:0～FFFFFFFF

① 表示非电池后备区，通过参数设置可变为电池后备区。

② 表示电池后备区，通过参数设置可变为非电池后备区。

③ 表示电池后备固定区，区域特性不可改变。

附录 C　FX$_{3U}$的基本顺控指令和步进梯形图指令一览表

助记符/称谓	功　能	电路表示和对象软元件
[LD] /取	运算开始，a 触点	
[LDI] /取反	运算开始，b 触点	
[LDP] /取脉冲	上升沿检出，运算开始	
[LDF] /取脉冲	下升沿检出，运算开始	
[AND] /与	串联连接，a 触点	
[ANI] /与非	串联连接，b 触点	
[ANDP] /与脉冲	上升沿检出，串联连接	
[ANDF] /与脉冲	下升沿检出，串联连接	
[OR] /或	并联连接，a 触点	
[ORI] /或非	并联连接，b 触点	
[ORP] /或脉冲	上升沿检出，并联连接	
[ORF] /或脉冲	下降沿检出，并联连接	
[ANB] /电路块与	电路块之间，串联连接	

（续）

助记符/称谓	功　能	电路表示和对象软元件
[ORB] /电路块或	电路块之间，并联连接	
[OUT] /输出	线圈驱动指令	XYMSTC
[SET] /置位	线圈驱动保持指令	SET　YMS
[RST] /复位	解除线圈动作保持指令	RST　YMSTCD
[PLS] /脉冲	线圈上升沿输出指令	PLS　YM
[PLF] /下降沿脉冲	线圈下降沿输出指令	PLF　YM
[MC] /主控	公共串联触点用线圈指令	MC　N　YM
[MCR] /主控复位	公共串联触点解除指令	MCR　N
[MPS] /进栈	运算存储	MPS
[MRD] /读栈	存储读出	MRD
[MPP] /出栈	存储读出和复位	MPP
[INV] /反转	运算结果取反	INV
[NOP] /空操作	无动作	消除程序或留出空间
[END] /结束	程序结束	程序结束 返回到 0 步
[STL] /步进梯形图开始	步进梯形图开始	S STL
[RET] /返回	步进梯形图结束	[RET]

附录 D FX$_{1N}$、FX$_{2N}$、FX$_{2NC}$、FX$_{3U}$ 系列 PLC 主要功能指令一览表

分类	指令编号	指令助记符	功 能	FX$_{3U}$系列	FX$_{1N}$系列	FX$_{2N}$系列	FX$_{2NC}$系列
程序流程	00	CJ	条件跳转	○	○	○	○
	01	CALL	子程序调用	○	○	○	○
	02	SRET	子程序返回	○	○	○	○
	03	IRET	中断返回	○	○	○	○
	04	EI	中断许可	○	○	○	○
	05	DI	中断禁止	○	○	○	○
	06	FEND	主程序结束	○	○	○	○
	07	WDT	监控定时器	○	○	○	○
	08	FOR	循环范围开始	○	○	○	○
	09	NEXT	循环范围结束	○	○	○	○
传送与比较	10	CMP	比较	○	○	○	○
	11	ZCP	区域比较	○	○	○	○
	12	MOV	传送	○	○	○	○
	13	SMOV	移位传送	○	—	○	○
	14	CML	倒转传送	○	—	○	○
	15	BMOV	一并传送	○	○	○	○
	16	RMOV	多点传送	○	—	○	○
	17	XCH	交换	○	—	○	○
	18	BCD	BCD 转换	○	○	○	○
	19	BIN	BIN 转换	○	○	○	○
算术与逻辑运算	20	ADD	BIN 加法	○	○	○	○
	21	SUB	BIN 减法	○	○	○	○
	22	MUL	BIN 乘法	○	○	○	○
	23	DIV	BIN 除法	○	○	○	○
	24	INC	BIN 加 1	○	○	○	○
	25	DEC	BIN 减 1	○	○	○	○
	26	WAND	逻辑字与	○	○	○	○
	27	WOR	逻辑字或	○	○	○	○
	28	WXOR	逻辑字异或	○	○	○	○
	29	NEG	求补码	○	—	○	○

（续）

分类	指令编号	指令助记符	功　能	FX$_{3U}$系列	FX$_{1N}$系列	FX$_{2N}$系列	FX$_{2NC}$系列
循环与移位	30	ROR	循环右移	○	—	○	○
	31	ROL	循环左移	○	—	○	○
	32	RCR	带进位循环右移	○	—	○	○
	33	RCL	带进位循环左移	○	—	○	○
	34	SFTR	位右移	○	○	○	○
	35	SFTL	位左移	○	○	○	○
	36	WSFR	字右移	○	—	○	○
	37	WSFL	字左移	○	—	○	○
	38	SFWR	位移写入	○	○	○	○
	39	SFRD	位移读出	○	○	○	○
数据处理	40	ZRST	批次复位	○	○	○	○
	41	DECO	译码	○	○	○	○
	42	ENCO	编码	○	○	○	○
	43	SUM	ON 位数	○	—	○	○
	44	BON	ON 位数判定	○	—	○	○
	45	MEAN	平均值	○	—	○	○
	46	ANS	信号报警置位	○	—	○	○
	47	ANR	信号报警复位	○	—	○	○
	48	SOR	BIN 开方	○	—	○	○
	49	FIJ	BIN 整数→2 进制浮点数转换	○	—	○	○
高速处理	50	REF	输入输出刷新	○	○	○	○
	51	REFF	滤波器调整	○	—	○	○
	52	MTR	矩阵输入	○	○	○	○
	53	HSCS	比较置位（高速计数器）	○	○	○	○
	54	HSCR	比较复位（高速计数器）	○	○	○	○
	55	HSZ	区间比较（高速计数器）	○	—	○	○
	56	SPD	脉冲密度	○	○	○	○
	57	PLSY	脉冲输出	○	○	○	○
	58	PWM	脉冲调制	○	○	○	○
	59	PLSR	带加减速的脉冲输出	○	○	○	○
方便指令	60	IST	初始化状态	○	○	○	○
	61	SER	数据查找	○	—	○	○
	62	ABSD	凸轮控制（绝对方式）	○	○	○	○
	63	INCD	凸轮控制（增量方式）	○	○	○	○
	64	TTMR	示教定时器	○	—	○	○
	65	STMR	特殊定时器	○	—	○	○
	66	AIJT	交替输出	○	○	○	○
	67	RAMP	斜坡信号	○	○	○	○
	68	ROTC	旋转工作台控制	○	—	○	○
	69	SORT	数据排列	○	—	○	○

（续）

分类	指令编号	指令助记符	功　　能	FX₃U系列	FX₁N系列	FX₂N系列	FX₂NC系列
外围设备 I/O	70	TKY	数字键输入	○	—	○	○
	71	HKY	16 键输入	○	—	○	○
	72	DSW	数字式开关	○	○	○	○
	73	SEGD	7 段译码	○	—	○	○
	74	SEGL	7 段码按时间分割显示	○	○	○	○
	75	ARWS	箭头开关	○	—	○	○
	76	ASC	ASCII 码变换	○	—	○	○
	77	PR	ASCII 码打印输出	○	—	○	○
	78	FROM	BFM 读出	○	○	○	○
	79	TO	BFM 写入	○	○	○	○
外围设备 SER	80	RS	串行数据传送	○	○	○	○
	81	PRUN	8 进制位传送	○	○	○	○
	82	ASCI	HEX - ASCII 转换	○	○	○	○
	83	HEX	ASCII - HEX 转换	○	○	○	○
	84	CCD	校验码	○	○	○	○
	85	VRPD	电位器读出	○	○	○	○
	86	VRSC	电位器刻度	○	○	○	○
	88	PID	比例积分微分运算	○	○	○	○
浮点数	110	ECMP	2 进制浮点数比较	○	—	○	○
	111	EZCP	2 进制浮点数区间比较	○	—	○	○
	118	EBCD	2 进制浮点数—10 进制浮点数转换	○	—	○	○
	119	EBIN	10 进制浮点数—2 进制浮点数转换	○	—	○	○
	120	EADD	2 进制浮点数加法	○	—	○	○
	121	ESUB	2 进制浮点数减法	○	—	○	○
	122	EMUL	2 进制浮点数乘法	○	—	○	○
	123	EDIV	2 进制浮点数除法	○	—	○	○
	127	ESOR	2 进制浮点数开方	○	—	○	○
	129	INT	2 进制浮点数 - BIN 整数转换	○	—	○	○
	130	SIN	浮点数 SIN 运算	○	—	○	○
	131	COS	浮点数 COS 运算	○	—	○	○
	132	TAN	浮点数 TAN 运算	○	—	○	○
	147	SWAP	上下字节变换	○	—	○	○

（续）

分类	指令编号	指令助记符	功　能	FX$_{3U}$系列	FX$_{1N}$系列	FX$_{2N}$系列	FX$_{2NC}$系列
定位	155	ABS	ABS 当前值读出	○	○	○	○
	156	ZRN	原点回归	○	○	—	—
	157	PLSY	可变速的脉冲输出	○	○	—	—
	158	DRVI	相对定位	○	○	—	—
	159	DRVA	绝对定位	○	○	○	○
时钟运算	160	TCMP	时钟数据比较	○	○	○	○
	161	TZCP	时钟数据区间比较	○	○	○	○
	162	TADD	时钟数据加法	○	○	○	○
	163	TSUB	时钟数据减法	○	○	○	○
	166	TRD	时钟数据读出	○	○	○	○
	167	TWR	时钟数据写入	○	○	○	○
	169	HOUR	计时仪	○	○	—	—
外围设备	170	GRY	格雷码变换	○	—	○	○
	171	GBIN	格雷码逆变换	○	—	○	○
	176	RD3A	模拟块读出	○	○	—	—
	177	WR3A	模拟块写入	○	○	—	—
接点比较	224	LD =	（S1） = （S2）	○	○	○	○
	225	LD >	（S1） > （S2）	○	○	○	○
	226	LD <	（S1） < （S2）	○	○	○	○
	228	LD < >	（S1） ≠ （S2）	○	○	○	○
	229	LD ≦	（S1） ≤ （S2）	○	○	○	○
	230	LD ≧	（S1） ≥ （S2）	○	○	○	○
	232	AND =	（S1） = （S2）	○	○	○	○
	233	AND >	（S1） > （S2）	○	○	○	○
	234	AND <	（S1） < （S2）	○	○	○	○
	236	AND < >	（S1） ≠ （S2）	○	○	○	○
	237	AND ≦	（S1） ≤ （S2）	○	○	○	○
	238	AND ≧	（S1） ≥ （S2）	○	○	○	○
	240	OR =	（S1） = （S2）	○	○	○	○
	241	OR >	（S1） > （S2）	○	○	○	○
	242	OR <	（S1） < （S2）	○	○	○	○
	244	OR < >	（S1） ≠ （S2）	○	○	○	○
	245	OR ≦	（S1） ≤ （S2）	○	○	○	○
	246	OR ≧	（S1） ≥ （S2）	○	○	○	○

注："○" 表示有相应的功能，"—" 表示没有相应的功能。

附录 E　FR – S500 型变频器扩张功能参数一览表

参数	显示	名　称	概　要	出厂时设定
参数 0~9 请参照基本功能参数				
10	P10	直流制动动作频率	设定直流制动的切换频率（0~120Hz）、直流制动动作时间（0	3Hz
11	P11	直流制动动作时间	~10s），直流制动开始时的制动转矩（0~15%）。（使用恒转矩电	0.5s
12	P12	直流制动电压	动机时，把 P12 设定为 4%）	6%
13	P13	起动频率	起动时，变频器最初输出的频率，它对起动转矩有很大影响。用于升降时为 1~3Hz，最大也只能到 5Hz。用于升降之外时，出厂值 0.5Hz 左右为好 0~60Hz	0.5Hz
14	P14	适用负荷选择	根据用途（负荷特性）选择输出频率和输出电压的形式 0：恒转矩负荷用（从低速到高速需要比较大转矩的情况） 1：低减转矩负荷用（风扇、泵类的低速时转矩小的情况） 2：升降负荷用（升降机的情况下，反转时升升 0%） 3：升降负荷用（升降机的情况下，正转时提升 0%）	0
15	P15	点动频率	点动运行的速度指令（0~120Hz）和加减速斜率（0~999s） 在有 RS485 通信功能的型号，连接 FR – PU04 – CH 时，可以作	5Hz
16	P16	点动加减速时间	为基本参数读出	0.5s
17	P17	运行旋转方向选择	用操作面板的 (RUN) 键运行时，选择旋转方向 0：正转，1：反转	0
19	P19	基波频率电压	表示基波频率（P3）时的输出电压的大小 888：电源电压的 95% ---：与电源电压相同 0~800V，888，---	---
20	P20	加减速基准频率	表示用 P7"加速时间"及 P8"减速时间"设定的时间从 0Hz 加速，减速到 0Hz 的基准频率 1~120Hz	50Hz
21	P21	失速防止功能选择	所谓失速防止，就是使变频器在过电流时不产生报警停止，即在超过设定电流（0~200% 对于变频器额定电流的%）情况下：加速时中断频率的增加；恒速时降低频率；减速时中断频率的减少的功能	0
22	P22	失速防止动作水平	用 P21 加减速的状态，可以选择失速防止的有无 因为高频电流限制值为 170%，设定 P22 的设定值为 170% 以上时，将无转矩输出 这时，把 P21 设定为"1"	150%

（续）

参数	显示	名　称	概　要	出厂时设定
23	P23	倍速时失速防止动作水平补正系数	基波频率以上时，降低失速防止水平的功能 设定"---"以外时，从基波频率时的失速防止水平 P22 的值起降低为 120Hz 时设定的电流水平 0～200%，---	---
24	P24	多段速设定（4速）	设定"---"以外，则设定4～7速时的速度。根据触点信号（RH，RM，RL 信号）ON/OFF 的组合，阶段地切换运行速度使用的功能	---
25	P25	多段速设定（5速）		---
26	P26	多段速设定（6速）		---
27	P27	多段速设定（7速）	0～120Hz，---	---
28	P28	失速防止动作低减开始频率	可以在高频率范围下，降低失速防止水平 0～120Hz	50Hz
29	P29	加减速曲线	决定加减速时的频率变化曲线 0：直线加减速 1：S 形加减速 A（用于工作机械主轴等） 2：S 形加减速 B（防止传送时物品的倒塌）	0

对于参数 24～27 的说明，表格如下：

	RH	RM	RL
4 速	OFF	ON	ON
5 速	ON	OFF	ON
6 速	ON	ON	OFF
7 速	ON	ON	ON

参数 30 请参照基本功能参数

参数	显示	名　称	概　要	出厂时设定
31	P31	频率跳跃　1A	为避免机械共振，避开某一速度运行时，设定频率范围 0～120Hz，---	---
32	P32	频率跳跃　1B		---
33	P33	频率跳跃　2A		---
34	P34	频率跳跃　2B		---
35	P35	频率跳跃　3A		---
36	P36	频率跳跃　3B		---
37	P37	旋转速度显示	可以把操作面板的频率显示/频率设定变换成负荷速度的显示。0 为输出频率的显示，0.1～999 为负荷速度的显示（频率设定为 60Hz 时，电动机运行的速度） 0，0.1～999	0
38	P38	频率设定电压增益频率	可以任意设定来自外部的频率设定电压信号（0～5V 或 0～10V）与输出频率的关系（斜率） 1～120Hz	50Hz
39	P39	频率设定电流增益频率	可以任意设定来自外部的频率设定电流信号（4～20mA）与输出频率的关系（斜率） 1～120Hz	50Hz
40	P40	起动时接地检测选择	设定起动时是否进行接地检测 0：不检测 1：检测	1

（续）

参数	显示	名　　称	概　　要	出厂时设定
41	P41	频率到达动作幅度	可以调整当输出频率到达运行频率时，输出频率到达信号（SU）的动作幅度。可以用来确认运行频率的到达，关联机械的动作开始信号等 用于 SU 信号的端子，请用 P64 或 P65 安排 0～100%	10%
42	P42	输出频率检测	当输出频率高于一定值时，输出信号（FU）的基准值。可以用于控制电磁制动的动作，开放信号等 用于 FU 信号的端子，请用 P64 或 P65 安排 0～120Hz	6Hz
43	P43	反转时输出频率检测	当输出频率高于一定值时，输出信号（FU）的基准值。反转时有效 0～120Hz，---	---
44	P44	第 2 加减速时间	P7，P8 的加减速时间设定的第 2 功能 0～999s	5s
45	P45	第 2 减速时间	P8 的减速时间设定的第 2 功能 0～999s，---	---
46	P46	第 2 转矩提升	P0 转矩提升设定的第 2 功能 0～15%，---	---
47	P47	第 2 V/F（基波频率）	P3 基波频率的第 2 功能 0～120Hz，---	---
48	P48	输出电流检测水平	设定输出电流检测信号（Y12）的输出水平 0～200%	150%
49	P49	输出电流检测信号延迟时间	输出电流高于输出电流检测水平（P48），持续时间超过此时间（P49）分钟时，输出电流检测信号（Y12） 0～10s	0s
50	P50	零电流检测时间	设定零电流检测信号（Y13）输出水平 0～200%	5%
51	P51	零电流检测时间	输出电流低于零电流检测水平（P50），持续时间超过此时间（P51）分钟时，输出零电流检测信号（Y13） 0.05～1s	0.5s
52	P52	操作面板显示数据选择	选择操作面板的显示数据 0：输出频率 1：输出电流 100：停止中设定频率/运行中输出频率	0
53	P53	频率设定操作选择	可以用设定用旋钮象调节音量一样运行 0：设定用旋钮频率设定模式 1：设定用旋钮音量调节模式	0
54	P54	AM 端子功能选择	选择 AM 端子所连接的显示仪表 0：输出频率监视 1：输出电流监视	0

（续）

参数	显示	名 称	概 要	出厂时设定
55	P55	频率监示基准	设定频率监视基准值 0～120Hz	50Hz
56	P56	电流监示基准	设定电流监视基准值 0～50A	额定输出电流
57	P57	再起动惯性时间	瞬时停电后，再通电时，电动机不是停止（惯性状态），可以起动变频器 再通电后，经过（P57）这段时间，再开始起动 设定为"---"时，不再起动。一般设定"0"没有问题，可根据负荷的大小调整时间（0～5s，---）	---
58	P58	再起动上升时间	经过再起动惯性时间（P57），输出电压慢慢上升。设定这个上升时间（0～60s） 通常在出厂值的状态下可以运行，也可以根据负载的大小调整	1s
59	P59	遥控设定功能选择	操作盘和控制盘分开的情况下，可以设定遥控设定功能 0：无遥控设定功能 1：有遥控设定功能 有频率设定值记忆功能 2：有遥控设定功能 无频率设定值记忆功能	0
60	P60	RL端子功能选择	可以选择下述输入信号 0：RL（多段速低速运行指令） 1：RM（多段速中速运行指令） 2：RH（多段速高速运行指令）	0
61	P61	RM端子功能选择	3：RT（第2功能选择） 4：AU（输入电流选择） 5：STOP（起动自保持选择） 6：MRS（输出停止）	1
62	P62	RH端子功能选择	7：OH（外部过电流保护输入） 8：REX（多段速15速选择） 9：JOG（点动运行选择） 10：RES（复位）	2
63	P63	STR端子功能选择	14：X14（PID控制有效端子） 16：X16（PU操作/外部操作切换） ---：STR（反转起动（仅在STR端上可安排））	---
64	P64	RUN端子功能选择	可以选择下述输出信号 0：RUN（变频器运行中） 1：SU（频率到达） 3：OL（过负荷报警） 4：FU（输出频率检测） 11：RY（运行准备完了） 12：Y12（输出电流检测） 13：Y13（零电流检测） 14：FDN（PID下限限定信号） 15：FUP（PID上限限定信号） 16：RL（PID正转反转信号）	0
65	P65	A、B、C端子功能选择	93：Y93（电流平均值监视器信号 （只有RUN端子可以分配）） 95：Y95（检修定时警报） 98：LF（轻故障输出） 99：ABC（报警输出）	99

（续）

参数	显示	名　称	概　要	出厂时设定
66	P66	再试选择	可选择保护功能动作时再试报警 0：OC1～3，OV1～3，THM，THT，GF，OHT，OLT，PE，OPT 1：OC1～3，2：OV1～3，3：OC1～3，OV1～3	0
67	P67	报警发生时再试次数	可设定保护功能动作时的再试次数 0：不再试 1～10：再试动作时无异常输出 101～110：再试动作时有异常输出	0
68	P68	再试实施等待时间	可以设定从保护功能动作到再试时的等待时间 0.1～360s	1s
69	P69	再试实施次数显示消除	可以显示保护功能动作时再试成功的累计次数 0：累计次数消除	0
70	P70	Soft‑PWM 设定	可选择有无 Soft‑PWM 控制 设定为有效时，可把电动机金属噪声变为较为悦耳的音色 对于 400V 系列，如果在长接线模式中设定，不根据接线的长度也可以抑制浪涌电压 表： 　 Soft‑PWM 长接线模式 0 无 无 1 有 无 10 无 有 11 有 有	1
71	P71	适用电机	设定使用电动机 0，100：三菱标准电动机的热特性 1，101：三菱恒转矩电动机的热特性 设定在 100、101 的情况下，RT 信号为 ON 时，电子过电流保护为恒转矩电动机用的热特性	0
72	P72	PWM 频率选择	可以改变 PWM 载波频率。越大，噪声越小，但电子噪声，漏电流增加 设定用〔kHz〕显示 0：0.7kHz，15：14.5kHz 0～15 （备注）急减速时，电动机可能会发出金属音，这不是异常	1
73	P73	0～5V，0～10V 选择	可设定端子"2"的输入电压规格 0：DC 0～5V 输入时 1：DC 0～10V 输入时	0
74	P74	输入滤波时间常数	对除去频率设定回路的噪声是有效的 设定值越大，时间常数越长 0～8	1
75	P75	复位选择/PU 停止选择	可选择操作面板 STOP/RESET 键的功能 表：输入复位 / 输入 PU 停止键 0：随时可以 / 无效（仅在 PU 操作模式或组合操作模式（P79＝4）时有效） 1：仅在保护功能动作时，可输入复位 14：随时可以 / 有效 15：仅在保护功能动作时，可输入复位 / 有效	14

（续）

参数	显示	名 称	概 要	出厂时设定
76	P76	冷却风扇动作选择	可控制变频器内置的冷却风扇的动作（用电源 ON 使其动作） 0：变频器电源 ON，风扇一直动作 1：变频器运行时，一直 ON，停止时，监视变频器的状态，根据温度进行开/关	1
77	P77	参数写入禁止选择	可选择参数是否可写入 0：在 PU 操作模式下，仅在停止时可写入 1：不可写入（一部分除外） 2：运行时可写入（外部模式及运行中）	0
78	P78	反转防止选择	可防止起动信号误输入而引起的事故 0：正转、反转均可 1：反转不可 2：正转不可	0

参数 79 请参照基本功能参数

参数	显示	名 称	概 要					出厂时设定
80	P80	多段速设定（8 速）	除 "---" 以外，可设定 8～15 速的速度 根据触点信号（RH，RM，RL，REX 信号）的 ON/OFF 的组合，阶段地切换运行速度的功能 REX 信号用 P63 分配					---
81	P81	多段速设定（9 速）						---
82	P82	多段速设定（10 速）		RH	RM	RL	REX	---
83	P83	多段速设定（11 速）	8 速	OFF	OFF	OFF	ON	---
			9 速	OFF	OFF	ON	ON	
84	P84	多段速设定（12 速）	10 速	OFF	ON	OFF	ON	---
			11 速	OFF	ON	ON	ON	
85	P85	多段速设定（13 速）	12 速	ON	OFF	OFF	ON	---
			13 速	ON	OFF	ON	ON	
86	P86	多段速设定（14 速）	14 速	ON	ON	OFF	ON	---
			15 速	ON	ON	ON	ON	
87	P87	多段速设定（15 速）	0～120Hz，---					---
88	P88	PID 动作选择	选择 PID 控制的动作 20：PID 反动作，21：PID 正动作					20
89	P89	PID 比例带	设定 PID 控制时的比例带 0.1～999%，---					100%
90	P90	PID 积分时间	设定 PID 控制时的积分时间 0.1～999s，---					1s
91	P91	PID 上限限定值	设定 PID 控制时的上限限定值 0～100%，---					---
92	P92	PID 下限限定值	设定 PID 控制时的下限限定值 0～100%，---					---
93	P93	PU 操作时的 PID 控制目标值	设定 PU 操作时 PID 的动作目标值 0～100%					0%
94	P94	PID 微分时间	设定 PID 控制时的 PID 微分时间 0.01～10s，---					---
95	P95	电动机额定滑差	设定电动机的额定滑差，进行滑差补正 0～50%，---					---
96	P96	滑差补正时间常数	设定滑差补正的响应时间 0.01～10s					0.5s
97	P97	恒定输出领域内滑差补正选择	选择恒定输出领域内有无滑差补正 0，---					---

（续）

参数	显示	名　称	概　要	出厂时设定
98	P98	自动转矩提升选择（电动机功率）	可以设定电动机功率，进行自动转矩提升控制 设定为"---"时，为 V/F 控制 请设定使用电动机的功率 ●电动机功率与变频器容量相同或低一级 ●电动机极数为 2、4、6 中任一种。（恒转矩电动机仅限 4 极） ●单机运行（1 台变频器对 1 台电动机） ●从变频器到电动机的布线长度在 30m 之内 使用恒转矩电动机时，请设定 P71 的设定值为"1" 〈例〉1.5kW 时，设定为"1.5" 0.1～3.7kW，---	---
99	P99	电动机 1 次阻抗	可设定电动机一次阻抗值（此参数通常不要设定） 0～50Ω，---	---

参 考 文 献

[1] 阮友德. 电气控制与 PLC 实训教程 [M]. 北京：人民邮电出版社，2006.

[2] 廖常初. PLC 基础及应用 [M]. 3 版. 北京：机械工业出版社，2016.

[3] 吴明亮，蔡夕忠. 可编程控制器实训教程 [M]. 北京：化学工业出版社，2005.

[4] 俞国亮. PLC 原理与应用 [M]. 北京：清华大学出版社，2005.

[5] 张万忠，孙晋. 可编程控制器入门与应用实例 [M]. 北京：中国电力出版社，2005.

[6] 李俊秀，赵黎明. 可编程控制器应用技术实训指导 [M]. 北京：化学工业出版社，2005.

[7] 郑凤翼，郑丹丹，等. 图解 PLC 控制系统梯形图和语句表 [M]. 北京：人民邮电出版社，2006.

[8] 林春芳，张永生. 可编程控制器原理及应用 [M]. 上海：上海交通大学出版社，2004.

[9] 瞿大中. 可编程控制器应用与实验 [M]. 武汉：华中科技大学出版社，2002.

[10] 钟福金，吴晓梅. 可编程序控制器 [M]. 南京：东南大学出版社，2003.

[11] 黄净. 电气控制与可编程序控制器 [M]. 北京：机械工业出版社，2005.

[12] 王兆义 小型可编程控制器实用技术 [M]. 北京：机械工业出版社，2001.

[13] 张万忠. 可编程控制器应用技术 [M]. 北京：化学工业出版社，2005.

[14] 张桂香. 电气控制与 PLC 应用 [M]. 北京：化学工业出版社，2003.

[15] 钟肇新，范建东. 可编程控制器原理与应用 [M]. 广州：华南理工大学出版社，2003.

[16] 史国生. 电气控制与可编程控制器技术 [M]. 北京：化学工业出版社，2004.

[17] 孙振强. 可编程控制器原理及应用教程 [M]. 北京：清华大学出版社，2005.

[18] 吕桃，金宝宁. 三菱 FX_{3U} 可编程控制器应用技术 [M]. 北京：电子工业出版社，2015.